新能源概論
Introduction to New Energy

五南圖書出版公司 印行

能源是國民經濟的命脈，也是構成客觀世界的三大基礎之一。隨著常規能源資源的日益枯竭以及大量利用化石能源帶來的一系列環境問題，人類必須尋找可永續的能源道路，開發利用新能源無疑是出路之一。新能源的理論研究、技術開發、新能源材料的探索、新能源經濟的研究等無疑是當前眾多研究熱點中的亮點。新能源學科系統正逐步形成，系統闡釋該學科是我們義不容辭的責任。

本書編寫目的是為廣大讀者系統地介紹有關新能源科學的基本理論、技術進展、新能源經濟與政策。鑑於能源、環境、生命、資訊、材料、管理學科是新世紀大學院校科學素質系列教育的重要組成部分，本書以新能源學科的發展為契機，結合了多學科優勢，力求兼顧科學素質教育的要求，理論上簡單介紹，文字敘述上通俗易懂。本書適合於大學院校與新能源領域相關的研究生、大學部高年級學生作為新能源概論方面的教材，也適合於相關的科技研究與管理階層的參考。

本書由王革華教授擔任主編，艾德生副教授擔任副主編，參加編寫的作者均為在大學核能與新能源技術研究方面從事新能源技術研究與開發的專家學者。編寫分工為：第1章、第9章、第4章與第8章部分由王革華教授執筆；第2章由鄧長生教授執筆；第3章由張建安副教授執筆；第5章由謝曉峰副教授執筆；第6章由周志偉教授執筆；第7章由艾德生副教授執筆；第4章、第8章部分由原鯤副教授執筆。全書由王革華與艾德生統稿。

由於新能源科學涉及面廣、發展迅速，本書作者程度有限，書中錯誤和不足之處，歡迎讀者批評指正。

編者　謹上

目 錄

Chapter *6*　**新型核能**（New Nuclear Energy）⋯⋯⋯⋯⋯⋯ 149

Chapter 9　新能源發展政策（Policy Of The Development Of New Energy） 263

Chapter *1*

概　述

1.1　能源及其分類

1.1.1　能量與能源

　　從物理學的觀點看，能量可以簡單地定義為作功的能力。廣義而言，任何物質都可以轉化為能量，但是轉化的數量、轉化的難易程度是不同的。比較集中而又較易轉化的含能物質稱為能源。由於科學技術的進步，人類對物質性質的認識及掌握能量轉化方法也在深化，因此並沒有一個很確切的能源的定義。但對於工程技術人員而言，在一定的工業發展階段，能源的定義還是明確的。還有另一類型的能源即物質在宏觀運動過程中所轉化的能量，即所謂能量過程，例如水的勢能落差運動產生的水能及空氣運動所產生的風能等等。因此，能源的定義可描述為：比較集中的含能體，或可以直接或經轉換提供人類所需的光、熱、動力等任何形式能量的載能體資源。

　　能量的單位與功的單位一致。常用的單位是爾格、焦耳、千瓦小時等（單位換算見表1-1）。能源的單位也就是能量的單位。在實際工作中，能源還可用煤當量（標準煤）和油當量（標準油）來衡量，1千克標準煤的發熱量為29.3kJ，1千克標準油的發熱量為41.8kJ。千克標準煤用符號kgce表示，千克標準油用符號kgoe表示。也可以用噸標煤（tce）或噸標油（toe）及更大的單位計量能源。

表1-1　能量單位的換算

單位	千焦 （kJ）	千瓦·時 （kW·h）	千卡 （kcal）	馬力·時 （hp·h）	公斤力·公尺 （kgf·m）	英熱單位 （B.t.u.）	英尺· 磅力 （ft·lbf）
kJ	1	2.77778×10^{-4}	2.38846×10^{-1}	3.776726×10^{-4}	1.01927×10^{2}	9.47817×10^{-1}	7.37562×10^{2}
kW·h	3600	1	859.846	1.359621	3.67098×10^{5}	3412.14	2.65522×10^{6}

單位	千焦 (kJ)	千瓦・時 (kW・h)	千卡 (kcal)	馬力・時 (hp・h)	公斤力・公尺 (kgf・m)	英熱單位 (B.t.u.)	英尺・ 磅力 (ft・lbf)
kcal	4.1868	1.163 $\times 10^{-3}$	1	1.58124 $\times 10^{-3}$	426.936	3.96832	3088.03
hp・h	2.647796 $\times 10^3$	735.499 $\times 10^{-3}$	632.415	1	270000	2509.63	1952913
kgf・m	9.80665 $\times 10^{-3}$	2.724069 $\times 10^{-6}$	2.34228 $\times 10^{-3}$	3.703704 $\times 10^{-6}$	1	9.29487 $\times 10$	7.23301
B.t.u.	1.05506	2.93071 $\times 10^{-4}$	2.51996 $\times 10^{-1}$	3.98466 $\times 10^{-4}$	1.075862 $\times 10^2$	1	778.169
ft・lbf	1.35582	3.76616 $\times 10^{-7}$	3.23832 $\times 10^{-4}$	5.12056 $\times 10^{-7}$	1.38255 $\times 10^{-1}$	1.28507 $\times 10^{-3}$	1

1.1.2　能源的分類

　　對能源有不同的分類方法。以能量根本蘊藏方式的不同，可將能源分為以下三類：

　　第一類能源是來自地球以外的太陽能。人類現在使用的能量主要來自太陽能，故太陽有「能源之母」的叫法。現在，除了直接利用太陽的輻射能之外，還大量間接地使用太陽能源。例如目前使用最多的煤、石油、天然氣等化石資源，就是千百萬年前綠色植物在陽光照射下經光合作用形成有機質而長成的根莖及食用它們的動物遺骸，在漫長的地質變遷中所形成的。此外，如生物質能、流水能、風能、海洋能、雷電等，也都是由太陽能經過某些方式轉換而形成的。

　　第二類能源是地球自身蘊藏的能量。這裡主要指地熱能資源以及原子能燃料，還包括地震、火山噴發和溫泉等自然呈現出的能量。據估算，地球以地下熱水和地熱蒸汽形式儲存的能量，是煤儲能的1.7億倍。地熱能是地球內放射性元素衰變輻射的粒子或射線所攜帶的能量。此外，地球上的核裂變燃料（鈾、釷）和核聚變燃料（氘、氚）是原子能的儲存體。即使將來每年耗能比現在多1000倍，這些核燃料也足夠人類用100億年。

　　第三類能源是地球和其他天體引力相互作用而形成的。這主要指地球和太陽、月球等天體間有規律運動而形成的潮汐能。地球是太陽系的九大行星之一，月球是地球的衛星。由於太陽系其他八顆行星或距地球較遠，或質量相對較小，結果只有太陽和月亮對地球有較大的引力作用，導致地球上出現潮汐現象。海水每日潮起潮落各兩次，這是引力對海水做功的結果。潮汐能蘊藏著極大的機械能，潮差常達十幾公尺，非常壯觀，是雄厚的發電原動力。

　　能源還可按相對比較的方法來分類，如表1-2所示。

表1-2　能源的分類

		可再生能源		不可再生能源
一次能源	商品能源	水力（大型） 核能（增殖堆） 地熱 生物質能（薪材秸稈、糞便等） 太陽能（自然乾燥等） 水力（水車等） 風力（風車、風帆等） 畜力	常規能源	化石燃料（煤、油、天然氣等） 核能
	傳統能源（非商品能源）			
	新能源	生物質能（燃料作物制沼氣、酒精等） 太陽能（收集器、光電池等） 水力（小水電） 風力（風力機等） 海洋能 地熱	非常規能源	
二次能源	電力、煤炭、沼氣、汽油、柴油、煤油、重油等油製品、蒸汽、熱水、壓縮空氣、氫能等			

註：人力計入勞動力，不計入能源。

(1)一次能源與二次能源。在自然界中天然存在的，可直接取得而又不改變其基本形態的能源，稱之為一次能源，如煤炭、石油、天然氣、風能、地熱等。為了滿足生產和生活的需要，有些能源通常需要經過加工以後再加以使用。由一次能源經過加工轉換成另一種形態的能源產品叫做二次能源，如電力、煤氣、蒸汽及各種石油製品等。大部分一次能源都轉換成容易輸送、分配和使用的二次能源，以適應消費者的需要。二次能源經過輸送和分配，在各種

設備中使用，即終端能源。終端能源最後變成有效能。

(2)可再生能源與不可再生能源。在自然界中可以不斷再生並有規律地得到補充的能源，稱為可再生能源，如太陽能和由太陽能轉換而成的水力、風能、生物質能等。它們都可以循環再生，不會因長期使用而減少。經過億萬年形成的、短期內無法恢復的能源，稱之為不可再生能源，像煤炭、石油、天然氣、核燃料等。它們隨著大規模地開採利用，其儲量將越來越少，總有枯竭之時。

(3)常規能源與新能源。在相當長的歷史時期和一定的科學技術水準下，已經被人類長期廣泛利用的能源，不但為人們所熟悉，而且也是當前主要能源和應用範圍很廣的能源，稱之為常規能源，如煤炭、石油、天然氣、水力、電力等。一些雖屬古老的能源，但只有採用先進方法才能加以利用，或採用新近開發的科學技術才能開發利用的能源；有些能源近一、二十年來才被人們所重視，新近才開發利用，而且在目前使用的能源中所占的比例很小，但很有發展前途的能源，稱為新能源，或稱替代能源，如太陽能、地熱能、潮汐能等。常規能源與新能源是相對而言的，現在的常規能源過去也曾是新能源，今天的新能源將來又成為常規能源。

(4)從能源性質來看，能源又可分為燃料能源和非燃料能源。屬於燃料能源的有礦物燃料（煤炭、石油、天然氣）、生物燃料（薪材、沼氣、有機廢物等）、化工燃料（甲醇、酒精、丙烷以及可燃原料鋁、鎂等）、核燃料（鈾、鈦、氘等）等四類。非燃料能源多數具有機械能，如水能、風能等；有的含有熱能，如地熱能、海洋熱能等；有的含有光能，如太陽能、鐳射等。

從使用能源時對環境污染的大小，又把無污染或污染小的能源稱為清潔能源，如太陽能、水能、氫能等；對環境污染較大的能源稱為非清潔能源，如煤炭、油頁岩等。石油的污染比煤炭小些，但也產生氧化氮、氧化硫等有害物質，所以，清潔與非清潔能源的劃分也是相對而言，不是絕對的。

1.1.3 能源的開發利用

⑴煤炭

　　煤炭是埋在地殼中億萬年以上的樹木和植物，由於地殼變動等原因，經受一定的壓力和溫度作用而形成的含碳量很高的可燃物質，又稱作原煤。由於各種煤的形成年代不同，碳化程度深淺不同，可將其分類為無煙煤、煙煤、褐煤、泥煤等幾種類型，並以其揮發物含量和焦結性為主要依據。煙煤又可以分為貧煤、瘦煤、焦煤、肥煤、漆煤、弱黏煤、不黏煤、長焰煤等。

　　煤炭既是重要的燃料，也是珍貴的化工原料。20世紀以來，煤炭主要用於電力生產和在鋼鐵工業中供煉焦，某些國家蒸汽機車用煤比例也很大。電力工業多用劣質煤（灰分大於30%）；蒸汽機車用煤則要求質量較高：灰分低於25%，揮發分含量要求大於25%，易燃並具有較長的火焰。在煤礦的附近建設的「坑口發電站」，使用了大量的劣質煤來作燃料，直接轉化成電能向各地輸送。另外，由煤轉化的液體和氣體合成燃料，對補充石油和天然氣的使用也具有重要意義。

⑵石油

　　石油是一種用途廣泛的寶貴礦藏，是天然的能源物資。但是石油是如何形成的，這個問題科學家一直在爭論。目前大部分的科學家都認同的一個理論是：石油是由沈積岩中的有機物質變成的。因為在已經發現的油田中，99%以上都是分布在沈積岩區。另外，人們還發現了現代的海底、湖底的近代沈積物中的有機物，正在向石油慢慢的變化。

　　同煤相比，石油有很多的優點：首先，它釋放的熱量比煤大的多，每千克煤燃燒釋放的熱量為5000kcal/kg，而石油燃燒釋放的熱量大於10000多kcal/kg；就發熱而言，石油大約是煤的2～3倍；石油使用方便，它易燃又不留灰燼，是理想的清潔燃料。

　　從已探明的石油儲量看，世界總儲量為1043億噸。目前世界有七大儲油區，第一大儲油區是中東地區，第二是拉丁美洲地區，第三是前蘇聯，第四是非洲，第五是北美洲，第六是西歐，第七是東南亞。這七大油區占世界石油總量的95%。

(3)天然氣

天然氣是地下岩層中以碳氫化合物為主要成分的氣體混合物的總稱。天然氣是一種重要能源，燃燒時有很高的發熱值，對環境的污染也較小，而且還是一種重要的化工原料。天然氣的生成過程同石油類似，但比石油更容易生成。天然氣主要由甲烷、乙烷、丙烷和丁烷等烴類組成，其中甲烷占80%～90%。天然氣有兩種不同類型：一是伴生氣，由原油中的揮發性組分所組成，約有40%的天然氣與石油一起伴生，稱油氣田，它溶解在石油中或是形成石油構造中的氣帽，並對石油儲藏提供氣壓；二是非伴生氣，與液體油的積聚無關，可能是一些植物體的衍生物。60%的天然氣為非伴生氣，即氣田氣，它埋藏更深。

最近10年液化天然氣技術有了很大發展，液化後的天然氣其體積僅為原來體積的1/600。因此可以用冷藏油輪運輸，運到使用地後再予以氣化。另外，天然氣液化後，可為汽車提供方便的污染小的天然氣燃料。

(4)水能

水能資源最顯著的特點是可再生、無污染。開發水能對江河的綜合治理利用具有積極作用，對促進國民經濟發展，改善能源消費結構，緩解由於消耗煤炭、石油資源所帶來的環境污染有重要意義，因此世界各國都把開發水能放在能源發展戰略的優先地位。

世界河流水能資源理論蘊藏量為40.3萬億千瓦時，技術可開發水能資源為14.3萬億千瓦時，約為理論蘊藏量的35.6%；經濟可開發水能資源為8.08萬億千瓦時，約為技術可開發的56.22%，為理論蘊藏量的20%。已開發國家擁有技術可開發水能資源4.82萬億千瓦時，經濟可開發水能資源2.51萬億千瓦時，分別占世界總量的33.5%和31.1%。開發中國家擁有技術可開發水能資源共計9.56萬億千瓦時，經濟可開發水能資源5.57萬億千瓦時，分別占世界總量的66.5%和68.9%，可見世界開發水能資源主要蘊藏量在開發中國家；而且已開發國家可開發水能資源到1998年已經開發了60%，而開發中國家到1998年才開發20%，所以今後大規模的水電開發主要集中在開發中國家。中國水能資源理論蘊藏量、技術可開發，和經濟可開發水能資源均居世界第一位，其次為俄羅斯、巴西和加拿大。

⑸新能源

　　人類社會及經濟的發展需要大量能源的支援。隨著常規能源資源的日益枯竭以及由於大量利用礦物能源而產生的一系列環境問題，人類必須尋找可永續發展的能源道路，開發利用新能源和可再生能源無疑是出路之一。

1.2　新能源及其在能源供應中的作用

1.2.1　新能源的概念

　　新能源是相對於常規能源而言，以採用新技術和新材料而獲得的，在新技術基礎上系統地開發利用的能源，如太陽能、風能、海洋能、地熱能等。與常規能源相比，新能源生產規模較小，使用範圍較窄。常規能源與新能源的劃分是相對的。以核裂變能為例，20世紀50年代初開始把它用來生產電力和作為動力使用時，被認為是一種新能源。到80年代世界上不少國家已把它列為常規能源。太陽能和風能被利用的歷史比核裂變能要早幾個世紀，由於還需要通過系統研究和開發才能提高利用效率，擴大使用範圍，所以還是把它們列入新能源。

　　按1978年12月20日聯合國第33屆大會第148號決議，新能源和可再生能源共包括14種能源：太陽能、地熱能、風能、潮汐能、海水溫差能、波浪能、木柴、木炭、泥炭、生物質轉化、畜力、油頁岩、焦油砂及水能。1981年8月10～21日聯合國新能源和可再生能源會議之後，各國對這類能源的稱謂有所不同，但是共同的認識是，除常規的化石能源和核能之外，其他能源都可稱為新能源和可再生能源，主要為太陽能、地熱能、風能、海洋能、生物質能、氫能和水能。

　　由於化石能源燃燒時帶來嚴重的環境污染，且其資源有限，所以從人類長遠的能源需求看，新能源和可再生能源將是理想的持久能源，已引起人們的特別關注，許多國家投入了大量研究與開發工作，並列為高新技術的發展範疇。由不可再生能源逐漸向新能源和可再生能源過渡，是當代能源利用的一個重要特點。

1.2.2　新能源在能源供應中的作用

　　能源是國民經濟和社會發展的重要戰略物質，但能源同樣是現實中的重要污染來源。太陽能、風能、生物質能和水能等新能源和可再生能源由於其清潔、無污染和可持續開發利用等特性，既是未來能源系統的基礎，又是目前急需的補充能源。因此在能源、氣候、環境問題面臨嚴重挑戰的今天，大力發展新能源和可再生能源不僅是適宜、必要的，而且是符合國際發展趨勢的。

⑴發展新能源和可再生能源是建立可永續發展能源系統的必然選擇

　　煤炭、石油、天然氣等傳統能源都是資源有限的化石能源，化石能源的大量開發和利用，是造成大氣和其他多種類型環境污染與生態破壞的主要原因之一。如何解決長期的用能問題，以及在開發和使用資源的同時保護好人類賴以生存的地球的環境及生態，已經成為全球關注的問題。從世界共同發展的角度以及人們對保護環境、保護資源的認識進程來看，開發利用清潔的新能源和可再生能源，是可持續發展的必然選擇，並越來越得到人們的認同。既然人類社會的可永續發展必須以能源的可永續發展為基礎。那麼，什麼是可永續發展的能源系統？根據可永續發展的定義和要求，它必須同時滿足以下三個條件：一是從資源來說是豐富的、可持續利用的，能夠長期支援社會經濟發展對於能源的需要；二是在質量上是清潔的、低排放或零排放的，不會對環境構成威脅；三是在技術經濟上它是人類社會可以接受的，能帶來實際經濟效益的。總而言之，一個真正意義上的可永續發展的能源系統應是一個有利於改善和保護人類美好生活、並能促進社會、經濟和生態環境協調發展的系統。

　　到目前為止，石油、天然氣和煤炭等化石能源系統仍然是世界經濟的三大能源支柱。毫無疑問，這些化石能源在社會進步、物質財富生產方面已為人類作出了不可磨滅的貢獻；然而，實踐證明，這些能源資源同時存在著一些難以克服的缺陷，並且日益威脅著人類社會的發展和安全。首先是資源的有限性，專家們的研究和分析，幾乎得出一致的結論：這些不可再生能源資源的耗盡只是時間問題，是不可避免的。表1-3是法國專家20多年前所作出的分析，現在看來他的結論依然是正確的。

表1-3　世界不可再生能源開採年限估計

能源情況	種類已探明的儲量（PR）和推測出的潛在儲量（AR）	消耗期（西元）
煤	900 (PR) 2700 (AR)	2200年左右
石油	100 (PR) 36 (AR)	2020年以前
天然氣	74 (PR) 60 (AR)	2040年左右
鈾	按熱反應爐計 60 (PR+AR) 按增值反應爐計 1300 (PR) 1600 (AR)	按熱反應爐計2073年 按增值反應爐計2110～2120年
所有不可再生能源	1100 (PR) 300 (AR)	2200年左右

　　其次是對環境的危害性。化石能源特別是煤炭被稱為骯髒的能源，從開採、運輸到最終的使用都會帶來嚴重的污染。大量研究證明，80%以上的大氣污染和95%的溫室氣體都是由於燃燒化石燃料引起的，同時還會對水和土壤帶來一系列污染。這些污染及其對人體健康的影響是極其嚴重的，不可小視。表1-4指出了全球生態環境惡化的一些具體表現，令人怵目驚心。從而迫使人們不得不重新尋求新的、可永續使用而又不危害環境的能源資源。

表1-4　全球生態環境惡化的具體表現

項目	惡化表現	項目	惡化表現
土地沙漠化	10公頃／分鐘	二氧化碳排放	1500萬噸／天
森林減少	21公頃／分鐘	垃圾產生	2700萬噸／天
草地減少	25公頃／分鐘	由於環境污染造成死亡人數	10萬人／天
耕地減少	40公頃／分鐘	各種廢水、污水排放	60000億噸／年
物種滅絕	2個／小時	各種自然災害造成的損失	1200億美元／年
土壤流失	300萬噸／小時		

　　新能源和可再生能源符合可永續發展的基本要求，它具有如下特點：
　　①資源豐富，分布廣泛，具備替代化石能源的良好條件。以中國為例，僅太

陽能、風能、水能和生物質能等資源,在現有科學技術水準下,一年可以獲得的資源量即達73億tce(表1-5),大約是2000年中國全國能源消費量13.0億tce的5.6倍、煤炭消費量的8.3倍。而且這些資源絕大多數是可再生的、潔淨的能源,既可以長期、連續利用,又不會對環境造成污染。儘管從全生命週期的觀點來看,新能源在其開發利用過程中因為消耗一定數量的燃料、動力和一定數量的鋼材、水泥等物質而間接排放一些污染物,但排放量相對來說則微不足道。

表1-5　中國新能源和可再生能源資源可獲得量估計

	中國	備註
太陽能（Mtce）	4800	按1%陸地面積、轉換效率20%計算
生物質能（Mtce）	700	包括農村廢棄物和城市有機垃圾等生物質
水能（Mtce）	130	所有可能的壩址（含微水電）
風能（Mtce）	1700	按海陸風能資源可開發量、2300h、0.36kgce/kW·h計
潮汐能（Mtce）		
地熱能（Mtce）		
總計（Mtce）	7330	

張正敏·可再生能源發展戰略與政策研究·《中國國家綜合能源戰略和政策研究》專案報告之八,http://www.gvbchina.org.cn/xiangmu/xiazaiwenzhang/guojianengyuan.doc。

新能源和可再生能源資源分布的廣泛性,為建立分散型能源提供了十分便利的條件。這一點相對於化石能源來說,具有不可比擬的優勢。

②技術逐步趨於成熟,作用日益突出。其主要特徵是:

- 能量轉換效率不斷提高;
- 技術可靠性進一步改善;
- 系統日益完善,穩定性和連續性不斷提高;
- 產業化不斷發展,已湧現一批商業化技術。

③經濟可行性不斷改善。應當說,目前大多數新能源和可再生能源技術還不是廉價的技術,如果僅就其能源經濟效益而論,目前許多技術都達不到常規能源技術的水準,在經濟上缺乏競爭能力;但在某些特定的地區和應用領域已出現不同情況,並表現出一定程度的市場競爭能力,如小水電、地熱發電、太陽熱水器、地熱採暖技術和微型光電系統等。

　　上述事實表明，新能源和可再生能源技術不僅應該成為可永續發展能源系統的組成部分，而且實際上已成為現實能源系統中的一個不可缺少的部分。

⑵發展新能源和可再生能源對維護能源安全意義重大

　　石油是種戰略物質，它的供應數量及價格經常受到國際形勢的影響，石油引發的各種爭端層出不窮。伊拉克、阿富汗戰爭過後，中東乃至中亞不穩定因素依然存在，世界恐怖主義也威脅著包括俄羅斯、印尼、拉美等石油儲量豐富的國家。在進口依存度逐漸增加的情況下，能源供應的穩定性也會受到國際風雲變化的影響。可再生能源屬於本地資源，其開發和利用過程都在開展，不會受到外界因素的影響；新能源和可再生能源通過一定的工程技術，不僅可轉換為電力，還可以直接或間接地轉換為液體燃料，如乙醇燃料、生物柴油和氫燃料等，可為各種移動設備提供能源。因此開發豐富的可再生能源，建立多元化的能源結構，不僅可以滿足經濟增長對能源的需求，而且有利於豐富能源供應，提高能源供應安全。

⑶發展新能源和可再生能源是減少溫室氣體排放的一個重要手段

　　目前世界各國都已經注意到發展可再生能源有巨大的效益，其中重要一點就是可再生能源的開發利用很少或幾乎不會產生對大氣環境有危害的氣體，這對減少二氧化碳等溫室氣體的排放是十分有利的。以風電和水電為例，它們的全生命週期內碳排放強度僅為$6g/（kW \cdot h）$和$20g/（kW \cdot h）$，遠遠低於燃煤發電的強度$275g/（kW \cdot h）$。在「京都議定書」對已開發國家作出減排的嚴格要求下，歐盟國家已經將可再生能源的開發利用作為溫室氣體減排的重要措施，它們計畫到2020年風力發電裝機要占整個歐盟發電裝機的15%以上，到2050年可再生能源技術提供的能源要在整個能源構成中占據50%的比例，足見對新能源和可再生能源在減排問題上所起作用的重視。

　　溫室氣體減排是全球環境保護和可永續發展的一個主題。降低化石能源在能源消費結構中的比重，儘量減少溫室氣體的排放，樹立良好的國家形象是必要的。水電、核電、新能源和可再生能源是最能有效減少溫室氣體排放的技術手段，其中新能源和可再生能源又是國際公認的對環境沒有破壞的清潔能源。因此，從減少溫室氣體排放，承擔減緩氣候變化的國際義務出發，應加大可再生能源的開發利用步伐。

1.2.3　新能源的未來

　　國際應用系統分析研究所（IIASA）和世界能源理事會（WEC）經過歷時5年的研究，於1998年發表了《全球能源前景》（Global Energy Perspectives）報告。報告根據對未來社會、經濟和技術發展趨勢的分析、研究提出了21世紀全球能源發展戰略方向。為了實現經濟不斷增長，還要為新增加的60～80億人提供能夠承受的、可靠的能源服務，到2100年，能源的需求將是目前消費量的2.3～4.9倍。該報告對21世紀能源發展提出了3種方案6個情景，在所有3個方案中，方案C與可永續發展的目標最為一致。方案包括2個情景（圖1-1），充分考慮了生態環境因素，實現發展中國家的高速增長，朝著富裕和「綠色」方向發展。它們都假定採用碳稅和能源稅來促進新能源和可再生能源的發展與終端能源效率的提高。在C1情景中要減少一次能源中煤炭和石油的比例，同時大幅度提高太陽能和生物質能的比例，見圖1-1(a)，在C2情景中，如果核電相關的問題如成本、安全性、核廢料、核武器擴散等能得到適當解決的話，核能將起很大作用，見圖1-1(b)。

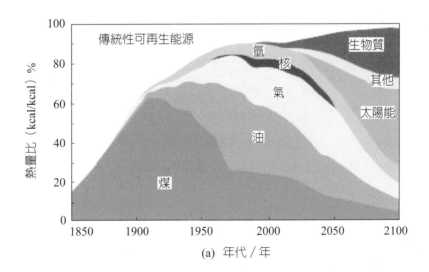

(a)　年代／年

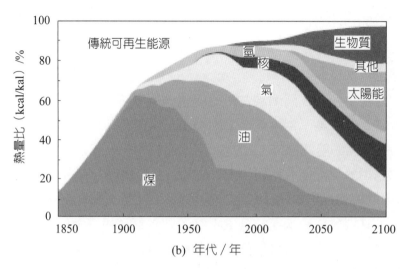

圖1-1 未來能源系統構成

1.3 新能源技術的發展

1.3.1 太陽能

　　科學家們認為，太陽能是未來人類社會最合適、最安全、最綠色、最理想的替代能源。資料顯示：太陽每分鐘射向地球的能量相當於人類一年所耗用的能量（8×10^{13}kW/s）。相當於500多萬噸煤燃燒時放出的熱量；一年就有相當於170萬億噸煤的熱量，現在全世界一年消耗的能量還不及它的萬分之一。但是，到達地球表面的太陽能只有千分之一、二被植物吸收，並轉變成化學能儲存起來，其餘絕大部分都轉換成熱，散發到宇宙空間去了。利用方式有：

①光－熱轉換

　　太陽能集熱器以空氣或液體為傳熱介質吸熱，減少集熱器的熱損失可以採用抽真空或其他透光隔熱材料。太陽能建築分主動式和被動式兩種，前者與常規能源採暖相同；後者是利用建築本身吸收儲存能量。

②光－電轉換

太陽能電池類型很多，如單晶矽、多晶矽、非晶矽、硫化鎘、砷化鋅電池。非晶矽薄膜很可能成為太陽能電池的主體，缺點主要是光電轉換低，技術還不成熟。目前太陽能利用轉化率約為10%～12%。據此推算，到2020年全世界能源消費總量大約需要25萬億立升原油，如果用太陽能替代，只需要約97萬公里的一塊吸太陽能的「光板」就可實現。「宇宙發電計畫」在理論上是完全可行的。

③光－化轉換

光照半導體和電解液介面使水電離直接產生氫的電池，即光化學電池。

專欄1-1　太陽能發電技術

太陽能發電可大致分為熱發電和光電發電兩種。

❶太陽能熱發電。太陽能熱發電因其具有成本效益而受到關注。到2004年底，全世界太陽能熱發電已經完成的裝機容量約為396MW，興建中的專案約436MW。國際能源署預測2003～2010年，全球新增太陽能熱發電站的裝機容量可達到2250MW，比目前現有的裝機容量增加約6倍。IEA預測，太陽能熱發電在2020年將達到全球電力市場的10%～12%，發電成本將達到0.05～0.06歐元/kW・h。中國目前建成1座70kW的太陽能熱發電示範電站。太陽能熱發電的關鍵技術在於聚焦系統的開發，除了槽式線聚焦系統，還有用定日鏡聚光的塔式系統以及採用旋轉拋物面聚光鏡的點聚焦——斯特林系統。線聚焦系統和點聚焦系統都取得過舉世矚目的成果，特別是麥道公司研製的點聚焦——斯特林系統曾經創下了轉換效率接近30%的記錄。最近15年以來，線聚焦系統在提高部件性能和可靠性、降低部件造價、降低運行維護費用等方面都取得了長足的進展；另一方面，塔式系統的實驗裝備經過重要的改造，已成為近年來發展的重點。

❷太陽能光電發電。2004年世界光電發電累計裝機容量超過4000MW，發電成本25～50美分／度，預計2010年光電累計裝機容量達到15GW。中國2004年累計裝機容量超過60MW，主要是與建築結合的並網系統、無電地區應用的離網型系統和大型（1MW以上）並網光電系統。

　　並網發電是最大的光電產品應用領域，2001年並網發電占總光電市場應用的50.4%。大型並網光電發電技術發展趨勢是電站容量向5MW乃至10MW以上發展；發展模組化並網光電電站技術。目前，世界上已有數十座大型光電電站，其中德國建成14座，最大5MW。美國有世界容量最大的光電並網電站，容量為6.5MW。中國2004年建成了1MW的並網光電電站，但關鍵設備基本依賴進口。

1.3.2　風　能

　　即地球表面大量空氣流動所產生的動能。由於地面各處受太陽輻照後氣溫變化不同和空氣中水蒸氣的瑞典奧蘭島的風車含量不同，因而引起各地氣壓的差異，在水平方向高壓空氣向低壓地區流動，即形成風。風能資源決定於風能密度和可利用的風能年累積小時數。風能的利用主要是風力發電和風力提水。

　　經過幾10年的發展，在風能資源良好地點，風力發電已可與普通發電方式競爭。全球裝機容量每漲1倍，風力發電成本下降12%～18%。風力發電的平均成本從1980年的46美分／（kW·h）下降到目前的3～5美分／（kW·h）（風能資源良好地點）。2010年，岸上風力發電成本將低於天然氣成本，近海風力發電成本將下降25%。隨著成本下降，在風速低的地區安裝風電機組也是經濟的，這極大地增加了全球風電的潛力。過去10年期間，全球風電裝機容量的年平均增長率約為30%。2003年全球新增風電裝機容量約為8250MW，總風電裝機容量約為40290MW。

　　風電技術發展的核心是風力發電機組，世界上風電機組的發展趨勢如下：

①單機容量大型化。商品化的風電機組單機容量不斷突破人們的預測，從20世紀70年代認為最大的55kW到80年代的150kW，90年代初期的300kW和後期的600kW、750kW。目前1.5兆瓦級以上的風電機組已成為市場上的主力機型。目前裝機最多的德國，1998年安裝的風電機組的單機平均容量是783kW，而2002年達到1395kW。而丹麥2002年安裝的風電機組的單機平均容量也達到1000kW。從當前世界趨勢來看，發展大容量的風力機是提高發電量、降低發電成本的重要手段。

②大型風電機組研發和新型機組。延續600kW級風電機組3葉片、上風向、主動對風、帶齒輪箱或不帶齒輪箱的設計概念,擴大容量至兆瓦以上仍是技術發展的一個方向。如BONUS公司的1MW和1.3MW,NORDEX公司的1MW和1.3MW,NEG MICON公司的1MW和1.5MW。

變槳距在幾乎所有的兆瓦級風電機組中被採用,是技術發展的一個重要方向。隨著電力電子技術的發展和成本下降,變速風電機組在新設計的風電機組中占主導地位。如NORDEX公司在其2.5MW的風電機組中改為了變速恒頻方案。VESTAS、DEWIND、ENERCON、TACKE等公司在其兆瓦級風電機組中都採用變速恒頻、變槳距方案。

③海上風電機組。目前,運行中的風電機組主要是在陸地上,但近海風電新市場正在形成中(主要在歐洲)。近海風力資源巨大,海上風速較高並較一致。海上風電機組的開發,容量為兆瓦級以上。美國通用電氣公司開發出海上的3.6MW風機,2004年實現商業化。丹麥的世界最大海上風電示範工程的規模為16萬千瓦,單機容量為2MW。

1.3.3 生物質能

即任何由生物的生長和代謝所產生的物質(如動物、植物、微生物及其排泄代謝物)中所蘊含的能量,直接用作燃料的有農作物的秸稈、薪柴等;間接作為燃料的有農林廢棄物、動物糞便、垃圾及藻類等,它們通過微生物作用生成沼氣,或採用熱解法製造液體和氣體燃料,也可製造生物炭。生物質能是世界上最為廣泛的可再生能源,據估計,每年地球上僅通過光合作用生成的生物質總量就達1440～1800億噸(乾重),其能量約相當於20世紀90年代初全世界總能耗的3～8倍。但是尚未被人們合理利用,多半直接當薪柴使用,效率低,影響生態環境。現代生物質能的利用是通過生物質的厭氧發酵製取甲烷,用熱解法生成燃料氣、生物油和生物炭,用生物質製造乙醇和甲醇燃料,以及利用生物工程技術培育能源植物,發展能源農場。

> **專欄1-2　生物質發電技術**
>
> 　　主要包括生物質直接燃燒後用蒸汽進行發電和生物質氣化發電兩種。
>
> 　　❶生物質直接燃燒發電。生物質直接燃燒發電的技術基本上已成熟，它已進入推廣應用階段，如美國大部分生物質採用這種方法利用，10年來已建成生物質燃燒發電站約6000MW，處理的生物質大部分是農業廢棄物或木材廠、紙廠的森林廢棄物。這種技術單位投資較高，大規模下效率也較高，但它要求生物質集中，達到一定的資源供給量，只適於現代化大農場或大型加工廠的廢物處理，對生物質較分散的發展中國家不是很合適，因為考慮到生物質大規模蒐集或運輸，將使成本提高，從環境效益的角度考慮，生物質直接燃燒與煤燃燒相似，會放出一定的氮氧化物，但其他有害氣體比燃煤要少得多。總之，生物質直接燃燒技術已經發展到較高水準，形成了工業化的技術，降低投資和運行成本是其未來的發展方向。
>
> 　　❷物質氣化發電。生物質氣化發電是更潔淨的利用方式，它幾乎不排放任何有害氣體，小規模的生物質氣化發電已進入商業示範階段，它比較合適於生物質的分散利用，投資較少，發電成本也低，較適於發展中國家應用。大規模的生物質氣化發電一般採用煤氣化聯合循環發電技術（IGCC），適合於大規模開發利用生物質資源，發電效率也較高，是今後生物質工業化應用的主要方式。目前已進入工業示範階段，美國、英國和芬蘭等國家都在建設6～60MW的示範工程。但由於投資高，技術尚未成熟，已開發國家也未進入實質性的應用階段。

1.3.4　地熱能

　　即離地球表面5000m深，15℃以上的岩石和液體的總含熱量。據推算約為14.5×10^{25}J，約相當於4948萬億噸標準煤的熱量。地熱來源主要是地球內部長壽命放射性同位素熱核反應產生的熱能。一般把高於150℃的稱為高溫地熱，主要用於發電；低於此溫度的叫中低溫地熱，通常直接用於採暖、工農業加溫、水產養殖及醫療和洗浴等。截止1990年底，世界地熱資源開發利用於發電的總裝

機容量為588萬千瓦，地熱水的中低溫直接利用約相當於1137萬千瓦。

地熱能的開發利用已有較長的時間，地熱發電、地熱製冷及熱泵技術都已比較成熟。在發電方面，國外地熱單機容量最高已達60MW，採用雙循環技術可以利用100℃左右的熱水發電。另外，發電技術目前還有單級閃蒸法發電系統、兩級閃蒸法發電系統、全流法發電系統、單級雙流地熱發電系統、兩級雙流地熱發電系統和閃蒸與雙流兩級串聯發電系統等。

1.3.5 海洋能

海洋能是指依附於海水作用和蘊藏在海水中的能量，主要產生於太陽的輻射以及月球和太陽的引力，如海洋溫差能、潮汐能、波浪能、海流能和鹽度差能等。據1981年聯合國教科文組織估計，全世界海洋能資源的理論可再生總量為766億千瓦，其中可開發利用的資源約64億千瓦。海洋能的利用方式主要是發電，包括潮汐發電、海流發電、波浪發電、海洋溫差發電等。最新的海洋能概念是發展海洋生物的養殖，建立海洋能源農場，旨在最大限度地開發海洋能資源。

專欄1-3 海洋能發電技術

海洋能主要為潮汐能、波浪能、潮流能、海水溫差能和海水鹽差能。溫差能和鹽差能應用技術近期進展不大。

❶潮汐發電。潮汐能利用的主要方式，其關鍵技術主要包括低水頭、大流量、變工況水輪機組設計製造；電站的運行控制；電站與海洋環境的相互作用，包括電站對環境的影響和海洋環境對電站的影響，特別是泥沙沖淤問題；電站的系統優化，協調發電量、間斷發電以及設備造價和可靠性等之間的關係；電站設備在海水中的防腐等。現有的潮汐電站全部是在20世紀90年代以前建成的。近10多年間，潮汐能利用的主要進展是一些國家對其沿海有潮汐能開發價值、可作為潮汐電站站址的區域進行了潮汐能開發的可行性研究，但由於各方面的原因，這些開發計畫幾乎都沒有予以實施，沒有一座新的潮汐電站建成。

❷波浪發電。波浪能利用的主要方式，關鍵技術主要包括：波浪能的穩

定發電技術和獨立運行技術；波能裝置的波浪載荷及在海洋環境中的生存技術；波能裝置建造與施工中的海洋工程技術；不規則波浪中的波能裝置的設計與運行優化；波浪的聚集與相位控制技術；往復流動中的渦輪研究等。波浪能是海洋能利用研究中近期研究得最多和最重視的海洋能源，出現了一些新型的波浪能裝置和新技術，建造了一些新的示範和商業波浪電站。在波能裝置研究方面，振盪水柱、擺式和聚波水庫式裝置仍占據重要地位。新出現的裝置包括英國的海蛇（Pelamis）裝置，丹麥的「WavePlane」和「Wave Dragon」裝置，中國的振盪浮子裝置，這些裝置都進行了不同比例的物理模型實驗。

在新技術方面，科學家在振盪浮子式波浪能系統的穩定輸出、效率提高、獨立運行和保護技術方面取得了突破性進展；澳大利亞的Energetech研製了一種新型的雙向渦輪（turbine），據報導該渦輪比Wells渦輪的效率要高得多，並計畫用於振盪水柱波浪電站。這些技術有些已在實驗室成功地實現了模型試驗。

❸潮流發電。潮流能的主要利用方式，其原理和風力發電相似。海流發電的關鍵技術問題包括渦輪設計、錨泊技術、安裝維護、電力輸送、防腐、海洋環境中的載荷與安全性能等。世界上從事潮流能開發的主要有美國、英國、加拿大、日本、義大利和中國等。潮流能研究目前還處於研發的早期階段，20世紀90年代以前，僅有一些kW級的潮流能示範電站問世。90年代以後，歐共體和中國開始建造幾十千瓦到百千瓦級潮流能示範應用電站。潮流能利用技術近期最大的研究進展是中國哈爾濱工程大學研製在浙江舟山群島研建的75kW潮流能示範電站，是目前世界上規模最大的潮流能電站。

◎思考題

1. 能源是如何分類的，新能源的概念是什麼？
2. 發展新能源的意義何在？

參考文獻

1. 王革華等編著。能源與可持續發展。北京：化學工業出版社，2005.1。

2. 張正敏。中國風力發電經濟激勵政策研究。中國環境科學出版社，2003.12。

3. UNDP. World Energy Assessment: Energy and the Challenge of Sustainability, New York, 2000.

4. Edward S. Cassedy，段雷、黃永梅譯。可持續能源的前景，北京：清華大學出版社，2002.12。

Chapter *2*

太陽能

2.1　概　述

2.1.1　太陽與太陽輻射

太陽是地球上能源的根本。太陽距離地球為1.50×10^8km，從質量組成而言，由78.7%氫，19.8%氦，剩餘的1.8%由種類繁多的金屬和其他元素組成。太陽直徑1.39×10^6km，總質量約1.99×10^{27}t，平均密度為1.4g/cm³。太陽結構上由大氣和內部兩大部分組成，太陽大氣自裡向外分為光球、色球和日冕三個層次。太陽內部溫度高達一、兩千萬開爾文（Kelvin），壓力有3400多個標準大氣壓，物質在這個條件下呈等離子體狀態。太陽表面的溫度大約6000K。太陽輻射可以認為是這個溫度的黑體輻射。

太陽的能量通過核聚變反應產生。主要有兩個過程：碳－氮迴圈和質子－質子迴圈。碳－氮迴圈的每一個迴圈末尾產生一個α離子（He_2^4，即氦核），放出正電子e^+和γ射線。每秒鐘從太陽表面輻射出的能量約3.8×10^{23}kJ。太陽向宇宙以電磁波的形式輻射能量，電磁波波長從小於0.1nm的宇宙射線到波長為幾十公里的無限電波。

2.1.2　太陽常數和大氣對太陽輻射的衰減

到達地球大氣外層的太陽總能量為1.5×10^{15}MW · h／年，其中，30%以短波形式被反射回太空，47%被大氣、地球表面和海洋吸收，只有大約23%參與地球上的水文循環。太陽輻射主要的能量集中在$0.2 \sim 100 \mu$m的從紫外線到紅外線的範圍，而波長在$0.3 \sim 2.6 \mu$m範圍的輻射占太陽能的95%以上。太陽常數ISC是當地球與太陽間的距離處於二者之間的平均距離，即1.495×10^8km時，大氣層外側，即大氣上界單位面積單位時間內垂直於太陽方向上接受的太陽所有波段的輻射能之和。美國國家航空太空總署（NASA）和美國材料試驗學會（ASTM）的太陽常數為世界普遍採用的值：1.940cal/（cm² · min）或1353W/m²。太陽常數隨季節日－地距離有所變化，但變化不大（約3.4%），對於太陽能利用系統

的設計不構成較大的影響。

　　太陽能隨波長的分布函數的不確定性比太陽常數本身大得多。現在一般採用NASA/ASTM測定的分布曲線。如圖2-1為大氣上界太陽輻射強度隨波長的變化。太陽電磁輻射經過地球大氣層衰減，到達地球表面。這時的能量才是地球表面接收的太陽輻射。大氣層通過對日射的吸收和散射降低太陽到達地面的能量。由於 x 射線（波長 < 1nm）和從極短紫外線（1〜200nm）到中紫外線（200〜315nm）的短波光受到超高層大氣中的分子和臭氧的散射和吸收，太陽輻射到達地面的最短波長為300nm。

　　大氣光學質量 m 是用來計算日射經過大氣長度的一個物理量（圖2-2）：以太陽位於天頂時光線從大氣上界至某一水平面的距離為單位，去度量太陽位於其他位置時從大氣上界至該水平面的單位數，並設定標準大氣壓和0℃時海平面上太陽垂直入射時的 $m = 1$，二者之商即是大氣光學質量，或大氣質量：

$$m = \frac{1}{\sin h} \tag{2-1}$$

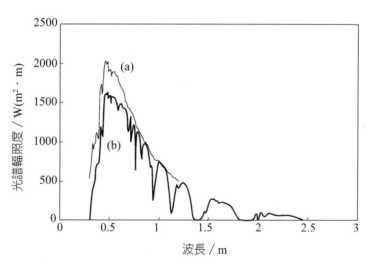

圖2-1　按波長分布的太陽輻射

(a)大氣上界（AM0）；(b)AM1.5太陽輻射

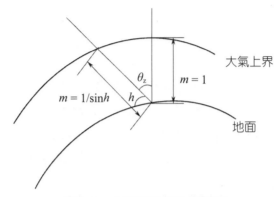

圖2-2　大氣質量定義示意圖

式（2-1）中，h 為太陽高度角，即測量地點太陽射線與地面間的夾角。在太陽能工程中，當 $h \geq 30°$ 時，上式計算的 m 與觀測值誤差約0.01，當 $h > 30°$ 時，由於折射和地面曲率的影響增大，m 可以採用式（2-2）來計算：

$$m(h) = [1229 + (614\sin h)^2]^{1/2} - 614\sin h \qquad (2\text{-}2)$$

以大氣質量 $m = 1$ 的太陽輻射記為AM1，大氣上界為AM0，一般地面上太陽能利用標準採用AM1.5（AM是air mass的縮寫）。利用大氣質量，通過Bouguer-Lambert定律，可以計算到達地球表面某處的日射光譜輻照度 I：

$$I_\lambda = I_\lambda^° \exp(-c_\lambda m) \qquad (2\text{-}3)$$

式中，$I_\lambda^°$ 和 I_λ 分別為設定某一波長（λ）的大氣層外輻射強度和透過了空氣質量為 m 的大氣後的輻射強度；$c_\lambda = c_1 + c_2 + c_3$，為衰減係數，或消光係數。它是Rayleigh散射係數 c_1，臭氧的係數 c_2 和煙霧或大氣混濁度係數 c_3 三項的總和。在大氣紅外線區，還需要第四個參數來計算分子吸收帶。在太陽輻射實測資料的基礎上，人們總結出結合水蒸氣和二氧化碳吸收的修正公式：

$$I_\lambda = I_\lambda^° \exp(-c_\lambda m) T_{\lambda i} \qquad (2\text{-}4)$$

式中，$T_{\lambda i}$ 是大氣透明度係數。通過大氣對太陽輻射的吸收、散射後到達地球表面的輻射能量密度一般為86～100mW/cm²。

圖2-3所示是經AM1.5，與水平面成37°的傾斜面上輻照度為1000W/m²的地面接受的太陽輻射強度隨波長的分布。地面上接收的太陽輻射能量主要集中在可見光和紅外線部分。

地球表面水平面接受的太陽輻射是直接太陽輻射 $I_{H,b}$ 和散射輻射 $I_{H,d}$ 之和：

$$I_T = I_{H,b} + I_{H,d} \tag{2-5}$$

與水平面成 β 角（太陽光的入射角θ_T，為太陽光線與傾斜面法線間夾角）的傾斜面上的直接輻射 $I_{p,b}$：

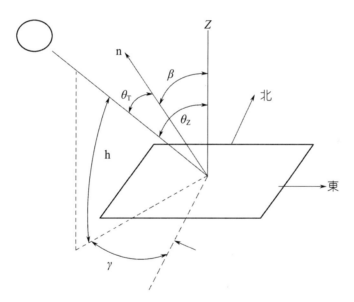

圖2-3　傾斜地面與太陽之間的角度關係

β－傾斜面與水平面的角度；

θ_Z－天頂角，指向太陽的向量與天頂 Z 的夾角；

h－太陽高度角，指向太陽的向量與地平面的夾角；

γ－太陽方位角，指向太陽的向量在地面上的投影與南北方向線夾角

$$I_{p,b} = I_{b,n}\cos\theta_T \tag{2-6}$$

$I_{b,n}$ 為垂直於太陽光線表面上太陽直射強度。

傾斜面接收的散射輻射 $I_{p,d}$ 可由式（2-7）計算：

$$I_{p,d} = I_{H,d} \times \frac{1+\cos\beta}{2} \tag{2-7}$$

$I_{H,d}$ 為水平面上晴天的散射輻射，

$$I_{H,d} = C_1(\sin h)C_2 \tag{2-8}$$

式中，C_1 和 C_2 分別為經驗係數，取決於大氣透明度；h 為太陽高度角。

對於傾斜面上的總輻射，還要考慮來自地面的反射輻射 $I_{p,\rho}$。反射輻射一般認為遵守蘭伯特定律：

$$I_{p,\rho} = (I_{H,b} + I_{H,d})\rho \times \frac{1+\cos\beta}{2} \tag{2-9}$$

式中，ρ 為地面反射率，各種地面的反射率可以從文獻查到。

總結起來，傾斜面上的總輻射強度為：

$$I_P = I_{p,b} + I_{H,d} \times \left(\frac{1+\cos\beta}{2}\right) + (I_{H,b} + I_{H,d})\rho + \left(\frac{1+\cos\beta}{2}\right) \tag{2-10}$$

可見，太陽總輻射強度受到觀測地點的緯度、太陽高度、海拔高度、雲量、混濁度等氣象條件以及周圍環境對太陽光的反射條件等因素的影響。因此，具體地點接受的太陽輻射量和輻射光譜需要進行實地檢測得到。

上述公式是太陽輻射強度，即單位時間的太陽輻射能量，而總的太陽輻照接受量還受日照時間控制。實際太陽能利用需要計算輻射通量。為了計算一定時間內的輻射通量，需要對時間進行積分。由於輻射強度隨時間變化比較複雜，一般需要每小時累積積分。對於太陽能應用設計，需要以大量的長時間累

積的氣象資料為基礎。利用這些氣象資料，人們歸納出太陽總輻射在不同季節隨日照時間、相對濕度和平均溫度等變化的經驗公式。這些經驗公式一般適合於當地的情況，可以用來指導太陽能利用裝置的設計。

2.1.3　太陽輻射測量

　　太陽輻射測量包括全輻射、直接輻射和散射輻射的測量。對於太陽能利用，主要需要測定的是太陽輻射的直射強度和總輻射強度。直射強度是指與太陽光垂直的表面上單位面積單位時間內所接收到的太陽輻射能。總輻射強度是指水平面上單位面積單位時間內所接收到的來自整個半球形天空的太陽輻射能。測量直射強度的儀器稱為太陽直射儀；測量總輻射強度的儀器稱為太陽總輻射儀。太陽輻射儀按照測量的基本原理，可以分為卡計型、熱電型、光電型以及機械型，分別利用太陽輻射轉換成熱能、電能或者熱能和電能的結合以及熱能和機械能的結合，這些轉換的能量形式是可以以不同程度的準確度測定的。通過測量所轉的熱能、電能和機械能，可以反推出太陽輻射強度。

　　測量太陽直射強度的儀器主要有埃式補償式直射儀和銀盤直射儀。埃式補償式直射儀通過比較兩個塗黑的錳銅片的溫度，其中一個吸收太陽直接輻射（錳銅片放在一個圓筒底部）而溫度升高，另一個不接收太陽直射，但通過電加熱達到和接受太陽直射的錳銅片的溫度，加熱電流的平方和太陽直射能成正比。通過儀器校訂，就可以測量太陽直射強度。

　　銀盤直射儀是利用測量表面發黑的銀盤在一定時間內接收太陽直射（銀盤放在一定長度和直徑的圓筒底部）時溫度的上升來推算太陽直射強度。

　　太陽總輻射測量儀主要有莫爾－戈齊斯基太陽總輻射儀和埃普雷太陽總輻射儀。莫爾－戈齊斯基太陽總輻射儀的基本原理是，利用放置在半球形的雙層玻璃鐘罩內的塗黑的康銅－錳銅熱電偶片組成的多個熱點，和接在非常大的金屬殼上的冷點，通過測量輸出電信號，得到總輻射強度。埃普雷總輻射儀利用兩個以同心圓形式安裝的銀製圓環，外環塗白色氧化鎂，內環塗錫基銻鉛銅合金黑漆，通過內環吸收太陽輻射，並利用熱電偶測量兩個圓環的溫差，推算出太陽總輻射強度。

2.1.4　中國的太陽能資源

　　中國地面接收的太陽能資源非常豐富，輻射總量為3340～8400（MJ/m²）/a，平均值為5852（kJ/m²）/a，主要分布在中國的西北、華北以及雲南中部和西南部、廣東東南部、福建東南部、海南島東部和臺灣西南部等地區。太陽能高值中心（青藏高原）和低值中心（四川盆地）都處在北緯22°～35°這個條帶中。圖2-4所示為中國太陽輻射分布圖。圖中將接收太陽輻射分為4個等級，分別是：非常豐富地區（Ⅰ）＞6700MJ/m²；豐富地區（Ⅱ）5400～6700MJ/m²；較豐富地區（Ⅲ）4200～5400MJ/m²；較差地區（Ⅳ）＜4200MJ/m²。和地球上其他能源，特別是傳統的化石能源相比，太陽能的特點是覆蓋面廣、無害性，相對於傳統化石能源資源可以說是取之不盡、用之不竭，總量非常大；其缺點是能量密度較低（約1kW/m²）、分散、受地理位置和氣候影響，存在隨機性，而且只有白天有。但是，隨著化石資源的不斷減少，大量使用化石資源帶來的環境污染等，為我們開發利用太陽能資源帶來了機會，當然，基於上述分析，如何實現經濟大規模地利用太陽能依然是一項挑戰。

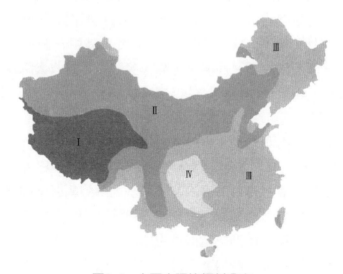

圖2-4　中國太陽能輻射分布

2.2 太陽能熱利用

2.2.1 基本原理

太陽能熱利用就是利用太陽集熱器將太陽光輻射轉化成流體中的熱能，並將加熱流體輸送出去利用。太陽集熱器的集熱方式包括非聚光型和聚光型集熱器，前者所用的熱吸收面積基本上等於太陽光線照射的面積，後者則是將較大面積的太陽輻射聚集到較小的吸收面積上。

輻射的透過、吸收和反射

當太陽輻射 $A_c I$ 投射到物體表面時，其中一部分（Q_α）進入表面後被材料吸收，一部分（Q_ρ）被表面反射，其餘部分（Q_τ）則透過材料：

$$Q = Q_\alpha + Q_\rho + Q_\tau \tag{2-11}$$

或：
$$1 = Q_\alpha/Q + Q_\rho/Q + Q_\tau/Q \tag{2-12}$$

式中上述三項分別為材料對輻射能的吸收率 α、反射率 ρ 和透過率 τ。對於黑體，輻射被完全吸收 $\alpha=1$，白體則完全反射 $\rho=1$，全透明體 $\tau=1$。實際常用的工程材料大部分介於半透明和不透明之間，不透明體如金屬材料透過率為0。這些參數和太陽光的入射波長 λ 相關。

材料的吸收率正比於材料的消光係數 K_λ。輻射強度通過材料 L 長度被吸收後得到的強度 I_λ 由下式得出：

$$I_\lambda = I_{o\lambda} \exp\left(-K_\lambda L\right) \tag{2-13}$$

式中，$I_{o\lambda}$ 為波長為 λ 的入射光強度。

對以入射角度 i_1 投射到材料表面的輻射，其一次反射率由菲聶耳定律得出：

$$\rho_\lambda = \frac{I\rho_\lambda}{I_\lambda} = 0.5 \times \left[\frac{\sin^2(i_2 - i_1)}{\sin^2(i_2 + i_2)} + \frac{\mathrm{tg}^2(i_2 - i_1)}{\mathrm{tg}^2(i_2 + i_1)} \right]$$

(2-14)

式中，i_2 為折射角。

太陽能熱利用的材料，根據用途的不同，要求的對太陽輻射的吸收、反射和透過性能也不同，以達到系統的最佳利用性能。太陽能集熱器的關鍵部分是熱吸收材料。對於熱吸收材料，要求吸收盡可能多的太陽輻射。對於覆蓋材料，則要求儘量對可見光透明，對紅外反射率高。系統最優性能的獲得除了考慮材料對太陽輻射的選擇性吸收、透過以外，還要考慮系統結構的設計的優化（以獲得對熱量的最佳管理）。對於太陽能集熱器的討論離開了具體的集熱器結構是沒有意義的，因此，下面將根據採用的典型的太陽能集熱器結構展開相關介紹。

2.2.2 平板型集熱器

太陽能集熱器應用比較普遍的是平板型集熱器。

一、基本結構和材料選擇

典型的平板型集熱器結構如圖2-5所示，它主要由集熱板、隔熱層、蓋板和外殼組成。

集熱板的作用是吸收陽光，並把它轉化成熱能通過流管傳遞給集熱介質。它也是一種熱交換器，其關鍵元件是平板吸熱元件。平板吸熱元件要求對陽光吸收率高、熱輻射率低；結構設計合理；具有長期的耐候性和耐熱性能。此

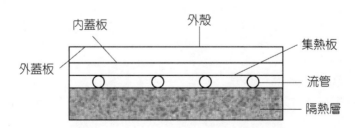

圖2-5　典型平板型集熱器結構示意圖

外，還要求加工工程簡單、成本低廉等。集熱板吸熱層一般採用塗層材料，塗層材料分為選擇性吸收和非選擇性吸收塗層；選擇性吸收塗層具有儘量高的光譜吸收係數α，低的熱輻射率；非選擇性吸收塗層的熱輻射率也較高。從集熱器的發展趨勢看來，為了提高集熱器的效率，提高溫度是一個重要途徑，因此利用選擇性吸收材料是一個發展方向。對於性能要求不高的集熱器，一般採用非選擇性塗層。非選擇性吸收塗層可以在集熱板表面噴塗或塗刷一層無光黑板漆得到。這種黑漆塗層對陽光的吸收率一般在0.95～0.98，熱輻射率0.9～0.95。非選擇性吸收塗層利用金屬氧化物材料的半導體性質，如CuO、$Cr-Cr_2O_3$塗層，吸收能量大於其禁帶寬度的太陽光。吸熱塗層的表面性質和厚度也很重要，研究結果顯示，適當降低塗層厚度能夠降低塗層的熱輻射率。

隔熱層的作用是降低熱損失、提高集熱效率，要求材料具有較好的絕熱性能，較低的導熱係數。隔熱層材料要求能夠承受高於200℃的溫度，可用作隔熱層的材料包括玻璃纖維、石棉以及硬質發泡塑膠等。

透明蓋板的作用是為了和集熱板之間形成一定高度的空氣夾層，減少集熱板通過與環境的對流、向環境的輻射造成的熱損失，保護集熱板和其他元件不受環境的侵襲；要求具有抗拒風、積雪、冰雹、沙石等外力和熱應力等的較高的機械強度；對雨水不透過；耐環境腐蝕。

外殼的作用是為了保護集熱板和隔熱層不受外界環境的影響，同時作為各個元件整合的骨架，要求具有較好的力學強度、良好的水密封性、耐候性和耐腐蝕性。外殼材料包括框架和底板。

二、平板型集熱器類型

按照傳熱介質的不同，平板型集熱器可以分為液體加熱太陽能集熱器和氣體加熱太陽能集熱器，二者主要區別在於吸熱板材料和結構的不同以及與吸熱板接觸的導流管設計結構的差異。在設計集熱器時需要考慮的關鍵參數是如何獲得有效的傳熱、合理的壓降、較少的結垢；降低液體介質傳輸路徑的腐蝕、維修、增加其耐用性，降低成本。採用液體作為工作介質的加熱集熱器的結構有許多種，主要區別是液體到流管與吸熱板間的連接方式的不同，也有採用非管式液體流道的結構。從有效傳熱考慮，熱量從吸熱板到導流管的間距應儘量小，二者間的熱導性要好。氣體加熱太陽能集熱器的傳熱氣體通道可以在吸熱

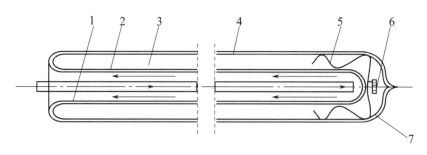

圖2-6　全玻璃真空集熱管

1－內玻璃管；2－選擇性吸收塗層；
3－真空套　；4－蓋玻璃管；
5－夾持件　；6－吸氣材料；
7－吸氣塗層

板之下，也可以在其之上，從而增加一個傳熱面。實際上，採用簡單的設計，使空氣通過吸熱板—蓋板、吸熱板—隔熱層形成的簡單通道在經濟上是合算的。提高集熱器效率的一個途徑就是將蓋板和吸熱板之間抽真空，以有效地抑制熱傳導。為了達到這個效果，需要真空度低於10^{-4}mmHg，平板玻璃蓋板不能承受這個真空度，而且採用平板結構也是很難維持這個真空的，所以，人們採用抽真空的管式設計。真空管集熱器是由許多根玻璃真空集熱管組成的。常見的有3種設計：最簡單的是將小平板集熱器放在抽真空的玻璃管中，傳熱介質通過與集熱板接觸的金屬導管將熱能傳出；第二種是將塗有帶選擇性吸收的熱流管放在真空玻璃管中，在玻璃管內壁集熱管的下方塗有反射層，將太陽光反射到集熱管上。這兩種設計金屬與玻璃的密封比較困難；第三種是全玻璃真空集熱器。如圖2-6所示，全玻璃真空集熱器由內外兩個同心圓玻璃管組成。兩玻璃管間抽真空，內玻璃管外壁沈積選擇性吸收塗層，外管為透明玻璃，內外管間底部用架子支撐住內管自由端。導熱介質在內管經導管流入、流出。

2.2.3　聚光型集熱器

一、基本原理

　　聚光型太陽能集熱器就是利用對太陽光線的反射將較大面積的太陽輻射聚

集到較小面積的吸熱層上，以提高對太陽能的接收。由於太陽相對於地面觀測點有一個32°的角度，即太陽張角，對太陽的聚集會形成一個太陽像，而非一個點。聚光型太陽能集熱器的關鍵元件是聚光鏡，它的作用就是在吸熱層上形成太陽像。

表徵聚光鏡的重要參數是聚光比。有兩個物理意義上的聚光比：幾何聚光比或面積聚光比和通量聚光比。面積聚光比 C_a 定義如式（2-15）：

$$C_a = \frac{A_A}{A_R} \tag{2-15}$$

式中，A_A 和 A_R 分別是聚光器開口面積和吸熱層吸熱面積。

通量聚光比是開口處的太陽光輻射與吸收層接收到的太陽輻射。對於太陽能熱利用，比較常用面積聚光。從熱力學分析可以得知，對於理想的聚光器，最大聚光比受接收半形 θ_c 限制：

對於二維聚光器：

$$C_{\max} = \frac{1}{\sin\theta_c} \tag{2-16}$$

對於三維聚光器：

$$C_{\max} = \frac{1}{\sin^2\theta_c} \tag{2-17}$$

由於太陽張角為32'（$\theta_c = 16'$），因此對於二維聚光器最大聚光比 $C_{\max} \approx 200$，對於三維聚光器 $C_{\max} \approx 40000$。實際上，設計問題、鏡面缺陷、對太陽的跟蹤誤差以及鏡面集塵等原因造成接受角遠大於太陽張角，使聚光比大幅降低。此外，由於大氣對太陽光的散射，造成相當大一部分太陽光線來自太陽盤以外的角度，不能被有效聚集。

具體聚光系統的選擇是系統光學和熱性能的折中。吸熱層面積應該要求儘量大，以接收最大量的太陽輻射，但是由於聚光集熱器吸熱層溫度較高，熱按照溫度的4次方輻射損失，因此又希望吸熱層面積儘量小，以減少熱損失。聚光比也控制吸熱層的操作溫度。可以推導出，對於非選擇性吸熱層，最高溫度是

1600K。因此，為了降低熱輻射損失，採用真空管集熱器是一個好的選擇。

二、聚光集熱器的類型

聚光器的類型可以按照對入射太陽光的聚集方式分為反射式和折射式。反射式聚光器通過如圖2-7複合拋物線型聚光集熱器原理的示意圖顯示一系列反射鏡片將太陽輻射彙聚到熱吸收面，而折射式則是將入射太陽光通過特殊的透鏡彙聚到吸收面。反射式聚光器的典型代表是拋物線型聚光器，折射式主要是菲聶耳式透鏡。此外，還有將透射與反射結合的聚光方式。聚光集熱器的聚光器部分可以設置太陽跟蹤系統，調整其方向來獲取最大的太陽輻射，也可以調整吸收器的位置，達到系統最優化集熱效果。對於較大型的太陽集熱系統，聚光器可能較大，這樣，調整小得多的吸收器則容易一些。

(1)複合拋物線聚光器

聚光器的設計應該儘量使得它的聚光比接近熱力學最大聚光比。理論上，能夠達到這個熱力學極限的聚光器是雙拋物線複合聚光器（compound parabolic concentrators, CPC）。如圖2-7所示，CPC由兩個不同的拋物線形的反射器組成。左面的拋物線焦點在 A，它的軸線和聚光器的對稱中軸面形成接收角 θ_c。這種集熱器理論上可以達到熱力學最大聚光比。

(2)單拋物線型聚光器

較常用的聚光集熱器是如圖2-8所示的拋物線型聚光集熱器。它可以製成二維的槽形，也可以製成三維的碟形。吸收面可以是平面也可以是圓形的。由於太陽張角的存在，實際上，對於單級聚光器，以二維槽形聚光器和圓管接收面為例，最大聚光比也只能是理想最大聚光比的$1/\pi$（當開口角 $\phi = 90°$），即大約1/4～1/2：

$$C_{2D} = \frac{2x_A}{2\pi a} = \frac{\sin\phi}{\pi\sin\theta_c} = \frac{\sin\phi}{\pi} C_{\text{ideal}} \qquad (2\text{-}18)$$

若是平面吸熱面，則：

$$C = \frac{\sin\phi\cos(\phi + \theta_c)}{\sin\theta_c} - 1 \qquad (2\text{-}19)$$

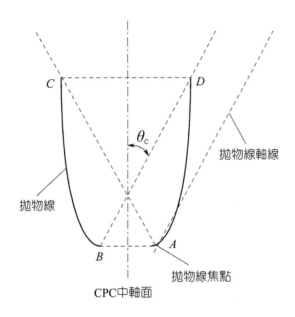

圖2-7 複合拋物線型聚光集熱器原理示意圖

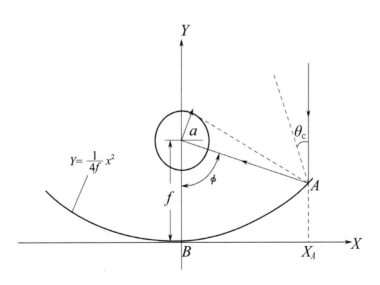

圖2-8 單拋物線型聚光器

對於三維碟形聚光器結合球形吸收面：

$$C = \frac{\sin^2\phi}{4\sin2\theta_c} \qquad (2\text{-}20)$$

平面吸收面：

$$C = \frac{\sin^2\phi\cos^2(\phi+\theta_c)}{\sin^2\theta_c} - 1 \qquad (2\text{-}21)$$

⑶菲聶耳透鏡聚光器

　　如圖2-9所示，菲聶耳透鏡是一種將透鏡的表面製成稜鏡面，太陽光投射稜鏡之後彙聚到吸收面。可以將陽光聚焦在一條線上，也可以聚焦到點上。

　　採用菲聶耳透鏡式聚光器的優點是對於大型太陽能集熱系統，相對於其他反射式聚光器，菲聶耳稜鏡聚光器面積較小，降低了風對聚光器造成的負荷，材料加工也簡化。此外，對於加工安裝帶來的對太陽跟蹤的誤差，菲聶耳稜鏡聚光系統是平面反射聚光系統的1/4～1/2，其缺點是透鏡的加工比平面反射鏡片複雜。

三、聚光集熱器材料

　　對於聚光集熱器，材料的選擇主要考慮以下幾點：①反射面的反射率；②蓋板材料的透過率；③吸熱層的吸收率和反射率。作為反射面材料，由於表面的粗糙和起伏，沒有一種材料能做到鏡面的全反射。鋁的總反射率為85%～

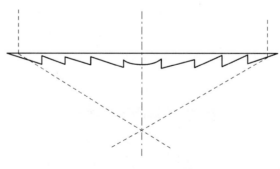

圖2-9　菲聶耳稜鏡

90%，銀的總反射率在90%左右，可以作為最好的反射表面用於太陽能集熱器。當然，如前所述，反射率隨入射波長變化，因此一般需要對標準太陽光入射波長積分才能得到一個統一的反射率。作為表面鏡，鋁表面可以通過自氧化而獲得保護層；銀的保護要困難些。作為蓋板材料，與平板型集熱器類似，需要含鐵低、透明的材料，玻璃是最好的選擇。聚丙烯酸酯是製備菲聶耳稜鏡的恰當的材料。作為聚光集熱器的吸熱層（也是一種選擇性塗層），鉻黑（CrO_x）（其吸收率約0.95，反射率 ≤ 0.1）是較好的選擇。

四、集熱器的性能

(1)平板型集熱器的性能集熱器通過吸收太陽輻射，除了一部分被傳熱介質帶出成為有效能量外，一部分通過集熱器材料向環境輻射等損失，還有一部分儲存在集熱器內（如圖2-10所示）。評價平板型集熱器性能的基本參數主要是有效能量收益和其效率。

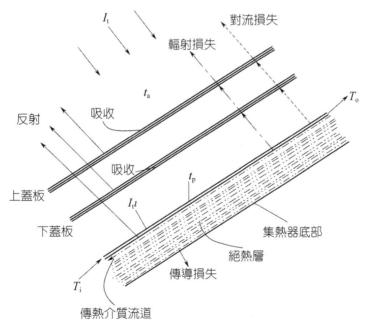

圖2-10 平板型集熱器的熱吸收和損失

有效能量收益是單位時間內集熱器通過傳熱介質傳出的熱量：

$$Q_u = A_c G c_p (T_{fo} - T_{f,i}) = A_c [I_t \tau \alpha - U_L (T_p - T_a)] \qquad (2\text{-}22)$$

式中，A_c為集熱器採光面積；G為集熱器單位面積的介質質量流量；c_p為傳熱介質的定壓比熱容；$T_{f,o}$和$T_{f,i}$分別是集熱器出入口傳熱介質的溫度；I_t是集熱器接收的太陽輻射能；U_L為集熱器總熱損失係數；T_p和T_a分別是吸熱層上表面溫度和環境溫度。

集熱器熱損失主要包括底部、邊緣熱損失和頂部熱損失。底部和邊緣熱損失通過保溫層和外殼以熱傳導方式傳至外部環境。頂部通過吸熱板和蓋板玻璃之間對流和熱輻射以及反射損失。集熱效率是衡量集熱器性能的一個重要參數，它是集熱器有效能量收益與投射到集熱器上太陽能量之比。由於太陽投射到集熱器的能量隨時間變化，因此有暫態效率和平均效率之說。暫態效率是集熱器在一天中某一瞬間的性能：

$$\eta = \frac{Q_u}{A_c I} \qquad (2\text{-}23)$$

作為更重要的衡量集熱器性能的參考量，平均效率是一段時間，如一天或更長時間內集熱器效率的平均值。一般測量15～20min時間段的太陽輻射能，對應有效能量，可以得出平均集熱效率：

$$\overline{\eta} = \frac{\Sigma Q_{u,i} I_i}{A_c \Sigma I_i} \qquad (2\text{-}24)$$

(2)聚光集熱器的性能和平板型集熱器類似，聚光型集熱器的熱性能主要以集熱器效率和有用熱能表示。聚光型集熱器效率有以下兩個定義：
①基於集熱器開口入射太陽輻射的效率

$$\eta = \frac{q_{\text{out}}}{I} \qquad (2\text{-}25)$$

q_{out}是傳熱介質帶出的有用熱量（$=q_{abs}-q_{loss}$）。由於集熱器開口接收的太陽輻射和測量太陽輻射的儀器開口的不同，聚光型集熱器接收的太陽輻射在測量的太陽全輻射I和直射輻射I_b之間。如前面介紹，直接輻射受天氣情況影響較大。因此，人們規定，對於跟蹤太陽聚光型集熱器，應採用直接輻射（η_b）；對固定聚光集熱器，則採用全輻射（η），但如果這類聚光集熱器可以調整傾斜度，則要用直接輻射。因此，需要標出測量的效率是基於全輻射還是直接輻射。

②基於吸熱面上的入射太陽輻射的效率，即聚光集熱器光學效率

$$\eta_o = \frac{q_{abs}}{I_{in}} \tag{2-26}$$

它和基於集熱器開口入射太陽輻射的效率的關係是：

$$\eta_b = \gamma_b \eta_o - \frac{q_{abs}}{I_b} \tag{2-27}$$

$$\gamma_b = \frac{I_{in}}{I_b}$$

此外，還有以傳熱流體介質平均溫度及流體入口溫度表徵的集熱器效率等。

聚光型集熱器的熱損失的途徑主要是熱輻射、對流和傳導。對於非選擇性吸熱層，在較高溫度下，輻射是熱損失的主要途徑。採用選擇性塗層可以將輻射損失降低一個數量級。由於需要較小面積的吸熱塗層，因此選擇性塗層成本不會太高。通過吸熱層周圍的空氣以對流和傳導的方式也是不可忽略的，因此，採用真空吸熱器結合選擇性吸熱塗層，如真空管是熱利用上較好的方法。

2.2.4 太陽能熱利用系統

太陽能熱利用系統主要包括太陽能熱水裝置、太陽能乾燥裝置和太陽能採暖和製冷系統。太陽能熱水裝置是目前應用最廣的太陽能熱利用系統。

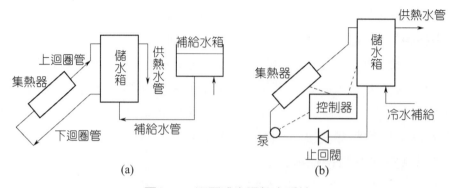

圖2-11 迴圈式太陽熱水系統

(a)自然迴圈式；(b)強制迴圈式系統

一、太陽能熱水裝置

太陽能熱水裝置系統主要由集熱箱、儲水箱和提供冷水和熱水的管道組成。按照水流動方式，又可以分為迴圈式、直流式和整體式。迴圈式太陽熱水系統按水迴圈動力分為自然迴圈和強制迴圈兩類（圖2-11）。自然迴圈是利用集熱器與儲水箱中水溫的溫差形成系統的熱虹吸壓頭，使水在系統中迴圈，將集熱器的有用收益傳輸至水箱得到儲存；強制迴圈系統則是依靠水泵使水在集熱器與儲水箱之間迴圈。在系統中設置控制裝置，以集熱器出口與水箱間的溫差來控制水泵的運轉，止回閥可防止夜間系統發生倒流造成熱損失。

直流式系統包括平板集熱器、儲熱水箱、補給水箱和連接管道組成的開放式熱虹吸系統。與自然式迴圈系統不同的是補給冷水直接進入集熱器。補給水箱的水位和集熱器出口熱水管的最高位置一致。如果在集熱器出口設置溫度控制器，可以控制出口熱水溫度以滿足使用要求。整體式太陽熱水裝置的特點是集熱器和儲水箱為一體。整體式熱水器結構簡單，價格低廉，適合家用。

二、太陽能採暖

利用太陽能集熱器在冬季採暖是太陽能熱利用的一種重要形式。太陽能暖房系統利用太陽能作房間冬天暖房之用，在許多寒冷地區已使用多年。大多數太陽能暖房使用熱水系統，也有使用熱空氣系統。太陽能暖房系統是由太陽能收集器、熱儲存裝置、輔助能源系統，及室內暖房風扇系統所組成。將太陽輻

射通過熱傳導，經收集器內的工作流體將熱能儲存，再供熱至房間之間。輔助熱源的主要安置方式有：①安置在儲熱裝置內；②直接裝設在房間內；③裝設於儲熱裝置及房間之間。當然也可不用儲熱裝置而直接將熱能用到暖房的直接式暖房設計，或者將太陽能直接用於熱電或光電方式發電，再加熱房間，或透過冷暖房的熱裝置方式供作暖房使用。最常用的暖房系統為太陽能熱水裝置，其將熱水通至儲熱裝置之中（固體、液體或相變化的儲熱系統），然後利用風扇將室內或室外空氣驅動至此儲熱裝置中吸熱，再把此熱空氣傳送至室內；或利用另一種液體流至儲熱裝置中吸熱，當熱流體流至室內，在利用風扇吹送被加熱空氣至室內，而達到暖房效果。太陽能集熱器一般採用溫度較低的平板型集熱器。

太陽能暖房系統又可分為被動式太陽能供暖系統和主動式太陽能供暖系統。前者根據當地氣候條件，通過建築設計和採用材料，如牆壁、屋頂的熱工性能，不添置附加設備，使房屋盡可能多地吸收和儲存熱量，達到採暖的目的；後者則需要採用太陽能集熱器，配置蓄熱箱、管道、風機及泵等設備蒐集、儲存和輸配太陽能，且系統中各個部分可控制，從而達到控制室內溫度的目的。被動式太陽能供暖較簡單，造價低廉。

採用不同的傳熱介質如水、防凍液或空氣時，系統配製有所不同。採用防凍液需要在集熱器和蓄熱水箱間採用液—液熱交換器；採用熱風採暖，則需要水—空氣式熱交換器。如果單純靠太陽能集熱器不能滿足供熱需求時，則需要增加輔助熱源。實際上，供暖系統只需要在冬季使用，如果設計成全年都有效，則是浪費。因此，採用太陽能集熱解決部分供暖，借助於輔助熱源，以滿足寒冷季節的供暖需求是比較經濟的選擇。

三、太陽能製冷

太陽能製冷是太陽能集熱器蒐集熱的一種利用形式。因此，不同的太陽能製冷系統的主要區別在於製冷迴圈的不同。有的利用太陽能集熱器加熱水產生水蒸氣，驅動氣輪機對外做功製冷；有的利用集熱器產生的熱水通過熱交換加熱產生高壓水蒸氣，參與製冷迴圈；有的利用太陽能集熱來加熱蒸發濃縮吸收液，如$LiBr-H_2O$或者NH_3-H_2O。因此，人們又將太陽能製冷系統分為三類：壓縮式製冷系統、蒸汽噴射式製冷系統和吸收式製冷系統。太陽能製冷系統比較複

雜，一般包括集熱器、熱交換系統和製冷系統。整個製冷系統的效率受這些子系統效率的影響，因此一般不會很高。

四、太陽爐

太陽爐實際上是太陽聚光器的一種特殊應用。它是利用太陽聚光器對太陽聚光產生高溫，並用來加熱熔化材料，進行材料科學研究的一種方式。一般採用拋物線型太陽聚光器，對於不同幾何形狀（平面、圓柱、球形）的被加熱式樣（相當於太陽熱吸收器），可達到的溫度和溫度分布有所不同。

太陽爐分為直接入射型和定日鏡型。直接入射型是將聚光器直接朝向太陽，定日鏡型則是借助可轉動的反射鏡或者定日鏡將太陽光反射到固定的聚光器上。太陽爐可以達到的溫度受聚光比的控制。拋物線型太陽聚光器的聚光比受其開口寬度 D 和焦距 f，即口徑比 n（$= D/f$）決定。開口大小 D 決定了反射的總太陽輻射能的多少，D 和口徑比 n 決定了太陽成像的尺寸和強度。當 D 固定時，n 越大，拋物面鏡越深。對於平面試樣，採用 $n = 2 \sim 3$，對於圓柱行或球形試樣，取 $n > 4$ 較好。太陽爐輸出功率可以達到幾十至上千千瓦，獲得的高溫可達3000～4000℃。用太陽爐加熱熔化材料具有清潔無污染的優點。當然，比起一般的高溫爐，造價要高。

五、太陽熱動力

太陽熱動力系統是利用太陽能熱能驅動汽輪機、斯特林發動機或者螺桿膨脹機等發電。就原理而言，它和普通的熱電廠的不同在於太陽能熱發電系統有太陽集熱系統、蓄熱系統和熱交換系統。太陽集熱系統可以是平板型集熱器，也可以是聚光型集熱器。它們得到的傳熱介質溫度不同。傳熱介質可以是水、空氣或者有機液體、無機鹽、鹼和金屬鈉，他們分別適用於不同的溫度範圍。傳熱介質通過溫度變化、相變化（蒸發／冷凝）等過程來實現太陽熱能到電能的轉化。

2.3 太陽光電

2.3.1 太陽光電基本原理

太陽能電池能量轉換的基礎是由半導體材料組成的pn結的光生伏特（光電）效應。當能量為 hv 的光子照射到禁帶寬度為 E_g 的半導體材料上時，產生電子－空穴對，並受由摻雜的半導體材料組成的pn結電場的吸引，電子流入n區，空穴流入p區。如果將外電路短路，則在外電路中就有與入射光通量成正比的光電流通過。

為了得到光生電流，要求半導體材料具有合適的禁帶寬度。當入射光子能量大於半導體材料的禁帶寬度（表2-1）時，才能產生光電子，而大於禁帶寬度的光子的能量部分（$hv - E_g$）以熱的形式損失。目前用於太陽能電池的半導體材料主要是晶體矽，包括單晶矽和多晶矽。非晶矽薄膜和化合物半導體太陽電池材料，包括Ⅲ～Ⅴ族化合物，如GaAs、Ⅱ～Ⅵ族化合物如CdS/CdTe等電池系列。這些材料中，單晶矽和多晶矽太陽能電池的用量最大。

表2-1　主要半導體材料的禁帶寬度E_g

材　料	E_g/eV	材　料	E_g/eV
Si	1.1	InP	1.2
Ge	0.7	CdTe	1.4
GaAs	1.4	CdS	2.6
Cu(InGa)Se	1.04		

太陽能電池的基本結構如圖2-12所示。它由p摻雜和n摻雜的半導體材料組成電池核心，在n區表面沈積有減反射層。p摻雜是在半導體基體材料中摻雜提供空穴的元素，如B、Al、Ga、In；而n摻雜則是摻雜提供價電子的元素，如Sb、As或P。減反射層的作用是降低電池表面對太陽光的反射，提高電池對光的吸收。光生電流由表面電極和背電極引出。

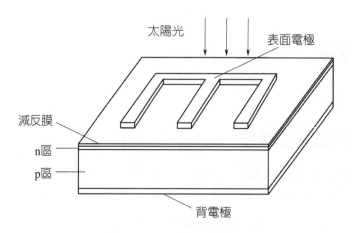

圖2-12　太陽能電池基本結構

　　描述太陽能電池的特徵參數包括：光譜相應、電池開路電壓、短路電流，以及光—電轉換效率。太陽能電池在入射光中每一種波長的光能作用下所蒐集到的光電流，與對應於入射到電池表面的該波長的光子數之比，叫做太陽能電池的光譜相應，也稱為光譜靈敏度。它和電池的結構、材料性能、結深、表面光學特性等因素有關，也受環境溫度、電池厚度和輻射損傷影響。

　　開路電壓是指當太陽光照射下外電路電阻為無窮大時測得的電池輸出電壓；短路電流指外電路負載電阻為 0 時太陽能電池的輸出電壓。太陽能電池輸出電流和電壓隨著外電路負載的變化而變化。

　　在理想情況下，電池的電流—電壓特性如圖2-13所示。

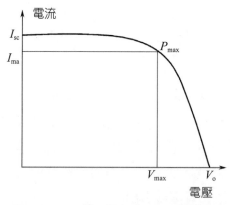

圖2-13　太陽能電池電流—電壓特性

$$I_d = I_0 \exp\left(\frac{qV_d}{nkT} - 1\right) \tag{2-28}$$

式中 I_d 和 V_d 分別是二極體電流和電壓；I_0 為無光照下二極體飽和電流；q 為電子電荷；n 為導帶電子濃度。

轉換效率是在外電路中聯接最佳負載電阻時，得到的最大能量轉換效率。在最佳外電路電阻下，電池輸出電流、電壓對應電池最大輸出功率 $P_{max} = I_{max}V_{max}$。電池的填充因數 FF 為：

$$FF = \frac{P_{max}}{V_{oc}I_{sc}} \tag{2-29}$$

因此，太陽能電池的光電轉換效率為：

$$\eta = \frac{P_{max}}{P_{in}} = FF \times \frac{V_{oc}I_{sc}}{P_{in}} \tag{2-30}$$

式中 P_{in} 為入射太陽光能量。

2.3.2　太陽能電池的製造和測定方法

太陽能電池主要包括矽太陽能電池，帶狀晶體矽太陽能電池、矽薄膜太陽能電池、Ⅲ～Ⅴ族化合物半導體太陽能電池、Ⅱ-Ⅵ族半導體化合物太陽能電池以及其他太陽能電池，如無機、有機太陽能電池和光化學太陽能電池。即使是晶體矽太陽能電池，也有不同的結構，對應的太陽能電池的製造方法也有所不同。目前實際應用的太陽能電池主要是晶體矽，包括單晶矽和多晶矽。太陽能電池的研究目標之一是降低成本，因此，採用薄膜太陽能電池是太陽能電池發展的一個方向。

晶體矽太陽能電池的典型的製造方法如圖2-14所示。矽片作為太陽能電池的基本材料，要求由具有較高純度的單晶矽材料通過切割得到，並且要考慮它的導電類型、電阻率、晶向以及缺陷等。一般採用p型摻雜、厚度在200～400 μm 的矽片。對切割的矽片需要進行預處理，即腐蝕、清洗，一般採用濃硫酸初步

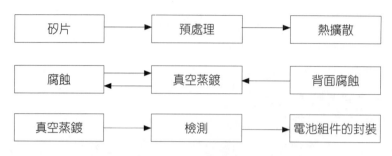

圖2-14　晶體矽太陽能電池的製造方法

清洗，然後再經酸或者鹼溶液腐蝕，最後用高純去離子水清洗。清洗後的矽片需要經過擴散製成pn結。擴散在控制條件的高溫擴散爐內進行。經擴散得到的矽片需要在保護正面擴散層下經腐蝕除去背面的擴散層。之後就是通過真空蒸鍍上下電極，一般是先蒸鍍一層厚度為30～100μm的Al，然後再蒸鍍一層厚度約2～5μm的Ag膜。採用具有一定形狀的金屬薄膜可以得到具有柵線狀的上電極，以獲得最大光吸收面積。還要在電極表面釺焊一層錫—鋁—銀合金焊料以便電池後續組裝。下一步是經過腐蝕去掉擴散過程中和釺焊過程中矽片四周表面的擴散層和黏附上的金屬，以利於消除電池局部短路問題。在製備了上下電極之後，接著在上電極表面通過真空蒸鍍一層減反膜，一般是二氧化矽或二氧化鈦。

　　薄膜太陽能電池種類主要包括晶體矽薄膜太陽能電池、非晶矽薄膜、Cu(InGa)Se薄膜、CdTe薄膜太陽能電池等。雖然這些太陽能電池的關鍵材料都是半導體薄膜，但不同半導體材料薄膜電池結構卻各有特色，因此，電池的製造方法和技術各不相同。對它們的研究和規模化應用也分別處於不同的發展狀況。歸結起來，薄膜太陽能電池的製備都廣泛採用薄膜製備技術，包括物理氣相沈積，如蒸發、化學氣相沈積、CVD。液相沈積技術也有利用和研究。

　　通過上述過程，一個太陽能電池就製備好了。但是，作為成品入庫前需要進行電池輸出特性的檢測，即電池的輸出電流—電壓特性曲線。通過這個檢測可以獲得電池的短路電流、開路電壓、最大輸出功率以及串聯電阻等。在實際使用時，要把單片電池經串聯、並聯並密封在透明的外殼中，組裝成太陽能電池元件。

　　太陽能電池的檢測包括電池輸出電流—電壓特性和電池光譜回應測試。太

陽能電池輸出特性檢測首先需要一個太陽光源。由於地面接收的太陽光譜和強度受地理位置、氣候條件以及時間等許多因素的影響，因此很難得到完全重複一致的太陽光源。這樣，對於地面使用的太陽能電池，首先需要規定一個普遍接受並可行的標準太陽光譜，即總太陽輻射，包括直射和散射，相應於AM1.5，在與地面成37°的傾斜面上輻照度為1000W/m²，地面的反射率為0.2，氣相條件為：大其中水含量：1.42cm；大其中臭氧含量：0.34cm；混濁度：0.27（太陽光波長0.5μm處）。

實際檢測的光源可以是自然光或者類比太陽光。室外自然光下測定要求測試周圍空曠、無遮光、反射光及散光的任何物體，氣候和陽光條件要求天氣晴朗，太陽周圍無雲；陽光總輻照度不低於標準輻照度的80%，散射光的比例不大於總輻射的25%，還有其他諸如安裝的要求等。採用類比太陽光源可以獲得相對較為穩定、符合標準太陽光譜的光源。類比太陽光要和AM1.5的標準太陽光譜一致。如果上述檢測條件和標準條件不一致，可以利用標準太陽能電池，通過適當的換算得出標準條件下的電池輸出特性。針對晶體矽太陽能電池，這些換算主要是溫度的校正。對於航太用太陽能電池，除了採用AM0作為標準太陽光譜以外，還要考慮太陽能電池在太空中受宇宙射線輻射的影響等因素。

2.3.3 太陽能電池發電系統

太陽能電池發電系統根據應用不同而有所不同，但如圖2-15所示，主要包括：太陽能電池元件、蓄電池、控制器和負載。控制器用於太陽能電池對蓄電池的充放電控制，它能防止對蓄電池組的過充、過放電。為了避免在陰雨天和晚上太陽能電池不發電時或出現短路故障時，蓄電池組向太陽能電池組放電，還需要防反沖二極體，它串聯在太陽能電池方陣電路中，起到太陽能電池—蓄電池單項導通作用。蓄電池組是用來儲存太陽能電池元件接受光照時發出的電能並向負載供電。逆變器是把太陽能電池發出的直流電轉換成交流電的一種設備。

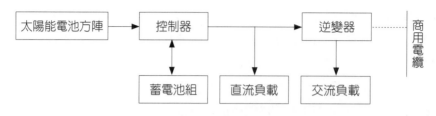

圖2-15　太陽能電池發電系統示意圖

根據太陽能電池發電系統應用的不同，可分為獨立發電系統和並網發電系統。前者是獨立的，不和其他電力系統發生任何關係的閉合系統提供電能，如遠離電網的地區和設備；後者則和其他並網發電系統一樣，將太陽能發電向整個電力系統供電。因此，上述系統中的各個組成部分會有所不同。如直接向直流負載供電，則可以省去逆變器。對於聯網供電，需要和高壓商用電網連接介面，包括聯網控制。對於太陽能電池發電系統，需要進行發電檢測，主要是蓄電池電壓和充、放電流。檢測設備可以整合到控制器上。

2.4　太陽能其他應用

除了上述太陽能熱利用和太陽能發電，還有其他許多利用太陽能的途徑和方式。實際上，地球上的主要自然現象如風、海水潮汐等都或多或少與太陽能有關，這裡不打算把風能、潮汐能等的利用也歸結到太陽能，主要簡單介紹以下幾個方面的應用。

2.4.1　太陽池

太陽池是利用對太陽輻射的吸收儲能的一種方式。太陽池一般是深度約1m的鹽水水池。水池的底部是黑色，池中的鹽水從表面到池底濃度逐漸升高。太陽輻射進入太陽池表面的部分沿池的深度被鹽水不同程度吸收，剩餘部分透過鹽水，被黑色的池底吸收。通過維持水池中鹽濃度隨深度的逐漸增大而使得鹽水密度的逐漸升高，池底部吸熱造成的膨脹不會帶來嚴重的水的擾動，從而可以大大地降低熱在水池中的對流損失，由於水的熱導率較低，這時可以把水看

作絕熱層，這樣，池底的熱量就會逐漸積蓄，造成池底溫度的升高，可達90℃以上。再通過熱交換器，可以將池底熱能導出利用。由於鹽濃度梯度的存在，鹽會在池中由下向上擴散。但這個過程是很緩慢的。研究結果顯示，如果池深1m，底部鹽濃度達到飽和，則底部和頂部鹽濃度差減少到初始值的一半，大約需要1年的時間。可以採用定期向池底部注入濃縮鹽水，用清水清洗池表面以維持鹽池的濃度梯度。太陽池的池水可以利用海水，經濃縮可以得到不同鹽濃度的鹽水，產生的熱能又可以用來製鹽。太陽池也可以用來建築供熱。總之，太陽池可能是一種利用太陽能提供中小規模熱能的簡便、經濟的方式。

2.4.2　海水淡化

利用太陽能海水淡化是利用太陽能蒸發海水中的水，並凝結得到淡水。海水淡化的基本原理如圖2-16所示，太陽光通過透明蓋板照射到裝有海水的池中，池底是黑色吸熱層，底部有絕熱層。黑色吸熱層吸收太陽輻射後升溫，並加熱海水產生水蒸氣，產生的水蒸氣凝結聚集在透明蓋板的內側，並順著蓋板朝下流動進入集水溝。淡水通過集水溝引出。太陽能蒸餾海水淡化的系統以直接盆式（池式）蒸餾系統基本原理基礎上，人們還發展了一些其他的太陽能蒸餾海水淡化的系統，如多級蒸餾系統等。

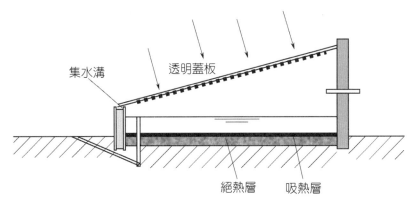

圖2-16　太陽能海水淡化原理圖

◎思考題

1.分析地面接收的太陽輻射的影響因素。

2.分析平板型集熱器和拋物線型集熱器的熱量平衡。

3.敘述晶體矽太陽能電池元件的製備過程。

4.綜述太陽能電池發展的趨勢。

參考文獻

1. William C D, Paul N C. Solar Energy Technology Handbook. Butterworth: Marcel Dekker Inc., 1980.

2. 郭廷瑋、劉鑒民、Daguenet M.，太陽能的利用。北京：科學技術文獻出版社，1987。

3. Yin Zhiqiang. Development of solar thermal systems in China. Solar Energy Materials & Solar Cells, 2005, 86: 427～442.

4. 李安定。太陽能光伏發電系統工程。北京：北京工業大學出版社，2001。

5. 岑幻霞。太陽能熱利用。北京：清華大學出版社，1996。

6. 賽義夫編。徐任學、劉鑒民譯。王補宣校。太陽能工程。北京：科學出版社，1984。

7. 高橋清、浜川圭弘、後川昭雄編著。田小平、李忠馥、魏鐵林譯。全英淑、陳德新、李靖校。太陽光發電。北京：新時代出版社，1979。

8. Adolf Goetzberger, Christopher Hebling, Hans-Werner Schock.Photovoltaic materials, history, status and outlook. Materials Science and Engineering, 2003, 40: 1～46.

9. 鄧長生。如何促進我國太陽電池技術的發展。中國科技成果，2005，13，14～17。

Chapter *3*

生物質能源

3.1　概　述

3.1.1　生物質

　　生物質直接或間接來自於植物。廣義而言，生物質是一切直接或間接利用綠色植物進行光合作用而形成的有機物質，它包括世界上所有的動物、植物和微生物，以及由這些生物產生的排泄物和代謝物。狹義而言，生物質是指來源於草本植物、樹木和農作物等的有機物質。

　　地球上生物質資源相當豐富，世界上生物質資源不僅數量龐大，而且種類繁多，形態多樣。按原料的化學性質主要分為糖類、澱粉和木質纖維素物質。按原料來劃分，主要包括以下幾類：①農業生產廢棄物：主要為作物秸稈等；②薪柴、枝杈柴和柴草；③農林加工廢棄物，木屑、穀殼、果殼等；④人畜糞便和生活有機垃圾等；⑤工業有機廢棄物、有機廢水和廢渣；⑥能源植物，包括作為能源用途的農作物、林木和水生植物等。

3.1.2　生物質能

　　生物質能是太陽能以化學能形式蘊藏在生物質中的一種能量形式，它直接或間接地來源於植物的光合作用，是以生物質為載體的能量。生物質能具有以下特點：①生物質利用在轉換（化）過程中二氧化碳的零排放特性；②生物質是一種清潔的低碳燃料，其含硫和含氮都較低，同時灰分含量也很小，燃燒後 SO_x、NO_x 和灰塵排放量比化石燃料小的多，是一種清潔的燃料；③生物質資源分布廣，產量大，轉化方式多種多樣；④生物質單位質量熱值較低，而且一般生物質中水分含量大而影響了生物質的燃燒和熱裂解特性；⑤生物質的分布比較分散，蒐集運輸和預處理的成本較高；⑥可再生性。

3.1.3 生物質的組成與結構

生物質作為有機燃料，是多種複雜的高分子有機化合物組成的複合體，主要含有纖維素、半纖維素、木質素、澱粉、蛋白質、脂質等。

纖維素是由許多β-D-葡萄糖基通過1, 4位苷鍵連接起來的線形高分子化合物，其分子式為（$C_6H_{10}O_5$）$_n$（n 為聚合度），天然纖維素的平均聚合度很高，一般從幾千到幾十萬。它是白色物質，不溶於水，無還原性，水解一般需要濃酸或稀酸在加壓下進行，水解可得纖維四糖、纖維三糖、纖維二糖，最終產物是D-葡萄糖。

半纖維素是由多糖單元組成的一類多糖，其主鏈上由木聚糖、半乳聚糖或甘露糖組成，在其支鏈上帶有阿拉伯糖或半乳糖。大量存在於植物的木質化部分，如秸稈、種皮、堅果殼及玉米穗等，其含量依植物種類、部位和老幼程度而有所不同，半纖維素前驅物是糖核苷酸。

木質素是植物界中僅次於纖維素的最豐富的有機高聚物，廣泛分布於具有維管束的羊齒植物以上的高等植物中，是裸子植物和被子植物所特有的化學成分。木質素是一類由苯丙烷單元，通過醚鍵和碳碳鍵連接的複雜的無定形高聚物，它和半纖維素一起作為細胞間質填充在細胞壁的微細纖維之間，加固木化組織的細胞壁，也存在於細胞間層，把相鄰的細胞黏結在一起。通過生物合成的大量研究工作及追蹤碳[14]C進行的試驗，證明木質素的先體是松柏醇、芥子醇和對香豆醇。

澱粉是D-葡萄糖分子的聚合而成的化合物，通式為（$C_6H_{10}O_5$）$_n$，它在細胞中以顆粒狀態存在，通常為白色顆粒狀粉末，按其結構可分為膠澱粉和糖澱粉，膠澱粉又稱澱粉精，在澱粉顆粒周邊，約占澱粉的80%，為支鏈澱粉，由一千個以上的D-葡萄糖以α-1, 4鍵連接，並帶有α-1, 6鍵連接的支鏈，分子質量為5萬～10萬，在熱水中膨脹成黏膠狀。糖澱粉又稱澱粉糖，位於澱粉粒的中央，約占澱粉的20%，糖澱粉為直鏈澱粉，由約300個D-葡萄糖以α-1, 4鍵連接而成，分子質量為1萬～5萬，可溶於熱水。

蛋白質是構成細胞質的重要物質，約占細胞總乾重的60%以上，蛋白質是由多種氨基酸組成，分子量很大，由五千到百萬以上，氨基酸主要由C、H、O三種元素組成，另外還有N和S。構成蛋白質的氨基酸有20多種，細胞中的儲存蛋

白質以多種形式存在於細胞壁中成固體狀態，生理活性較穩定，可以分為結晶的和無定形的。

　　脂類是不溶於水而溶於非極性溶劑的一大類有機化合物。脂類主要化學元素是C、H和O，有的脂類還含有P和N。脂類分為中性脂肪、磷脂、類固醇和萜類等。油脂是細胞中含能量最高而體積最小的儲藏物質，在常溫下為液態的稱為油，固態的稱為脂。植物種子會儲存脂肪於子葉或胚乳中以供自身使用，是植物油的主要來源。

3.1.4　生物質轉化利用技術

　　生物質的轉化利用途徑主要包括物理轉化、化學轉化、生物轉化等，可以轉化為二次能源，分別為熱能或電力、固體燃料、液體燃料和氣體燃料等。

　　生物質的物理轉化是指生物質的固化，將生物質粉碎至一定的平均粒徑，不添加黏結劑，在高壓條件下，擠壓成一定形狀。物理轉化解決了生物質能形狀各異、堆積密度小且較鬆散、運輸和儲存使用不方便問題，提高了生物質的使用效率。

　　生物質化學轉化主要包括直接燃燒、液化、氣化、熱解、酯交換等。

　　利用生物質原料生產熱能的傳統辦法是直接燃燒。燃燒過程中產生的能量可被用來產生電能或供熱。芬蘭1970年開始開發流體化床鍋爐技術，現在這項技術已經成熟，並成為燃燒供熱電方法的基本技術。歐美一些國家基本都使用熱電聯產技術來解決燃燒物質原料用於單一供電或供熱在經濟上不合算的問題。

　　生物質的熱解是在無氧條件下加熱或在缺氧條件下不完全燃燒，最終轉化成高能量密度的氣體、液體和固體產物。由於液體產品容易運輸和儲存，國際上近來很重視這類技術。最近國外又開發了快速熱解技術，液化油產率以幹物質計，可得70%以上，該法是一種很有開發前景的生物質應用技術。

　　生物質的氣化是以氧氣（空氣、富氧或純氧）、水蒸氣或氫氣作為氣化劑，在高溫下通過熱化學反應將生物質的可燃部分轉化為可燃氣（主要為一氧化碳、氫氣和甲烷以及富氫化合物的混合物，還含有少量的二氧化碳和氮氣）。通過氣化，原先的固體生物質能被轉化為更方便於使用的氣體燃料，可

用來供熱、加熱水蒸氣或直接供給燃氣機以產生電能，並且能量轉換效率比固態生物質的直接燃燒有較大的提高。

生物質的液化是一個在高溫高壓條件下進行的熱化學過程，其目的在於將生物質轉化成高熱值的液體產物。生物質液化的實質即是將固態大分子有機聚合物轉化為液態小分子有機物質。根據化學加工過程的不同技術路線，液化又可以分為直接液化和間接液化，直接液化通常是把固體生物質在高壓和一定溫度下與氫氣發生加成反應（加氫）；間接液化是指將生物質氣化得到的合成氣（$CO + H_2$），經催化合成為液體燃料（甲醇或二甲醚等）。

生物柴油是將動植物油脂與甲醇或乙醇等低碳醇在催化劑或者超臨界甲醇狀態下進行酯交換反應生成的脂肪酸甲酯（生物柴油），並獲得副產物甘油。生物柴油可以單獨使用以替代柴油，又可以一定的比例與柴油混合使用。除了為公共汽車、卡車等柴油機車提供替代燃料外，又可為海洋運輸業、採礦業、發電廠等具有非移動式內燃機行業提供燃料。

生物質的生物轉化是利用生物化學過程將生物質原料轉變為氣態和液態燃料的過程，通常分為發酵生產乙醇方法和厭氧消化技術。

乙醇發酵方法依據原料不同分為兩類：一類是富含糖類作物發酵轉化為乙醇，另一類是以含纖維素的生物質原料做經酸解或酶水解轉化為可發酵糖，再經發酵生產乙醇。厭氧消化技術是指富含碳水化合物、蛋白質和脂肪的生物質在厭氧條件下，依靠厭氧微生物的協同作用轉化成甲烷、二氧化碳、氫及其他產物的過程。一般最後的產物含有50%～80%的甲烷，熱值可高達20MJ/m³，是一種優良的氣體燃料。

3.2 生物質燃燒

3.2.1 生物質燃燒及特點

生物質的直接燃燒是最簡單的熱化學轉化方法。生物質在空氣中燃燒是利用不同的過程設備將儲存在生物質中的化學能轉化為熱能、機械能或電能。生物質燃燒產生的熱氣體溫度大約在800～1000℃。由於生物質燃料特性與化石

燃料不同,從而導致了生物質在燃燒過程中的燃燒機制、反應速度以及燃燒產物的成分與化石燃料相比也都存在較大差別,表現出不同於化石燃料的燃燒特性。主要表現為:①含碳量較少,含固定碳少;②含氫量稍多,揮發分明顯較多;③含氧量多;④密度小;⑤含硫量低。

3.2.2　生物質燃燒原理

　　生物質燃料的燃燒過程是燃料和空氣間的傳熱、傳質過程。燃燒除去燃料存在外,必須有足夠溫度的熱量供給和適當的空氣供應。生物質中可燃部分主要是纖維素、半纖維素、木質素。燃燒時纖維素和半纖維素首先釋放出揮發分物質,木質素最後轉變為碳。生物質直接燃燒反應是一個複雜的物理、化學過程,是發生在碳化表面和氧化劑(氧氣)之間的氣固兩相反應。

　　生物質燃料燃燒機制屬於靜態滲透式擴散燃燒。首先生物質燃料表面可燃揮發物燃燒,進行可燃氣體和氧氣的放熱化學反應,形成火焰;其次,除了生物質燃料表面部分可燃揮發物燃燒外,成型燃料表層部分的碳處於過渡燃燒區,形成較長火焰;第三,生物質燃料表面仍有較少的揮發分燃燒,更主要的是燃燒向成型燃料更深層滲透。焦炭的擴散燃燒,燃燒產物CO_2,CO及其他氣體向外擴散,行進中CO不斷與O_2結合成CO_2,成型燃料表層生成薄灰殼,外層包圍著火焰;第四,生物質燃料進一步向更深層發展,在層內主要進行碳燃燒(即$2C+O_2 \rightarrow 2CO$),在球表面進行一氧化碳的燃燒(即$2CO+O_2 \rightarrow 2CO_2$),形成比較厚的灰殼,由於生物質的燃盡和熱膨脹,灰層中呈現微孔組織或空隙通道甚至裂縫,較少的短火焰包圍著成型塊;第五,燃盡殼不斷加厚,可燃物基本燃盡,在沒有強烈干擾的情況下,形成整體的灰球,灰球表面幾乎看不出火焰,灰球會變暗紅色,至此完成了生物質燃料的整個燃燒過程。

3.2.3　生物質燃燒技術

⑴生物質直接燃燒

　　生物質的直接燃燒技術即將生物質如木材直接送入燃燒室內燃燒,燃燒產生的能量主要用於發電或集中供熱。利用生物質直接燃燒,只需對原料進

行簡單的處理，可減少固定投資的成本，同時，燃燒產生的灰可用作肥料。英國Fibrowatt電站的三臺額定負荷為12.7MW、13.5MW和38.5MW的鍋爐，每年直接燃用750000t的家禽糞，發電量足夠100000個家庭使用，並且禽糞經燃燒後重量減輕10%，便於運輸，作為一種肥料在英國、中東及遠東地區銷售。但直接燃燒生物質，特別是木材，產生的微細顆粒排放物對人體的健康有影響。此外，由於生物質中含有大量的水分（有時高達60%～70%），在燃燒過程中大量的熱量以汽化潛熱的形式被煙氣帶走排入大氣，燃燒效率相當低，浪費了大量的能量。因此，從20世紀40年代開始了生物質的成型技術研究開發：日本在20世紀50年代，研製出棒狀燃料成型機及相關的燃燒設備；美國在1976年開發了生物質顆粒及成型燃燒設備；西歐一些國家在70年代已有了衝壓式成型機、顆粒成型機及配套的燃燒設備；亞洲一些國家在80年代已建了不少生物質固化、碳化專業生產廠，並研製出相關的燃燒設備。日本、美國及歐洲一些國家生物質成型燃料燃燒設備已經定型，並形成了產業化，在加熱、供暖、乾燥、發電等領域推廣應用。

隨著螺旋推進式秸稈成型機研發與利用，近幾年形成了一定的生產規模，已形成了產業化。但成型加工設備在引進及設計製造過程中，都不同程度地存在著技術及方法方面的問題，有待於深入研究、探索、試驗、開發。儘管生物質成型設備還存在著一定的問題，但生物質成型燃料有許多獨特優點：便於儲存、運輸、使用方便、衛生、燃燒效率高、是清潔能源、有利於環保。因此，生物質成型燃料在發展中國家已進行批量生產，並形成研究、生產、開發的良好勢頭，在未來的能源消耗中，生物質成型燃料將占有越來越大的份量。

⑵生物質和煤的混合燃燒

對於生物質來說，近期有前景的應用是現有電廠利用木材或農作物的殘餘物與煤的混合燃燒。利用此技術，除了顯而易見的廢物利用的好處外，另一個益處是燃煤電廠可降低NO_x的排放。因為木材的含氮量比煤少，並且木材中的水分使燃燒過程冷卻，減少了NO_x的熱形成。在煤中混入生物質如木材，會對爐內燃燒的穩定和給料及製粉系統有一定的影響。許多電廠的運行經驗證明，在煤中混入少量木材（1%～8%）沒有任何運行問題；當木材的混入量上升至15%時，需對燃燒器和給料系統進行一定程度的改造。

(3)生物質的氣化燃燒

　　生物質燃料要廣泛、經濟地應用於動力電廠，其應用技術必須能在中等規模的電站提供較高的熱效率和相對低的投資費用，生物質氣化技術使人們向這一目標邁進。生物質氣化是在高溫條件下，利用部分氧化法，使有機物轉化成可燃氣體的過程。產生的氣體可直接作為燃料，用於發動機、鍋爐、民用等。研究的用途是利用氣化發電和合成甲醇以及產生蒸汽。與煤氣化不同，生物質氣化不需要苛刻的溫度和壓力條件，這是因為生物質有較高的反應能力。目前，被廣泛使用的生物質氣化裝置是常壓迴圈流體化床（ACFB）和增壓迴圈流體化床（PCFB）。

3.2.4　生物質燃燒直接熱發電

　　生物質轉化為電力主要有直接燃燒後用蒸汽進行發電和生物質氣化發電兩種。生物質直接燃燒發電的技術已進入推廣應用階段，從環境效益的角度考慮，生物質氣化發電是更潔淨的利用方式，它幾乎不排放任何有害氣體，小規模的生物質氣化發電比較適合生物質的分散利用，投資較少，發電成本也低，適於開發中國家應用。大規模的生物質氣化發電一般採用生物質聯合迴圈發電（IGCC）技術，適合於大規模開發利用生物質資源，能源效率高，是今後生物質工業化應用的主要方式，目前已進入工業示範階段。

　　直接燃燒發電的過程是生物質與過量空氣在鍋爐中燃燒，產生的熱煙氣和鍋爐的熱交換部件換熱，產生的高溫高壓蒸汽在蒸汽輪機中膨脹做功發出電能。從20世紀90年代起，丹麥、奧地利等歐洲國家開始對生物質能發電技術進行開發和研究。經過多年的努力，已研製出用於木屑、秸稈、穀殼等發電的鍋爐。丹麥在生物質直燃發電方面成績顯著，1988年建設了第一座秸稈生物質發電廠，目前，丹麥已建立了130家秸稈發電廠，使生物質成為了丹麥重要的能源。2002年，丹麥能源消費量約2800萬噸標準煤，其中可再生能源為350萬噸標準煤，占能源消費的12%，在可再生能源中生物質所占比例為81%，近10年來，丹麥新建設的熱電聯產專案都是以生物質為燃料，同時，還將過去許多燃煤供熱廠改為了燃燒生物質的熱電聯產專案。奧地利成功地推行了建立燃燒木材剩餘物的區域供電站的計畫，生物質能在總能耗中的比例由原來的3%增到目前的

25%，已擁有裝機容量為1～2MW的區域供熱站90座。瑞典也正在實施利用生物質進行熱電聯產的計畫，使生物質能在轉換為高品位電能的同時滿足供熱的需求，以大大提高其轉換效率，德國和義大利對生物質固體顆粒技術和直燃發電也非常重視，在生物質熱電聯產應用方面也很普遍，如德國在2002年能源消費總量約5億噸標準煤，其中可再生能源1500萬噸標準煤，約占能源消費總量的3%。在可再生能源消費中生物質能占68.5%，主要為區域熱電聯產和生物液體燃料。義大利在2002年能源消費總量約為2.5億噸標準煤，其中可再生能源約1300萬噸標準煤，占能源消費總量的5%。在可再生能源消費中生物質能占24%，主要是固體廢棄物發電和生物液體燃料。

3.2.5 生物質與煤的混合燃燒

生物質與煤混合燃燒是一種綜合利用生物質能和煤炭資源，並同時降低污染排放的新型燃燒方式。在大型燃煤電廠，將生物質與礦物燃料混合燃燒，不僅為生物質與礦物燃料的優化提供了機會，同時許多現存設備不需要太大的改動，使整個投資費用降低。

生物質和煤混合燃燒過程主要包括水分蒸發、前期生物質及揮發分的燃燒和後期煤的燃燒等。單一生物質燃燒主要集中於燃燒前期；單一煤燃燒主要集中於燃燒後期。在生物質與煤混燒的情況下，燃燒過程明顯地分成兩個燃燒階段，隨著煤的混合比重加大，燃燒過程逐漸集中於燃燒後期。生物質的揮發分初析溫度要遠低於煤的揮發分初析溫度，使得著火燃燒提前。在煤中摻入生物質後，可以改善煤的著火性能。在煤和生物質混燒時，最大燃燒速率有前移的趨勢，同時可以獲得更好的燃盡特性。生物質的發熱量低，在燃燒的過程中放熱比較均勻，單一煤燃燒放熱幾乎全部集中於燃燒後期。在煤中加入生物質後，可以改善燃燒放熱的分布狀況，對於燃燒前期的放熱有增進作用，可以提高生物質的利用率。

目前，生物質燃燒技術研究主要集中在高效燃燒、熱電聯產、程序控制、煙氣淨化、減少排放量與提高效率等技術領域。在熱電聯產領域，出現了熱、電、冷聯產，以熱電廠為熱源，採用溴化鋰吸收式製冷技術提供冷水進行空調製冷，可以節省空調製冷的用電量；熱、電、氣聯產則是以迴圈流體化床分離

出來的800～900℃的灰分作為乾餾爐中的熱源，用乾餾爐中的新燃料析出揮發分生產乾餾氣。流體化床技術仍然是生物質高效燃燒技術的主要研究方向，特別是生物質資源豐富的國家，開發研究高效的燃燒爐，提高使用熱效率，就顯得尤為重要。

3.3　生物質氣化

3.3.1　生物質氣化及其特點

生物質氣化是以生物質為原料，以氧氣（空氣、富氧或純氧）、水蒸氣或氫氣等作為氣化劑（或稱為氣化介質），在高溫條件下通過熱化學反應將生物質中可以燃燒的部分轉化為可燃氣的過程。生物質氣化時產生的氣體，主要有效成分為CO、H_2、CH_4、CO_2等。生物質氣化有如下的特點：①材料來源廣泛；②可規模化生產；③通過改變生物質原料的形態來提高能量轉化效率，獲得高品位能源，改變傳統方式利用率低的狀況，同時還可進行工業化生產氣體或液體燃料，直接供用戶使用；④具有廢物利用、減少污染、使用方便等優點；⑤可實現生物質燃燒的碳迴圈，推動可永續發展。

3.3.2　生物質氣化原理

生物質氣化過程，包括生物質炭與氧的氧化反應，碳與二氧化碳、水等的還原反應和生物質的熱分解反應，它可以分為四個區域：

(1)乾燥層

生物質進入氣化器頂部，被加熱至200～300℃，原料中水分首先蒸發，產物為乾原料和水蒸氣。

(2)熱解層

生物質向下移動進入熱解層，揮發分從生物質中大量析出，在500～600℃時基本完成，只剩下焦炭。

⑶氧化層

　　熱解的剩餘物焦炭與被引入的空氣發生反應，並釋放出大量的熱以支援
其他區域進行反應。該層反應速率較快，溫度達1000～1200℃，揮發分參與
燃燒後進一步降解。

⑷還原層

　　還原層中沒有氧氣存在，氧化層中的燃燒產物及水蒸氣與還原層中的焦
炭發生還原反應，生成H_2和CO等。這些氣體和揮發分形成了可燃氣體，完成
了固體生物質向氣體燃料轉化的過程。因為還原反應為吸熱反應，所以還原
層的溫度降低到700～900℃，所需的能量由氧化層提供，反應速率較慢，還
原層的高度超過氧化層。

3.3.3　生物質氣化方法

　　在生物質氣化過程中，原料在限量供應的空氣或氧氣及高溫條件下，被轉
化成燃料氣。

　　氣化過程可分為三個階段：首先物料被乾燥失去水分，然後熱解形成小分
子熱解產物（氣態）、焦油及焦炭，最後生物質熱解產物在高溫下進一步生成
氣態烴類產物、氫氣等可燃物質，固體碳則通過一系列氧化還原反應生成CO。
氣化介質可用空氣，也可用純氧。在流體化床反應器中通常用水蒸氣作載氣。
生物質氣化主要分以下幾種：

⑴空氣氣化

　　以空氣作為氣化介質的生物質氣化是所有氣化技術中最簡單的一種，
根據氣流和加入生物質的流向不同，可以分為上吸式（氣流與固體物質逆
流）、下吸式（氣流與固體物質順流）及流化床等不同型式。空氣氣化一般
在常壓和700～1000℃下進行，由於空氣中氮氣的存在，使產生的燃料氣體熱
值較低，僅在1300～1750kcal/m³左右。

⑵氧氣氣化

　　與空氣氣化比較，用氧氣作為生物質的氣化介質，由於產生的氣體不被
氮氣稀釋，故能產生中等熱值的氣體，其熱值是2600～4350kcal/m³。該方法
也比較成熟，但氧氣氣化成本較高。

(3)蒸汽氣化

　　用蒸汽作為氣化劑，並採用適當的催化劑，可獲得高含量的甲烷與合成甲醇的氣體以及較少量的焦油和水溶性有機物。

(4)乾餾氣化

　　屬於熱解的一種特例，是指在缺氧或少量供氧的情況下，生物質進行乾餾的過程。主要產物醋酸、甲醇、木焦油、木炭和可燃氣等。可燃氣主要成分CO_2、CO、CH_4、C_2H_4、H_2等。

(5)蒸汽－空氣氣化

　　主要用來克服空氣氣化產物熱值低的缺點。蒸汽－空氣氣化比單獨使用空氣或蒸汽為氣化劑時要優越。因為減少了空氣的供給量，並生成更多的氫氣和碳氫化合物，提高了燃氣熱值。

(6)氫氣氣化

　　以氫氣作為氣化劑，主要反應是氫氣與固定碳及水蒸氣生成甲烷的過程，此反應可燃氣的熱值為22.3～26MJ/m³，屬於高熱值燃氣。但是反應的條件極為嚴格，需要在高溫下進行，所以一般不採用這種方式。

3.3.4　生物質氣化發電技術

　　生物質氣化發電技術是把生物質轉化為可燃氣，再利用可燃氣推動燃氣發電設備進行發電。它既能解決生物質難於燃用而且分布分散的缺點，又可以充分發揮燃氣發電技術設備緊湊而且污染少的優點，所以氣化發電是生物能最有效、最潔淨的利用方法之一。

　　氣化發電過程包括三個方面：一是生物質氣化；二是氣體淨化；三是燃氣發電。生物質氣化發電技術具有三個方面的特點：一是技術有充分的靈活性，二是具有較好的潔淨性，三是經濟性。生物質氣化發電系統從發電規模可分為小規模、中等規模和大規模三種。小規模生物質氣化發電系統適合於生物質的分散利用，具有投資小和發電成本低等特點，已經進入商業化示範階段。大規模生物質氣化發電系統適合於生物質的大規模利用，發電效率高，已進入示範和研究階段，是今後生物質氣化發電主要發展方向。生物質氣化發電技術按燃氣發電方式可分為內燃機發電系統、燃氣輪機發電系統和燃氣－蒸汽聯合迴圈

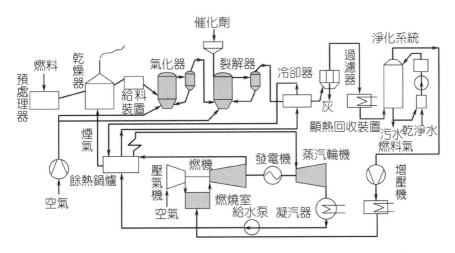

圖3-1　整體氣化聯合迴圈方法之流程

發電系統。圖3-1為生物質整體氣化聯合迴圈（BIGCC）方法，是大規模生物質氣化發電系統重點研究方向。整體氣化聯合迴圈由空分製氧、氣化爐、燃氣淨化、燃氣輪機、餘熱回收和汽輪機等組成。

3.4　生物質熱解技術

3.4.1　生物質熱解及其特點

　　生物質熱解指生物質在無空氣等氧化環境情形下發生的不完全熱降解生成炭、可冷凝液體和氣體產物的過程，可得到炭、液體和氣體產物。根據反應溫度和加熱速率的不同，將生物質熱解方法可分成慢速、常規、快速熱解。慢速熱解主要用來生成焦炭，低溫和長期的慢速熱解使得炭產量最大可達30%，約占50%的總能量；中等溫度及中等反應速率的常規熱解可製成相同比例的氣體、液體和固體產品；快速熱解是在傳統熱解基礎上發展起來的一種技術，相對於傳統熱解，它採用超高加熱速率、超短產物停留時間及適中的熱解溫度，使生物質中的有機高聚物分子在隔絕空氣的條件下迅速斷裂為短鏈分子，使焦炭和產物氣降到最低限度，從而最大限度獲得液體產品。

3.4.2 生物質熱解原理

在生物質熱解反應過程中，會發生化學變化和物理變化，前者包括一系列複雜的化學反應；後者包括熱量傳遞。從反應進程來分析生物質的熱解過程大致可分為三個階段：①預熱解階段：溫度上升至120～200℃時，即使加熱很長時間，原料重量也只有少量減少，主要是H_2O、CO和CO受熱釋放所致，外觀無明顯變化，但物質內部結構發生重排反應，如脫水、斷鍵、自由基出現、碳基、羧基生成和過氧化氫基團形成等；②固體分解階段：溫度為300～600℃左右，各種複雜的物理、化學反應在此階段發生，木材中的纖維素、木質素和半纖維素在該過程先通過解聚作用分解成單體或單體衍生物，然後通過各種自由基反應和重排反應進一步降解成各種產物；③焦炭分解階段：焦炭中的C－H、C－O鍵進一步斷裂，焦炭質量以緩慢的速率下降並趨於穩定，導致殘留固體中碳素的富集。

3.4.3 生物質熱解方法

生物質熱解液化技術的一般方法流程由物料的乾燥、粉碎、熱解、產物炭和灰的分離、氣態生物油的冷卻和生物油的蒐集等幾個部分組成，如圖3-2所示。

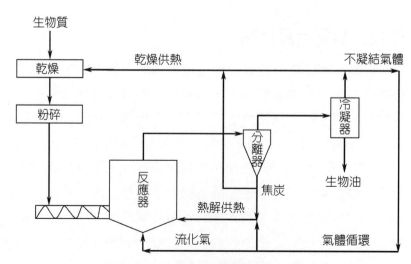

圖3-2 生物質快速熱解方法之流程

⑴原料乾燥和粉碎

　　　生物油中的水分會影響油的性能，而天然生物質原料中含有較多的自由
　　水，為了避免將自由水分帶入產物，物料要求乾燥到水分含量低於10%（質量
　　分數）。另外，原料尺寸也是重要的影響因素，通常對原料需要進行粉碎處
　　理。

⑵熱裂解

　　　反應器是熱解的主要裝置，適合於快速熱解的反應器型式是多種多樣
　　的，但反應器都應該具備加熱速率快、反應溫度中等和氣相停留時間短的特
　　點。

⑶焦炭和灰的分離

　　　在生物質熱解製油方法中，一些細小的焦炭顆粒不可避免的隨攜帶氣進
　　入到生物油液體當中，影響生物油的品質。而灰分是影響生物質熱解液體產
　　物收率的重要因素，它將大幅催化揮發分的二次分解。

⑷液體生物油的蒐集

　　　在較大規模系統中，採用與冷液體接觸的方式進行冷凝蒐集，通常可蒐
　　集到大部分液體產物，但進一步蒐集則需依靠靜電捕捉等處理微小顆粒的技
　　術。

3.4.4　生物質熱解產物及應用

　　生物熱解產物主要由生物油、不可凝結氣體和炭組成。

　　生物油是由分子量大且含氧量高的複雜有機化合物的混合物所組成，幾乎
包括所有種類的含氧有機物，如醚、酯、酮、酚醇及有機酸等。生物油是一種
用途極為廣泛的新型可再生液體清潔能源產品，在某種程度上可替代石油直接
用做燃油燃料，也可對其進一步催化、提純，製成高質量的汽油和柴油產品，
供各種運載工具使用；生物油中含有大量的化學品，從生物油中提取化學產品
具有很明顯的經濟效益。

　　此外，由生物質熱解得到不可凝結氣體，熱值較高。它可以用作生物質熱
解反應的部分能量來源，如熱解原料烘乾或用作反應器內部的惰性流化氣體和
載氣。木炭疏鬆多孔，具有良好的表面特性；灰分低，具有良好的燃料特性；

69

低容重；含硫量低；易研磨。因此產生的木炭可加工成活性炭用於化工和冶煉，改進方法後，也可用於燃料加熱反應器。

3.5 生物質直接液化

3.5.1 生物質直接液化及其特點

液化是指通過化學方式將生物質轉換成液體產品的過程，主要有間接液化和直接液化兩類。間接液化是把生物質氣化成氣體後，再進一步合成為液體產品；直接液化是將生物質與一定量溶劑混合放在高壓釜中，抽真空或通入保護氣體，在適當溫度和壓力下將生物質轉化為燃料或化學品的技術。直接液化是一個在高溫高壓條件下進行的熱化學過程，其目的在於將生物質轉化成高熱值的液體產物。生物質液化的實質即是將固態的大分子有機聚合物轉化為液態的小分子有機物質，其過程主要由三個階段構成：首先，破壞生物質的宏觀結構，使其分解為大分子化合物；然後，將大分子鏈狀有機物解聚，使之能被反應介質溶解；最後，在高溫高壓作用下經水解或溶劑溶解以獲得液態小分子有機物。

3.5.2 生物質直接液化方法

將生物質轉化為液體燃料，需要加氫、裂解和脫灰過程。生物質直接液化方法之流程見圖3-3。生物質原料中的水分一般較高，含水率可高達50%。在液化過程中水分會擠占反應空間，需將木材的含水率降到4%，且便於粉碎處理。將木屑乾燥和粉碎後，初次啟動時與溶劑混合，正常運行後與迴圈相混合。木屑與油混合而成的泥漿非常濃稠，且壓力較高，故採用高壓送料器送至反應器。反應器中工作條件優化後，壓力為28MPa，溫度為371℃，催化劑濃度為20%的Na_2CO_3溶液，CO通過壓縮機壓縮至28MPa輸送至反應器。反應的產物為氣體和液體，離開反應器的氣體被迅速冷卻為輕油、水及不冷凝的氣體。液體產物包括油、水、未反應的木屑和其他雜質，可通過離心分離機將固體雜質分

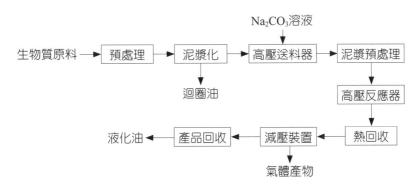

圖3-3　生物質直接液化方法之流程

離開，得到的液體產物一部分可用作迴圈油使用，其他（液化油）作為產品。

3.5.3　生物質直接液化產物及應用

　　液化產物的應用木質生物材料液化產物除了作為能源材料外，由於酚類液化產物含有苯酚官能團，因此可用作膠黏劑和塗料樹脂，日本的小野擴邦等人成功地開發了基於苯酚和間苯二酚液化產物的膠黏劑，其膠合性能相當於同類商業產品，同時他們正在研發環氧樹脂增強的酚類液化產品，可利用乙二醇或聚乙烯基乙二醇木材液化產物生產可生物降解塑膠如聚氨酯；木材液化後得到的糊狀物與環氧氯丙烷反應，可以製得縮水甘油醚型樹脂，向其中加入固化劑如胺或酸酐，即可成為環氧樹脂膠黏劑。據報導，日本森林綜合研究所於1991開始對速生樹種進行可溶化處理，開發功能性樹脂的研究，經苯酚化的液化反應物添加甲醛水使之木脂化，再添加硬化劑、填充劑等製成膠黏劑，其性能能達到或超過日本JIS標準。但目前由於各方面的原因，木材液化產物還沒得到充分利用，其產業化還存在很多問題。

　　此外，還可利用液化產物製備發泡型或成型模壓製品，可利用乙二醇或聚乙烯基乙二醇木材液化產物生產可生物降解塑膠如聚氨酯。研究者採用兩段方法製備酚化木材／甲醛共縮聚線型樹脂，該製備方法能將液化後所剩餘的苯酚全部轉化成高分子樹脂，極大地提高了該液化技術的實用價值，也大幅地提高了酚化木材樹脂的熱流動性及其模壓產品的力學性能。

3.6 生物燃料乙醇

3.6.1 生物燃料乙醇及其特點

乙醇（ethanol），俗稱酒精，可用玉米、甘蔗、小麥、薯類、糖蜜等原料，經發酵、蒸餾而製成。燃料乙醇是通過對乙醇進一步脫水（使其含量達99.6%以上）再加上適量變性劑而製成的。經適當加工，燃料乙醇可以製成乙醇汽油、乙醇柴油、乙醇潤滑油等用途廣泛的工業燃料。生物燃料乙醇在燃燒過程中所排放的二氧化碳和含硫氣體均低於汽油燃料所產生的對應排放物，由於它的燃料比普通汽油更安全，使用10%燃料乙醇的乙醇汽油，可使汽車尾氣中一氧化碳、碳氫化合物排放量分別下降30.8%和13.4%，二氧化碳的排放減少3.9%。作為增氧劑，使燃燒更充分，節能環保，抗爆性能好。燃料乙醇還可以替代甲基叔丁基醚（MTBE）、乙基叔丁基醚，避免對地下水的污染。而且，燃料乙醇燃料所排放的二氧化碳和作為原料的生物源生長所消耗的二氧化碳在數量上基本持平，這對減少大氣污染及抑制「溫室效應」意義重大，但使用燃料乙醇對水含量要求嚴格。

3.6.2 澱粉質原料製備生物燃料乙醇

澱粉質原料酒精發酵是以含澱粉的農副產品為原料，利用α-澱粉酶和糖化酶將澱粉轉化為葡萄糖，再利用酵母菌產生的酒化酶等將糖轉變為酒精和二氧化碳的生物化學過程。以薯乾、米、玉米、高粱等澱粉質原料生產酒精的生產流程如圖3-4所示。

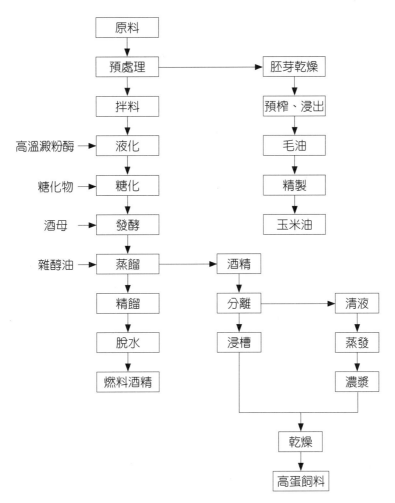

圖3-4 澱粉質原料酒精生產流程圖

　　為了將原料中的澱粉充分釋放出來，增加澱粉向糖的轉化，對原料進行處理是十分必要的。原料處理過程包括：原料除雜、原料粉碎、粉料的水熱處理和醪液的糖化。澱粉質原料通過水熱處理，成為溶解狀態的澱粉、糊精和低聚糖等，但不能直接被酵母菌利用生成酒精，必須加入一定數量的糖化酶，使溶解的澱粉、糊精和低聚糖等轉化為能被酵母利用的可發酵糖，然後酵母再利用可發酵糖發酵乙醇。

3.6.3 乙醇發酵方法

乙醇發酵方法有間歇發酵、半連續發酵和連續發酵。

間歇發酵也稱單罐發酵，發酵的全過程在一個發酵罐內完成。按糖化醪液添加方式的不同可分為連續添加法、一次加滿法、分次添加法、主發酵醪分割法。

半連續式發酵是主發酵階段採用連續發酵，後發酵階段採用間歇發酵的方法。按糖化醪的流加方式不同，半連續式發酵法分為下述兩種方法：①將發酵罐連接起來，使前幾個發酵罐始終保持連續主發酵狀態，從第3或第4罐流出的發酵醪液順次加滿其他發酵罐，完成後發酵。應用此法可省去大量酒母，縮短發酵時間，但是必須注意消毒殺菌，防止雜菌污染。②將若干發酵罐組成一個組，每罐之間用溢流管相連接，生產時先製備發酵罐體積1/3的酒母，加入第1個發酵罐中，並在保持主發酵狀態的前提下流加糖化醪，滿罐後醪液通過溢流管流入第2個發酵罐，當充滿1/3體積時，糖化醪改為流加第2個發酵罐，滿罐後醪液通過溢流管流加到第3個發酵罐⋯⋯，如此下去，直至最末罐。發酵成熟醪以首罐至末罐順次蒸餾。此法可省去大量酒母，縮短發酵時間，但每次新發酵週期開始時要製備新的酒母。

連續式發酵是微生物（酵母）培養和發酵過程是在同一組罐內進行的，每個罐本身的各種參數基本保持不變，但是罐與罐之間按一定的規律形成一個梯度。酒精連續發酵有利於提高澱粉的利用率，有利於提高設備的利用率，有利於生產過程自動化，是酒精發酵的發展方向。

3.6.4 纖維質原料製備生物燃料乙醇

纖維素是地球上豐富的可再生的資源，每年僅陸生植物就可以產生纖維素約500億噸，占地球生物總量的60%～80%。

纖維質原料生產酒精方法包括預處理、水解糖化、乙醇發酵、分離提取等，如圖3-5。

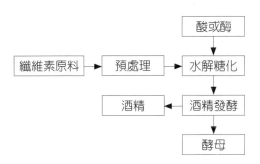

<u>圖3-5</u>　**纖維素製酒精方法之流程**

　　原料預處理包括物理法、化學法、生物法等，其目的是破壞木質纖維原料的網狀結構，脫除木質素，釋放纖維素和半纖維素，以有利於後續的水解糖化過程。

　　纖維素的糖化有酸法糖化和酶法糖化，其中酸法糖化包括濃酸水解法和稀酸水解法。

　　濃硫酸法糖化率高，但採用了大量硫酸，需要回收重複利用，且濃酸對水解反應器的腐蝕是一個重要問題。近年來在濃酸水解反應器中利用加襯耐酸的高分子材料或陶瓷材料解決了濃酸對設備的腐蝕問題。利用陰離子交換膜透析回收硫酸，濃縮後重複使用。該法操作穩定，適於大規模生產，但投資大，耗電量高，膜易被污染。

　　稀酸水解方法較簡單，也較為成熟。稀酸水解方法採用兩步驟：第一步，稀酸水解在較低的溫度下進行，半纖維素被水解為五碳糖，第二步，酸水解是在較高溫度下進行，加酸水解殘留固體（主要為纖維素結晶結構）得到葡萄糖。稀酸水解方法糖的產率較低，而且水解過程中會生成對發酵有害的物質。

　　纖維素的酶法糖化是利用纖維素酶水解糖化纖維素，纖維素酶是一個由多功能酶組成的酶系，有很多種酶可以催化水解纖維素生成葡萄糖，主要包括內切葡聚糖酶（又稱為ED）、纖維二糖水解酶（又稱為CHB）和 β-葡萄糖苷酶（GL），這三種酶協同作用催化水解纖維素使其糖化。纖維素分子是具有異體結構的聚合物，酶解速度較澱粉類物質慢，並且對纖維素酶有很強的吸附作用，致使酶解糖化方法中酶的消耗量大。

　　纖維素發酵生成酒精有直接發酵法、間接發酵法、混合菌種發酵法、SSF法（連續糖化發酵法）、固定化細胞發酵法等。直接發酵法的特點是基於纖維分

解細菌直接發酵纖維素生產乙醇，不需要經過酸解或酶解前處理。該方法設備簡單，成本低廉，但乙醇產率不高，會產生有機酸等副產物。間接發酵法是先用纖維素酶水解纖維素，酶解後的糖液作為發酵碳源，此法中乙醇產物的形成受末端產物、低濃度細胞以及基質的抑制，需要改良生產方法來減少抑制作用。固定化細胞發酵法能使發酵器內細胞濃度提高，細胞可連續使用，使最終發酵液的乙醇濃度得以提高。固定化細胞發酵法的發展方向是混合固定細胞發酵，如酵母與纖維二糖一起固定化，將纖維二糖基質轉化為乙醇，此法是纖維素生產乙醇的重要手段。

3.6.5　生物燃料乙醇的應用

近10年來，巴西是世界上年產燃料酒精最多的國家，也是世界上唯一不使用純汽油作汽車燃料的國家。2003年，巴西每年就有至少250萬輛車由含水酒精驅動，1550萬輛車由22%變性酒精驅動，全國共有25000家出售含水酒精的加油站，其燃料酒精總產量超過了全國汽油消耗總量的1/3，平均替代原油20萬桶／天，累計節約近18億美元。巴西全國法定的車用燃料酒精濃度為20%～24%。在巴西的加油站裡含水酒精的售價已經降為汽油的60%～70%。美國也是世界上年產燃料酒精最多的國家之一，但是與巴西不同的是，美國使用的燃料酒精大多數是汽油中添加10%無水酒精的變性酒精（E10）。歐盟國家乙醇產量在2003年為175萬噸左右，乙醇汽油使用量大約在100萬噸以上。

3.7　生物柴油

3.7.1　生物柴油及其特點

生物柴油，廣義上講包括所有用生物質為原料生產的替代燃料，狹義的生物柴油又稱燃料甲酯、生物甲酯或酯化油脂，即脂肪酸甲酯的混合物，主要是通過以不飽和脂肪酸與低碳醇經轉酯化反應獲得的，它與柴油分子碳數相近，其原料來源廣泛，各種食用油及餐飲廢油、屠宰場剩餘的動物脂肪甚至一些油

籽和樹種，都含有豐富的脂肪酸甘油酯類，適宜作為生物柴油的來源。生物柴油具有如下的特性：①可再生、生物可分解、毒性低，懸浮微粒降低30%，CO降低50%，黑煙降低80%，醛類化合物降低30%，SO_x降低100%，碳氫化合物降低95%；②較好的潤滑性能，可降低噴油泵、發動機缸和連桿的磨損率，延長壽命；③有較好的發動機低溫啟動性能，無添加劑時冷凝點達-20℃；有較好潤滑性；④可生物降解，對土壤和水的污染較少；⑤閃點高，儲存、使用、運輸都非常安全；⑥來源廣泛，具有可再生性；⑦與石化柴油以任意比例互溶，混合燃料狀態穩定；生物柴油在冷濾點、閃點、燃燒功效、含硫量、含氧量、燃燒耗氧量及對水源等環境的友好程度上優於普通柴油。

3.7.2　化學法轉酯化製備生物柴油

酯交換是指利用動植物油脂與甲醇或乙醇在催化劑存在下，發生酯化反應製成脂酸甲（乙）酯。以甲醇為例，其主要反應如下：

$$
\begin{array}{l}
CH_2COOR_1 \\
| \\
CHCOOR_2 + 3CH_3OH \rightleftharpoons \\
| \\
CH_2COOR_3
\end{array}
\quad
\begin{array}{ll}
R_1COOCH_3 & CH_2OH \\
& | \\
R_2COOCH_3 + & CHOH \\
& | \\
R_3COOCH_3 & CH_2OH
\end{array}
$$

化學法酯交換製備生物柴油，包括均相化學催化法和非均相化學催化法。

均相催化法包括鹼催化法和酸催化法，採用催化劑一般為NaOH、KOH、H_2SO_4、HCl等。鹼催化法在國外已被廣泛應用，鹼法雖然可在低溫下獲得較高產率，但它對原料中游離脂肪酸和水的含量卻有較高要求，因在反應過程中，游離脂肪酸會與鹼發生皂化反應產生乳化現象；而所含水分則能引起酯化水解，進而發生皂化反應，同時它也能減弱催化劑活性。所以游離脂肪酸、水和鹼催化劑發生反應產生乳化結果會使甘油相和甲酯相變得難以分離，從而使反應後處理過程變得繁瑣。為此，工業上一般要對原料進行脫水、脫酸處理，或預酯化處理，然後分別以酸和鹼催化劑分兩步完成反應，顯然，方法複雜性增加成本和能量消耗。以酸催化製備生物柴油，游離脂肪酸會在該條件下發生酯化反應。因此該法特別適用於油料中酸量較大情況，尤其是餐飲業廢油等。但

工業上酸催化法受到關注程度卻遠小於鹼催化法，主要是因為酸催化法需要更長反應週期。

傳統鹼催化法存在廢液多、副反應多和乳化現象嚴重等問題，為此，許多學者致力於非均相催化劑研究。該類催化劑包括金屬催化劑，如ZnO、ZnCO$_3$、MgCO$_3$、K$_2$CO$_3$、Na$_2$CO$_3$、CaCO$_3$、CH$_3$COOCa、CH$_3$COOBa、Na/NaOH/γ-Al$_2$O$_3$、沸石催化劑、硫酸錫、氧化鋯及鎢酸鋯等固體超強酸作催化劑等。採用固體催化劑不僅可加快反應速率，且還具有壽命長、比表面積大、不受皂化反應影響和易於從產物中分離等優點。

3.7.3　生物酶催化法生產生物柴油

針對化學法合成生物柴油的缺點，人們開始研究用生物酶法合成生物柴油，即用動物油脂和低碳醇通過脂肪酶進行轉酯化反應，製備相應的脂肪酸甲酯及乙酯。與傳統的化學法相比較，脂肪酶催化酯化與甲醇解作用更溫和、更有效，不僅可以少用甲醇（只用理論量甲醇，是化學催化的1/4～1/6），而且可以簡化步驟（省去蒸發回收過量甲醇和水洗、乾燥），反應條件溫和，明顯降低能源消耗、減少廢水，而且易於回收甘油，提高生物柴油的收率。用於催化合成生物柴油的脂肪酶主要是酵母脂肪酶、根黴脂肪酶、毛黴脂肪酶、豬胰脂肪酶等。但由於脂肪酶的價格昂貴，成本較高，限制了酶作為催化劑在工業規模生產生物柴油中的應用，為此，研究者也試圖尋找降低脂肪酶成本的方法，如採用脂肪酶固定化技術，以提高脂肪酶的穩定性並使其能重複利用，或利用將整個能產生脂肪酶的全細胞作為生物催化劑。在方法方面，研究者也開發了新的方法路線以提高脂肪酶的重複利用率等。

3.7.4　超臨界法製備生物柴油

用植物油與超臨界甲醇反應製備生物柴油的原理與化學法相同，都是基於酯交換反應，但超臨界狀態下，甲醇和油脂成為均相，均相反應的速率常數較大，所以反應時間短。另外，由於反應中不使用催化劑，故反應後續分離方法較簡單，不排放廢鹼液，目前受到廣泛關注。

在超臨界條件下，游離脂肪酸（FFA）的酯化反應防止了皂的產生，且水的影響並不明顯。這是因為油脂在200℃以上會迅速發生水解，生成游離脂肪酸、單甘油酯、二甘油酯等。而游離脂肪酸在水和甲醇共同形成微酸性體系中具有較高活性，故能和甲醇發生酯化反應，且不影響酯交換反應繼續進行。但過量水不僅會稀釋甲醇濃度，而且降低反應速率，並能使水解生成一部分飽和脂肪酸不能被酯化而造成最後生物柴油產品酸值偏高。研究發現，植物油中的FFA，包括軟脂酸、硬脂酸、油酸、亞油酸和亞麻酸等，在超臨界條件下都能與甲醇反應生成相應的甲酯。對於飽和脂肪酸，400～450℃是較為理想的溫度；而對於不飽和酸，由於其相應的甲酯在高溫下發生熱解反應，因此在350℃下反應效果較好。超臨界法反應不需要催化劑，反應快，不產生皂化反應，因此簡化了產品純化過程，但超臨界法設備投入較大。

3.7.5　生物柴油的應用

目前生物柴油在柴油機上燃用的技術已非常成熟，世界上有十幾個國家和地區生產銷售生物柴油。目前，已開發國家用於規模生產生物柴油的原料有大豆（美國）、油菜籽（歐盟國家）、棕櫚油（東南亞國家）。現已對40種不同植物油在內燃機上進行了短期評價試驗，包括豆油、花生油、棉籽油、葵花籽油、油菜籽油、棕桐油和蓖麻籽油。日本、愛爾蘭等國用植物油下腳料及食用回收油作原料生產生物柴油，成本較石化柴油低。

目前德國是世界最大的生物柴油生產國和消費國，其生物柴油發展之迅速遠遠超出人們的預測。1998年生物柴油產能還只有5萬噸，2003年已增至100多萬噸。而2005底數據顯示已超過150萬噸，占整個歐盟15國總生產能力一半以上。

美國為了擴大大豆的銷售和保護環境，10多年來一直致力於使用大豆油為原料發展生物柴油產業。2002年，美國參議院提出包括生物柴油在內的能源減稅計畫，生物柴油享受與乙醇燃料同樣的減稅政策；要求所有軍隊機構和聯邦政府車隊、州政府車隊等以及一些城市公共汽車使用生物柴油。2002年生產能力達到22×10^4t，2011年計畫生產115×10^4t，2016年到330×10^4t。美國同時以大豆油生產的生物柴油為原料，開發可降解的高附加值精細化工產品，如潤滑

劑、洗滌劑、溶劑等，已形成產業。

日本政府正在組織有關科研機構與能源公司合作開發超臨界酯交換技術生產生物柴油，該國在2004年底利用廢棄食用油生產生物柴油的能力已達到40×10^4t/a。巴西2002年重新啟動生物柴油計畫，採用蓖麻油為原料，建成了2.4×10^4t/a的生物柴油廠，2005年生物柴油在礦物柴油中的摻和質量比已達到5%，並計畫到2020年達到20%。韓國引進了德國生產技術，以進口菜籽油為原料於2002年建成10×10^4t/a的生物柴油生產裝置，2005年底，一套10×10^4t/a的生產裝置已經基本建成。菲律賓政府已宣布，與美國合作開發用椰子油生產生物柴油的技術。

中國生物柴油產業化首先是在民營企業展開，主要以餐飲業廢油為原料。生物柴油產業雖然得到較快發展，但當前大力發展生物柴油的主要問題是其生產成本較高，缺乏競爭力。綜合考慮當前生物柴油生產的發展趨勢以及中國的國情，降低其生產成本可從以下幾個方面著手：①降低原料成本；②降低生產成本；③國家的政策支援。

3.8　沼氣技術

3.8.1　沼氣的成分和性質

沼氣是由有機物質（糞便、雜草、作物、秸稈、污泥、廢水、垃圾等）在適宜的溫度、濕度、酸鹼度和厭氧的情況下，經過微生物發酵分解作用產生的一種可燃性氣體。沼氣主要成分是CH_4和CO_2，還有少量的H_2、N_2、CO、H_2S和NH_3等。通常情況下，沼氣中含有CH_4 50%～70%，其次是CO_2，含量為30%～40%，其他氣體含量較少。沼氣最主要的性質是其可燃性，沼氣的主要成分是甲烷，甲烷是一種無色、無味、無毒的氣體，比空氣輕一半，是一種優質燃料。氫氣、硫化氫和一氧化碳也能燃燒。一般沼氣因含有少量的硫化氫，在燃燒前帶有臭雞蛋味或爛蒜氣味。沼氣燃燒時放出大量熱量，熱值為21520kJ/m^3，約相當於1.45m^3煤氣或0.69m^3天然氣的熱值。因此，沼氣是一種燃燒值很高、很有應用和發展前景的可再生能源。

3.8.2　沼氣發酵微生物學原理

　　沼氣發酵微生物學是闡明沼氣發酵過程中微生物學的原理、微生物種類及其生理生化特性和作用，各種微生物種群間的相互關係和沼氣發酵微生物的分離培養的科學。它是沼氣發酵方法學的理論基礎，沼氣技術必須以沼氣發酵微生物為核心，研究各種沼氣方法條件，使沼氣技術在不久的將來在農村和城鎮的推廣應用和發展。

　　沼氣發酵的理論有二階段理論、三階段理論、四階段理論等：二段理論認為沼氣發酵分為產酸階段和產氣階段；三階段理論把沼氣發酵分成三個階段，即水解發酵、產氫產乙酸、產甲烷階段；四階段理論比較複雜，在此就不再敘述了。

　　沼氣發酵微生物沼氣發酵微生物種類繁多，分為不產甲烷群落和產甲烷群落。不產甲烷微生物群落是一類兼性厭氧菌，具有水解和發酵大分子有機物而產生酸的功能，在滿足自身生長繁殖需要的同時，為產甲烷微生物提供營養物質和能量。產甲烷微生物群落通常稱為甲烷細菌，屬一類特殊細菌。甲烷細菌的細胞壁結構沒有典型的膚聚糖骨架，其生長不受青黴素的抑制。在厭氧條件下，甲烷細菌可利用不產甲烷微生物的中間產物和最終代謝產物作為營養物質和能源而生長繁殖，並最終產生甲烷和二氧化碳等。

　　沼氣發酵過程比較複雜，現以最簡單的二階段理論為例介紹沼氣發酵過程，沼氣發酵過程一般包括兩個階段，即產酸階段和產氣階段。

　　沼氣池中的大分子有機物，在一定的溫度、水分、酸鹼度和密閉條件下，首先被不產甲烷微生物菌群之中基質分解菌所分泌的胞外酶，水解成小分子物質，如蛋白質水解成複合氨基酸，脂肪水解成丙三醇和脂肪酸，多糖水解成單糖類等。然後這些小分子物質進入不產甲烷微生物菌群中的揮發酸生成菌細胞，通過發酵作用被轉化成為乙酸等揮發性酸類和二氧化碳。由於不產甲烷微生物的中間產物和代謝產物都是酸性物質，使沼氣池液體呈酸性，故稱酸性發酵期，即產酸階段。甲烷細菌將不產甲烷微生物產生的中間產物和最終代謝物分解轉化成甲烷、二氧化碳和氨。由於產生大量的甲烷氣體，故這一階段稱為甲烷發酵或產氣階段。在產氣階段產生的甲烷和二氧化碳都能揮發而排出池外，而氨以強鹼性的亞硝酸氨形式留在沼池中，中和了產酸階段的酸性，創造

了甲烷穩定的鹼性環境，因此，這一階段又稱鹼性發酵期。

　　由於完成沼氣發酵的最後一道「程序」是甲烷細菌，故它們的種類、數量和活性常決定著沼氣的產量。為了提高沼氣發酵的產氣速度和產氣量，必須在原料、水分、溫度、酸鹼度以及沼池的密閉性能等方面，為甲烷發酵微生物特別是甲烷細菌創造一個適宜的環境。同時，還要通過間斷性的攪拌，使沼池中各種成分均勻分布。這樣，有利於微生物生長繁殖和其活性的充分發揮，提高發酵的效率。

3.8.3　大中型沼氣工程

　　沼氣生產方法多種多樣，但有一定的共性，即原料蒐集、預處理、消化器（沼氣池）、出料的後處理、沼氣的淨化、儲存和輸送及利用等環節。隨著沼氣工程技術研究的深入和較廣泛地推廣應用，近年來已逐步總結出一套比較完善的方法流程，它包括對各種原料的預處理，發酵方法參數的優選，殘留物的後處理及沼氣的淨化、計量、儲存及應用。不同的沼氣工程有不同的要求和目的，所使用的發酵原料也不同，因而方法流程並不完全相同。

3.8.4　沼氣的用途

　　人類對沼氣的研究已經有百年的歷史。中國在20世紀20～30年代左右出現了沼氣生產裝置。近年來，沼氣發酵技術已經廣泛應用於處理農業、工業及人類生活中的各種有機廢棄物並製取沼氣，為人類生產和生活提供了豐富的可再生能源。沼氣作為新型優質可再生能源，已經廣泛應用於生活生產和工業生產領域及航太航空領域，而且還可應用於農業生產，如沼氣二氧化碳施肥、沼氣供熱孵雞和沼氣加溫養蠶等方面。

　　沼氣的用處很多，可以代替煤炭、薪柴用來煮飯、燒水，代替煤油用來點燈照明，還可以代替汽油發動內燃機或用沼氣進行發電等，因此，沼氣是一種值得開發的新能源。現在90%以上的能源是靠礦物燃料提供的，這些燃料在自然界儲量有限，而且都不能再生。而人類對能源的需求卻不斷增加，如不及早採取措施，能源將會枯竭。所以推廣沼氣發酵，是開發生物能源，解決能源危機

問題的一個重要途徑。隨著科學技術的發展，沼氣的新用途不斷地開發出來，從沼氣分離出甲烷，再經純化後，用途更廣泛。美國、日本、西歐等國已經計畫把液化的甲烷作為一種新型燃料用在航空、交通、航太、火箭發射等方面。在非洲蘇丹國家，沼氣作為一種可替代能源正在興起和開發。

總之，沼氣生產和方法及用途的研究是目前各國沼氣科學工作者研究的熱門課題之一，沼氣作為一種新型可再生能源有可能替代石油、天然氣等產品而廣泛應用於生活中。

◎思考題

1. 簡述生物質、生物質能的特點及生物質的組成與結構。
2. 簡述生物質燃燒的特點與原理。
3. 簡述生物質氣化原理及方法。
4. 簡述生物質熱解特點、原理和方法。
5. 簡述生物質直接液化原理、液化產物及應用。
6. 簡述澱粉質原料和纖維質原料製備生物乙醇方法，並加以比較。
7. 簡述生物柴油的特點及製備方法。
8. 簡述沼氣發酵微生物學原理及用途。

參考文獻

1. 馬承榮、肖波、楊家寬等。生物質熱解影響因素研究。環境生物技術。2005，(5)：10～14。

2. 張姝玉、王述洋。生物燃油的特性及應用。林業機械與木工設備。2005，33(6)：45～46。

3. 章克昌、吳佩琮。酒精工業手冊。北京：中國輕工業出版社，2001。

4. 孫健。纖維素原料生產燃料酒精的技術現狀，可再生能源，2003.6，112。

5. 李昌珠、蔣麗娟、程樹棋。生物柴油——綠色能源。北京：化學工業出版社，2004。

6. 吳創之、馬隆龍。生物質能現代化利用技術。北京：化學工業出版社，2003。

7. 黃國平、溫其標、楊曉泉。油脂工業的新前景——生物柴油。中國油脂，2003，4(28)：63～65。

8. 黃慶德、黃鳳洪、郭萍梅。生物柴油生產技術及其開發意義糧食與油脂，2002，(9)：8～10。

9. 蔣劍春。生物質能源應用研究現狀與發展前景。林產化學與工業，2002，(2)：75～80。

10. 孫利源。生物質能利用技術比較與分析。能源研究與資訊。2004，20(2)。

11. 朱清時、閆立峰、郭慶祥。生物質潔淨能源，北京：化學工業出版社，2002。

12. 肖軍、段箐春、王華等。生物質利用現狀。安全與環境工程，2003，(3)：12。

13. 劉聖勇、趙迎芳、張百良。生物質成型燃料燃燒理論分析。能源研究與利用，2002，6。

14. 姚向君、田宜水。生物質能資源清潔轉化利用技術。北京：化學工業出版社，2004。

15. 周家賢。生物質氣化。現代化工。1988(8)：26～29。

16. 中國21世紀議程——中國21世紀人口、環境和發展白皮書。北京：中國環境科學出版社，1994。

17. 劉榮厚、牛衛生、張大雷編。生物質熱化學轉換技術。北京：化學工業出版社，2005。

18. 喬國朝、王述洋。生物質熱解液化技術研究現狀與展望。林業機械與木工設備。2005，33(5)：4～7。

19. Serdar. Yaman Pyrolysis of biomass to produce fuels and chemical feedstocks. Energy Conversion and Management. 2004 (45): 651～671.

20. Koufopanos CA. Studies on the pyrolysis and gasification of biomass. Comm. Eur. Comm., Final Report of the Grant Period 1983～1986, 1986.

21. B. Scholzea, C. Hanser, D. Meier Characterization of the water-insoluble fraction from fast pyrolysis liquids (pyrolytic lignin) Part Ⅱ. GPC, carbonyl goups, and 13C-NMR Journal of Analytical and Applied Pyrolysis. 2001, 387～400.

22. Demirbas A. Mechanisms of liquefaction and pyrolysis reactions of biomass. [J] Energy Conversion and Management. 2000, 41(6): 633～646.

23. Maldas D, Shiraishi N. Liquefaction of wood in the presence of polyol using NaOH as a catalyst and its application to polyurethane foams. Intern. J. Polymeric Mater. 1996, 33: 61～71.

24. Minowa T, Kondo T, Sudirjo S T. Thermochemical liquefaction of Indonesian biomass residues. Biomass and Bioenergy 1998; 14(5/6): 517～524.

25. Arnaldo Vieira de Carvalho. The Brazilian ethanol experiences fuel as fuel for transportation. Biomass Energy Workshop and Exhibition. The World Bank. February 26, 2003.

26. Bruce S. Dien, Rodney J. Bothast, Nancy N. Nichols, Michael A. Cotta. The U. S. corn ethanol industry: An overview of current technology and future prospects. INT. SUGAR JNL. 2002, 104 (1241): 204.

27. Shimada Y, Watanabe Y, Amukawa T, et al. Conversion of Vegetable Oil Biodiesel Using Immobilized Candida Antarctica Lipase. J Am Oil Chem. Soc., 1999, 76(7): 789～793.

Chapter *4*

風　能

　　風能是流動的空氣所具有的能量。從廣義太陽能的角度看，風能是由太陽能轉化而來的。因太陽照射而受熱的情況不同，地球表面各處產生溫差，從而產生氣壓差而形成空氣的流動。風能在20世紀70年代中葉以後日益受到重視，其開發利用也呈現出不斷升溫的勢頭，有望成為21世紀大規模開發的一種可再生清潔能源。

　　風能屬於可再生能源，不會隨著其本身的轉化和人類的利用而日趨減少。與天然氣、石油相比，風能不受價格的影響，也不存在枯竭的威脅；與煤相比，風能沒有污染，是清潔能源；最重要的是風能發電可以減少二氧化碳等有害排放物。據統計，每裝1臺單機容量為1MW的風能發電機，每年可以少排2000t二氧化碳、10t二氧化硫、6t二氧化氮。

　　相關技術的進步使其成本不斷降低，風能已成為世界上發展速度最快的新型能源。據全球風能委員會（GWEC）統計，2004年全球風力發電機組安裝總量達到797.6萬千瓦，較前一年增長了20%。自此，全球累計總安裝量達到4731.7萬千瓦。據歐洲風能協會和綠色和平組織的《風力12》中預測，到2020年，全球的風力發電裝機將達到12.31億千瓦，年安裝量達到1.5億千瓦，風力發電量將占全球發電總量的12%。中國的風力發電經過20多年發展，到2004年底，已在14個省區市建立起43個風力發電廠，累計安裝風力發電機組1292臺，總裝機容量為76.4萬千瓦，位列全球第十位，風力發電潛力巨大。

　　按照不同的需要，風能可以被轉換成其他不同形式的能量，如機械能、電能、熱能等，以實現泵水灌溉、發電、供熱、風帆助航等功能。圖4-1中指出風能轉換及利用情況的示意。

　　風能又是一種過程性能源，不能直接儲存起來，只有轉化成其他形式的可以儲存的能量才能儲存。風能的供應具有隨機性，因此，利用風能必須考慮儲能或與其他能源相互配合，才能獲得穩定的能源供應，這就增加了技術上的複雜性。另一方面，風能的能量密度低，因此，風能利用裝置體積大，耗用的材料多，投資也高，這也是風能利用必須克服的制約因素。

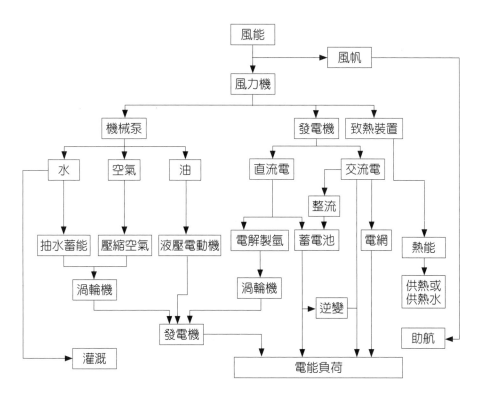

圖4-1　風能轉換及利用情況

4.1 風能資源

4.1.1 風能資源分布的一般規律

　　風能資源是存在於地球表面大氣流動形成的動能資源。自然界中的風能資源是豐富的。地球上某一地區風能資源的潛力是以該地的風能密度及可利用小時數來表示。在風能利用中，風速及風向是兩個重要要素。風速與風向每日、每年都有一定的週期性變化。估算風能資源必須測量每日、每年的風速、風向，了解其變化的規律。

一、風　向

地球上某一地區的風向首先是與大氣環流有關，與其所處的地理位置（離赤道或南北極遠近）、地球表面不同情況（海洋、陸地、山谷等）也有關。

太陽輻射造成地球表面受熱不均，引起大氣層中壓力分布不均，在不均壓力作用下，空氣沿水平方向運動就形成風。風的形成是空氣流動的結果。空氣運動，主要是由於地球上各緯度所接受的太陽輻射強度不同而形成的。赤道和低緯度地區，太陽高度角大，日照時間長，太陽輻射強度強，地面和大氣接受的熱量多，溫度較高；高緯度地區，太陽高度角小，日照時間短，地面和大氣接受的熱量小，溫度低。這種高緯度與低緯度之間的溫度差異，形成了南北之間的氣壓梯度，使空氣作水平運動，風沿垂直與等壓線從高壓向低壓吹。地球自轉，使空氣水平運動發生偏向的力，稱為地轉偏向力，這種力使北半球氣流向右偏轉，南半球氣流向左偏轉，所以地球大氣運動除受氣壓梯度力外，還要受地轉偏向力的影響。大氣真實運動是這兩力綜合影響的結果。地面上的風不僅受這兩個力的支配，還受海洋、地形的影響。山隘和海峽能改變氣流運動的方向，還能使風速增大；而丘陵、山地摩擦大，使風速減少；孤立山峰卻因海拔高而獲得更大的風速。

在海陸氣流有差異的地區，海陸差異對氣流運動也有影響。冬季，大陸比海洋冷，大陸氣壓比海洋高，風從大陸吹向海洋；夏季相反，大陸比海洋熱，風從海洋吹向內陸。這種隨季節轉換的風，我們稱為季風。在海邊，白天陸地上空氣溫度高、氣壓低，空氣上升，海面上溫度低、氣壓高，空氣從海面吹向陸地；夜晚海水降溫慢，陸地降溫快，形成海面空氣溫度高、氣壓低，空氣上升，陸地上溫度低、氣壓高，空氣從陸地吹向海面，此為海陸風。

在山區，由於熱力原因引起的白天由谷地吹向平原或山坡，稱為谷風；夜間由平原或山坡吹向谷地，稱為山風。這是由於白天山坡受熱快，溫度高於山谷上方同高度的空氣溫度，坡地上的暖空氣從山坡流向谷地上方，谷地的空氣則沿著山坡向上補充流失的空氣，這時由山谷吹向山坡的風，稱為谷風。夜間，山坡因輻射冷卻，其降溫速度比同高度的空氣較快，冷空氣沿坡地向下流入山谷，稱為山風。

二、風　速

　　從地球表面到10000m的高空層內，空氣的流動受到渦流、黏性和地面摩擦等因素的影響，靠近地面的風速較低，離地面越高，風速越大。風速隨高度的變化，可用指數公式或對數公式計算。工程上通常使用指數法，如公式（4-1）所示：

$$V = V_1 \left(\frac{h}{h_1} \right)^n \tag{4-1}$$

　　式中 h、h_1 為離地面的高度；V_1 為已知的離地面高度為 h_1 處的風速；V 為欲知的離地面高度為 h 處的風速。式（4-1）為經驗公式，指數 n 與地面的平整程度（粗糙度）、大氣的穩定度等因素有關，其值為1/2～1/8；在開闊、平坦、穩定度正常的地區為1/7；中國氣象部門通過在全國各地測量各種高度下的風速得出的平均值約為0.16～0.20，一般情況下可用此值估算出各種高度下的風速。

　　風隨時間的變化，包括隨機變化、每日的變化和季節的變化。通常自然風是一種平均風速與瞬間激烈變動的紊流相疊加的風。如果用自動記錄儀來記錄風速，就會發現風速是不斷變化的，紊亂氣流所產生的暫態高峰風速也叫陣風風速。一般所說的風速是指變動部位的平均風速。通常一天之中，風的強弱在某種程度上可以看作是週期性的，如地面上夜間風弱，白天風強；高空中正相反，夜裡風強，白天風弱。這個逆轉的臨界高度約為100～150m。由於季節的變化，太陽和地球的相對位置也發生變化，使地球上存在季節性的溫差。因此風向和風的強度也會發生季節性變化。中國大部分地區風的季節性變化情況是：春季最強，冬季次之，夏季最弱。當然也有部分地區例外，如沿海溫州地區，夏季季風最強，春季季風最弱。

4.1.2　風能資源的表徵

一、風向方位

　　為了表示一個地區在某一時間內的風頻、風速等情況，一般採用風玫瑰圖來反映一個地區的氣流情況。風玫瑰圖是以「玫瑰花」形式表示各方向上氣流

狀況重複率的統計圖形,所用的資料可以是一月內的或一年內的,但通常採用一個地區多年的平均統計資料,其類型一般有風向玫瑰圖和風速玫瑰圖。風向玫瑰圖又稱風頻圖,是將風向分為8個或16個方位,在各方向線上按各方向風的出現頻率,截取相應的長度,將相鄰方向線上的截點用直線連接的閉合折線圖形〔如圖4-2(a)〕。在圖4-2(a)中該地區最大風頻的風向為北風,約為20%(每一間隔代表風向頻率5%);中心圓圈內的數字代表靜風的頻率。

如果用這種方法表示各方向的平均風速,就成為風速玫瑰圖。風玫瑰圖還有其他形式,如圖4-2(b)和圖4-2(c),其中圖4-2(c)為風頻風速玫瑰圖,每一方向上既反映風頻大小(線段的長度),又反映這一方向上的平均風速(線段末段的風羽多少)。

通過風玫瑰圖,可以準確的描繪出一個地區的風頻和風量分布,從而確定風電場風力發電機組的總體排布,做出風電場的微觀選址,在風電場建設初期設計中有很大的作用。

二、風能密度

垂直穿過單位截面的流動的空氣所具有的動能,如式(4-2)所示:

$$W = \frac{1}{2}\rho V^3 \tag{4-2}$$

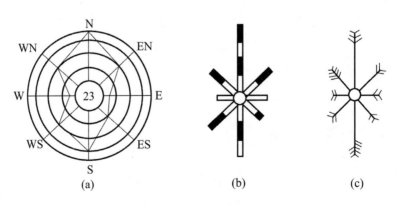

圖4-2　風玫瑰圖

式中 W 為風能密度，w/m²；ρ 為空氣密度，kg/m³；V 為風速，m/s。由於風速是變化的，風能密度的大小也是隨時間變化的，一定時間週期（例如一年）內風能密度的平均值稱為平均風能密度，如式（4-3）：

$$\overline{W} = \frac{1}{T} \int_0^T \frac{1}{2} \rho V^3 (t) \, \mathrm{d}t \tag{4-3}$$

式中 $\overline{W}$ 為平均風能密度；T 為一定的時間週期；$V(t)$ 為隨時間變化風速；$\mathrm{d}t$ 為在時間週期內相應於某一風速的持續時間。如果在風速測量中可直接（或經過資料處理後）得到總的時間週期 T 內不同的風速 $V_1, V_2, V_3, \cdots, V_n$ 及其所對應的時間 $t_1, t_2, t_3, \cdots, t_n$，則平均風能密度可按式（4-4）計算：

$$\overline{W} = \frac{\sum\limits_{i=t_n}^{n} \frac{1}{2} \rho V_i^3 t_i}{T} \tag{4-4}$$

在實際的風能利用中，風力機械只是在一定的風速範圍內運轉，對於一定風速範圍內的風能密度視為有效風能密度。

一般情況下，計算風能或風能密度是採用標準大氣壓下的空氣密度。由於不同地區的海拔高度不同，其氣溫、氣壓不同，因而空氣密度也不同。在海拔高度500m以下，即常溫標準大氣壓力下，空氣密度值可取為1.225kg/m³，如果海拔高度超過500m，必須考慮空氣密度的變化。根據氣象臺的計算經驗得出空氣密度與海拔高度的關係為：

$$\rho_h = 1.225e - 0.0001h \text{ kg/m}^3 \tag{4-5}$$

式中 e 為海拔高度，m；ρ_h 為相應於海拔高度為 h 處的空氣密度值，kg/m³。

三、風速頻率分布

按相差1m/s的間隔觀測1年（1月或1天）內吹風總時數的百分比，稱為風速頻率分布。風速頻率分布一般以圖形表示，如圖4-3所示。圖中表示出兩種不同

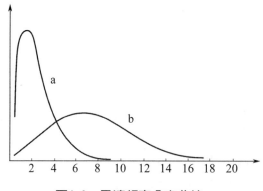

圖4-3　風速頻率分布曲線

的風速頻率曲線，曲線a變化陡峭，最大頻率出現於低風速範圍內，曲線b變化平緩，最大頻率向風速較高的範圍偏移，表明較高風速出現的頻率增大。從風能利用的觀點看，曲線b所代表的風況比曲線a所表示的要好。利用風速頻率分布可以計算某一地區單位面積1m²上全年的風能。

4.1.3　中國風能資源

根據中國氣象局估算，中國風能資源潛力約為每年1.6×10^9kW，其中約1/10可開發利用，中國風能資源的分布與天氣氣候背景有著非常密切的關係，其風能資源豐富和較豐富的地區主要分布在兩個大帶裡：沿海及其島嶼地豐富帶和三北（東北、華北、西北）地區豐富帶。

沿海風能豐富帶，其形成的天氣氣候背景與三北地區基本相同，所不同的是海洋與大陸兩種截然不同的物質所組成，二者的輻射與熱力學過程都存在著明顯的差異。大氣與海洋間的能量交換大不相同。海洋溫度變化慢，具有明顯的熱惰性；大陸溫度變化快，具有明顯的熱敏感性。所以，冬季海洋較大陸溫暖，夏季較大陸涼爽。在這種海陸溫差的影響下，在冬季每當冷空氣到達海上時風速增大，再加上海洋表面平滑，摩擦力小，一般風速比大陸增大2～4m/s。

在風能資源豐富的東南沿海及其附近島嶼地區，有效風能密度大於或等於200W/m²的等值線平行於海岸線，沿海島嶼有效風能密度在300W/m²以上，全年中風速大於或等於3m/s的時數約為7000～8000h，大於或等於6m/s的時數為

4000h。但是在東南沿海，由海岸向內陸是丘陵連綿，所以風能豐富地區僅在海岸50km之內，再向內陸不但不是風能豐富區，反而成為全國最小風能區，風能功率密度僅50W/m²左右，基本上是風能不能利用的地區。沿海地區風能資源的另一個分布特徵為南大北小。平均而言，中國每年的登陸颱風有11個，而廣東每年登陸颱風最多為3.5次，海南次之為2.1次，福建1.6次，廣西、浙江、上海、江蘇、山東、天津、遼寧合計僅1.7次。臺灣1.9次，由此可見，颱風影響的地區呈現由南向北遞減的趨勢。

內蒙古、甘肅北部是中國次大風能資源區，有效風能密度為200～300W/m²，全年中風速大於或等於3m/s的時數為5000h以上，全年中風速大於或等於6m/s的時數為2000h以上。黑龍江和吉林東部及遼東半島的風能也較大，有效風能密度在200W/m²以上，全年中風速大於和等於3m/s的時數為5000～7000h，全年中風速大於和等於6m/s的時數為3000h。

青藏高原北部及華北、西北、東北北部和沿海為風能較大區，有效風能密度在150～200W/m²之間，全年風速大於和等於3m/s的時數為4000～5000h，全年風速大於和等於6m/s的時數為3000h，其中青藏高原全年風速大於和等於3m/s的時數可達6500h，但青藏高原海拔高，空氣密度小，所以有效風能密度也較低。如在4000m的空氣密度大致為地面的67%，也就是說，同樣是8m/s的風速，在平原上風能功率密度為313.6W/m²，而在4000m只為209.9W/m²，所以仍屬風能一般地區。

總體而言，雲南、貴州、四川、甘肅、陝西南部、河南、湖南西部、福建、廣東、廣西的山區及新疆塔里木盆地和西藏的雅魯藏布江，為風能資源貧乏地區，有效風能密度在50W/m²以下，全年中風速大於和等於3m/s的時數在2000h以下。全年中風速大於和等於6m/s的時數在150h以下，風能潛力很低，無利用價值。當然，在一些地區由於湖泊和特殊地形的影響，風能也較豐富，如鄱陽湖附近較周圍地區風能就大，湖南衡山、安徽的黃山、雲南太華山等也較平地風能為大。但是這些只限於很小範圍之內。

4.2 風能利用原理

4.2.1 風力機簡介

製造風能機械，利用風力發電是風能利用的兩項主要內容。其中，把風能變成機械能的重要裝置為風力發動機（簡稱風力機）。風力機將風能轉變為機械能的主要元件是受風力作用而旋轉的風輪。因此，風力機依風輪的結構及其在氣流中的位置，大體上可分為兩大類：一類為水平軸風力機，一類為垂直軸風力機。前者的應用場合遠遠超過後者。因此，本節以水平軸風力機作為介紹重點。如圖4-4所示，水平軸風力機由5部分組成：

⑴風輪

風輪由二個或多個葉片組成，安裝在機頭上，是把風能轉為機械能的主要元件。

⑵機頭

機頭是支承風輪軸和上部構件（如發電機和齒輪變速器等）的支座，它能繞塔架中的豎直軸自由轉動。

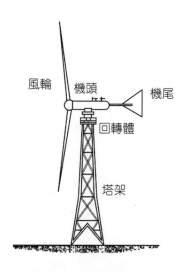

圖4-4　風力機結構

(3)機尾

　　機尾裝於機頭之後，它的作用是保證在風向變化時，使風輪正對風向。

(4)回轉體

　　回轉體位於機頭底盤和塔架之間，在機尾力矩的作用下轉動。

(5)塔架

　　塔架是支撐風力發動機本體的構架，它把風力發動機架設在不受周圍障礙物影響的高空中。

　　根據風輪葉片的數目，風力發動機分為少葉式和多葉式兩種。少葉式有2～4個葉片，具有轉速高、單位功率的平均質量小、結構緊湊的優點；常用在年平均風速較高的地區，是目前主要用作風力發電機的原動機。其缺點是啟動較為困難。多葉式一般有4～24個葉片，常用於年平均風速低於3～4m/s的地區；具有易啟動的優點，因此利用率較高。由於轉速低，多用於直接驅動農牧業機械。

　　風力機的風輪與紙風車轉動原理一樣，但是，風輪葉片具有比較合理的形狀。為了減小阻力，其斷面呈流線型；前緣有很好的圓角，尾部有相當尖銳的後緣，表面光滑，風吹來時能產生向上的合力，驅動風輪很快地轉動。對於功率較大的風力發動機，風輪的轉速是很低的，而與之聯合工作的機械，轉速要求較高，因此必須設置變速箱，把風輪轉速提高到工作機械的工作轉速。風力機只有當風垂直地吹向風輪轉動面時，才能發出最大功率來，由於風向多變，因此還要有一種裝置，使之在風向變化時，保證風輪跟著轉動，自動對準風向，這就是機尾的作用。風力機是多種工作機械的原動機。利用它帶動水泵和水車，就是風力提水機；帶動碾米機，就是風力碾米機；此類機械統稱為風能的直接利用裝置。帶動發電機的，就叫風力發電機。

4.2.2　風力機工作原理

一、翼型繞流的力學分析

　　物體在空氣中運動或者空氣流過物體時，物體將受到空氣的作用力，稱為空氣動力。通常空氣動力由兩部分組成：一部分是由於氣流繞物體流動時，在物體表面處的流動速度發生變化，引起氣流壓力的變化，即物體表面各處氣流

的速度與壓力不同,從而對物體產生合成的壓力;另一部分是由於氣流繞物體流動時,在物體附面層內由於氣流黏性作用產生的摩擦力。將整個物體表面這些力合成起來便得到一個合力,這個合力即為空氣動力。

圖4-5顯示氣流流經葉片時的流線分布。氣流在葉片的前緣分離,上部的氣流速度加快,壓力下降,下部的氣流則基本保持原來的氣流壓力。於是,葉片受到的氣流作用力 F 可分解為與氣流方向平行的力 F_x 和與氣流方向垂直的力 F_y,分別稱為阻力和升力。根據氣體繞流理論,氣流對葉片的作用力 F 可按式(4-6)計算:

$$F = \frac{1}{2}\rho C_r AV^2 \tag{4-6}$$

式中 C_r 為葉片總的空氣動力係數;V 為吹向物體的風速;ρ 為空氣密度;A 為葉片在垂直於氣流方向平面上的最大投影面積。

葉片的升力 F_y 與阻力 F_x 按下式計算:

$$F_y = \frac{1}{2}\rho C_y AV^2$$
$$F_x = \frac{1}{2}\rho C_x AV^2 \tag{4-7}$$

式中 C_y 為升力係數;C_x 為阻力係數。

C_y 與 C_x 均由實驗求得。由於 F_y 與 F_x 相互垂直,所以

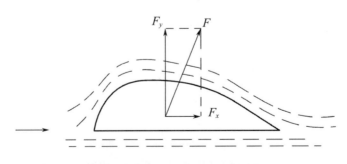

圖4-5　氣體的葉片繞流示意圖

$$F_y^2 + F_x^2 = F^2$$

並且

$$C_y^2 + C_x^2 = C_r^2$$

對於同一種翼型（截面形狀），其升力係數和阻力係數的比值，被稱為升阻比（k）：

$$k = \frac{C_y}{C_x} \tag{4-8}$$

二、影響升力係數和阻力係數的因素

影響升力係數和阻力係數的主要因素有翼型、攻角、雷諾數和粗糙度等。

- 翼型的影響

圖4-6顯示三種不同截面形狀（翼型）的葉片。當氣流由左向右吹過，產生不同的升力與阻力。阻力：平板型 > 弧板型 > 流線型；升力：流線型 > 弧板型 > 平板型。對應的 C_y 與 C_x 值也符合同樣的規律。

- 攻角的影響

氣流方向與葉片橫截面的弦（l）的夾角 α（見圖4-7）稱為攻角，其值正、負如圖所示。C_y 與 C_x 值隨 α 的變化情況如圖4-8所示。

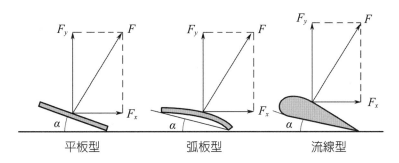

圖4-6　不同葉片截面形狀的升力與阻力

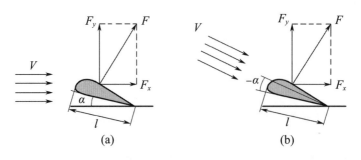

圖4-7　攻角示意圖

(a)正值；(b)負值

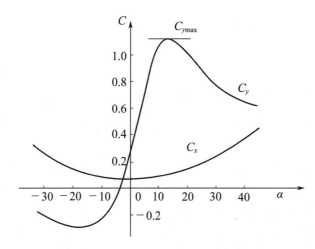

圖4-8　C_y 與 C_x 值隨 a 的變化關係

● 雷諾數的影響

空氣流經葉片時，氣體的黏性力將表現出來，這種黏性力可以用雷諾數 Re 表示，如式（4-9）所示：

$$Re = \frac{Vl}{\gamma} \tag{4-9}$$

式中 V 為吹向葉片的空氣流速；l 為翼型弦長；γ 為空氣的運動黏性係數，$\gamma = \mu/\rho$，μ 為空氣的動力黏性係數，ρ 為空氣密度。

Re 值越大，黏性作用越小，C_y 值增加，C_x 值減少，升阻比 k 值變大。

●葉片表面粗糙度的影響

葉片表面不可能做得絕對光滑，把凹凸不平的波峰與波谷之間高度的平均值稱為粗糙度，此值若大，使 C_x 值變高，增加了阻力；而對 C_y 值影響不大。製造時應儘量使葉片表面平滑。

三、實際葉片的受力分析

圖4-9所示是水平軸風力機的機頭部分。風輪主要由兩個螺旋槳式的葉片組成，風吹向葉片時，葉片產生的升力（F_y）和阻力（F_x）如圖4-10所示：阻力是風輪的正面壓力，由風力機的塔架承受；升力推動風輪旋轉起來。現代風力機的葉片都做成螺旋槳式的，其原因如下所述：

由於風輪旋轉時，葉片不同半徑處的線速度是不同的，因而相對於葉片各處的氣流速度在大小和方向上也都不同。如果葉片各處的安裝角都一樣，則葉片各處的實際攻角都將不同。這樣除了攻角接近最佳值的一小段葉片升力較大外，其他部分所得到的升力則由於攻角偏離最佳值而不理想，所以這樣的葉片不具備良好的氣動力特性。為了在沿整個葉片長度方向均能獲得有利的攻角數值，就必須使葉片每一個截面的安裝角隨著半徑的增大而逐漸減小。在此情況下，有可能使氣流在整個葉片長度均以最有利的攻角吹向每一葉片元，從而具有比較好的氣動力性能。而且各處受力比較均勻，也增加了葉片的強度。這種具有變化的安裝角的葉片稱為螺旋緊型葉片，而那種各處安裝角均相同的葉片稱為平板型葉片。顯然，螺旋槳型葉片比起平板型葉片來要好得多。

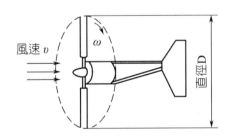

圖4-9　水平軸風力機的機頭

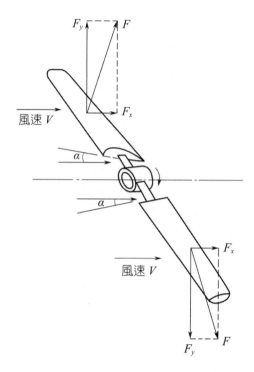

圖4-10　風力轉化為葉片的升力與阻力

　　儘管如此，由於風速是在經常變化的，風速的變化也將導致攻角的改變。
如果葉片裝好後安裝角不再變化，那麼雖在某一風速下可能得到最好的氣動力
性能，但在其他風速下則未必如此。為了適應不同的風速，可以隨著風速的變
化，調節整個葉片的安裝角，從而有可能在很大的風速範圍內均可以得到優良
的氣動力性能。這種槳葉叫做變槳距式葉片，而把那種安裝角一經裝好就不再
能變動的葉片稱為定槳距式葉片。顯然，從氣動性能來看，變槳距式螺旋槳型
葉片是一種性能優良的葉片。

　　還有一種可以獲得良好性能的方法，即風力機採取變速運行方式。通過控
制輸出功率的辦法，使風力機的轉速隨風速的變化而變化，兩者之間保持一個
恆定的最佳比值，從而在很大的風速範圍內均可使葉片各處以最佳的攻角運
行。

四、風力機的工作性能

● 風輪功率

如圖4-10,當流速為 V 的風吹向風輪,使風輪轉動,該風輪掃掠的面積為 A,空氣密度為 ρ,經過1s,流向風輪空氣所具有的動能為:

$$N_0 = \frac{1}{2}mV^2 = \frac{1}{2}\rho AV \cdot V^2 = \frac{1}{2}\rho V^3 A \qquad (4\text{-}10)$$

若風輪的直徑為 D,則:

$$N_0 = \frac{1}{2}\rho V^3 A = \frac{1}{2}\rho \frac{\pi D^2}{4}V^3 = \frac{\pi}{8}D^2\rho V^3 \qquad (4\text{-}11)$$

這些風能不可能全被風輪捕獲而轉換成機械能,設由風輪軸輸出的功率為 N(風輪功率),它與 N_p 之比,稱為風輪功率係數,用 C_p 表示。即:

$$C_p = \frac{N}{N_0} = \frac{N}{\frac{\pi}{8}D^2\rho V^3} \qquad (4\text{-}12)$$

於是:

$$N = \frac{\pi}{8}D^2\rho V^3 \cdot C_p \qquad (4\text{-}13)$$

C_p 值為0.2~0.5。可以證明,C_p 的理論最大值為0.593。

由上式可知:

①風輪功率與風輪直徑的平方成正比;

②風輪功率與風速的立方成正比;

③風輪功率與風輪的葉片數目無直接關係;

④風輪功率與風輪功率係數成正比。

● 系統效率和有效功率

吹向風輪的風具有的功率為 N_p,風輪功率為 $N = C_p N_p$,此功率經傳動裝

置、做功裝置（如發電機、水泵等），最終得到的有效功率為 N_e。則風力機的
系統效率（總體效率）η 為：

$$\eta = \frac{N_e}{N_0} = \frac{N}{N_0} \eta_i \eta_k = C_p \eta_i \eta_k \tag{4-14}$$

式中 η_i 為傳動裝置效率；η_k 為做功裝置效率。

這樣，風力機最終所發出的有效功率為：

$$N_e = \frac{\pi}{64} D^2 V^3 C_p \eta_i \eta_k = \frac{\pi}{64} D^2 V^3 \eta \tag{4-15}$$

對於結構簡單、設計和製造比較粗糙的風力機，η 值一般為 $0.1\sim0.2$；對於
結構合理、設計和製造比較精細的風力機，η 值一般為 $0.2\sim0.35$，最佳者可達
$0.40\sim0.45$。

4.3 風力發電

風力發電就是通過風力機帶動發電機發電，發出的交流電供給負載。當負
載需用直流電時，可用直流發電機發電或者用整流設備將交流電轉換成直流
電。

發電機是風力發電機組的重要組成部分之一，分為同步發電機和非同步發
電機兩種。以前小型風力發電機用的直流發電機，由於其結構複雜、維修量
大，逐步被交流發電機所代替。機組發出的電有兩種供給方式：獨立供電與並
網供電。

4.3.1 關鍵設備及工作原理

一、發電機

● 同步發電機

同步發電機（見圖4-11）主要由定子和轉子組成。定子由開槽的定子鐵心和放置在定子鐵心槽內按一定規律連接成的定子繞組（也叫定子線圈）構成；轉子上裝有磁極（即轉子鐵心）和使磁極磁化的勵磁繞組（也稱轉子繞組或轉子線圈）。對於小型風力發電機組，常將同步發電機的轉子改成永磁結構，不再需用勵磁裝置。

● 非同步發電機

非同步發電機主要是由定子和轉子兩大部分組成。非同步發電機的定子與同步發電機的定子基本相同。它的轉子分為繞線式和鼠籠式，繞線式非同步電機的轉子繞組與定子繞組相同；鼠籠式非同步電機的轉子是將金屬（銅或鋁）導條嵌在轉子鐵芯裡，兩頭用銅或鋁端環將導條短接，像鼠籠一樣，此種電機應用很廣泛。

二、蓄電池

風力發電機最基本的貯能方法是使用蓄電池。

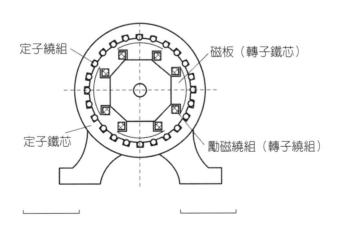

圖4-11 同步發電機的結構原理圖

蓄電池的種類雖然較多，但在實際應用中主要有鉛（酸性）蓄電池和鎘鎳（鹼性）蓄電池，而在風力發電機組中使用最多的還是鉛蓄電池，儘管它的儲能效率較低，但是它的價格便宜。現以鉛蓄電池為例說明蓄電池的工作原理。鉛蓄電池的陽極用二氧化鉛（PbO_2）板，陰極用鉛（Pb）板，電解液用27%～37%的硫酸（H_2SO_4）水溶液。蓄電池內部的化學反應為：

$$PbO_2 + 2H_2SO_4 + Pb \xrightleftharpoons[\text{充電}]{\text{放電}} PbSO_4 + 2H_2O + PbSO_4$$

放電時，在陰極上發生的化學反應為：

$$Pb + H_2SO_4 \rightarrow PbSO_4 + 2H^+ + 2e$$

陰極上的電子（e）通過蓄電池的外部回路向陽極流動，形成了電流。放電時硫酸被消耗而生成水，亦即電解液濃度降低。而充電時，由外部（風力發電機）供給直流電，在陰極生成PbO_2，在陰極生成Pb，電解液濃度升高，電能又以化學能的形式儲存在蓄電池內。

任何蓄電池的使用過程都是充電和放電過程反覆地進行著：鉛蓄電池使用壽命為2～6年。

三、逆變器

逆變器是一種將直流電變成交流電的裝置，有的逆變器還兼有把交流電變成直流電的功能。逆變器有不同類型，有一種逆變器是利用一個直流電動機驅動一個交流發電機，由於直流電動機以固定轉速驅動發電機，所以發電機的頻率不變。由於風力發電機受風速變化的影響，發電頻率的控制難度大，若先將發出的交流電整流成直流電，再用這種逆變器轉變成質量穩定的交流電，供給對用電質量要求嚴格的用戶，或將交流電送入電網，都是可以做到的。這種逆變器叫旋轉逆變器。

用晶體管製成的逆變器稱為靜態逆變器，常用於小型風力發電機供電系統中，小型風力發電機組提供的直流電有12V、24V、32V，而家用電器如電燈、收音機、電視（機）等，常用220V的交流電，用靜態逆變器可以實現這種轉

換。

具有把交流電轉換成直流電功能的逆變器，在風力發電機損壞、檢修期間，可將蓄電池和逆變器送到有電網處進行充電，取回再供給用戶直流電。

大多數逆變器具有一定過衝擊能力，如一個500W的電晶體逆變器，在10～60s內能發出700W的功率，這對家用電器設備的啟動是有益的。

4.3.2 離網風力發電

在地處偏僻，居民分散的山區、牧區、海島等電網延伸不到的地方，發展風力發電是解決照明等生活用電和部分生產用電的一條可行的途徑。

⑴直流供電

直流供電是小型風力發電機組獨立供電的主要方式，它將風力發電機組發出的交流電整流成直流，並採用儲能裝置儲存剩餘的電能，使輸出的電能具有穩頻、穩壓的特性。

小型風力發電機組的直流供電，主要用來作照明、使用電視機和收音機等生活用電的電源；也可用作電圍欄等小型生產用電的電源。用電營運方式分為以下三種：

①一戶一機的供電方式。這種方式一般都是自購、自管、自發、自用、自備蓄電池。

②直流線路供電。這種方式一般為一機多戶，或多機多戶合用，實際上就是風力發電站（廠）的直流供電。機組通常是集中安裝，統一管理；蓄電池可以集中配備，也可以分散到戶，各戶自備；應當指出，當配電電壓較低（例如12V或24V），其線路電損較多，所以，用戶不宜相距太遠。

③充電站式供電。在這種情況下，風力發電站就是一個充電站，各戶自備蓄電池到發電站充電，充電後取回自用。蓄電池的容量不宜太大，否則不易搬運，且易出事故。

⑵交流供電

①交流直接供電。多用於對電能質量無特殊要求的情況，例如加熱水、淡化海水等。在風力資源比較豐富而且比較穩定的地區，採取某些措施改善電能質量，也可帶動照明、動力負荷。這些措施包括：利用風力機的調速機

構、電壓自動調整器、頻率變換器、變速恒頻發電機等,使供電的電壓和頻率保持在一定範圍內。

②通過「交流－直流－交流」逆變器供電。先將風力發電機發出的交流電整流成直流,再用逆變器把直流電變換成電壓和頻率都很穩定的交流電輸出,保證用戶對交流電的質量要求。

4.3.3　並網風力發電

風力發電機組的並網運行,是將發電機組發出的電送入電網,用電時再從電網把電取回來,這就解決了發電不連續及電壓和頻率不穩定等問題,並且從電網取回的電的質量是可靠的。

風力發電機組採用兩種方式向網上送電:一是將機組發出的交流電直接輸入網上;二是將機組發出的交流電先整流成直流,然後再由逆變器變換成與電力系統同壓、同頻的交流電輸入網上。無論採用哪種方式,要實現並網運行,都要求輸入電網的交流電具備下列條件:

①電壓的大小與電網電壓相等;

②頻率與電網頻率相同;

③電壓的相序與電網電壓的相序一致;

④電壓的相位與電網電壓的相位相同;

⑤電壓的波形與電網電壓的波形相同。

另外,電業管理部門還規定發電量夠一定規模(一般要求大於500kW)才能申請並網運行。可見,若想實現風力發電機組的並網運行,須統籌考慮設備容量大小、調整控制機構的精度、操作管理水平、發電成本與售電價格等因素。

基於上述情況,風力發電機組的並網運行雖然是一種良好的趨勢,但是到目前為止,中國國內已經並網運行的風力發電機的數量並不很多。

4.4　風力提水

風力提水是彌補當前農村、牧區能源不足的有效途徑之一,具有較好的經濟、生態與社會效益,發展潛力巨大。

　　風力提水之所以能在世界各地，特別是在開發中國家得到較廣泛的應用，其主要原因有以下幾點：

①風力提水機結構可靠，製造容易，成本較低，操作維護簡單。

②儲水問題容易解決。當水被提上來後，只要注入水罐或水池中就可以儲存，在無風或小風時，可放水使用。

③風力提水機在低風速下工作性能好，多數風力提水機在風速3m/s時就可以啟動工作，它對風速要求不嚴格，通常只要風輪轉動起來就能進行提水作業。

④風力提水效益明顯。風力提水製鹽、養蝦、改良鹽鹼地等，不僅節省常規能源，沒有污染，而且經濟效益也很顯著，一般2～4年即可收回風力機組的投資成本。

　　風力提水機的水泵主要有往復式水泵和旋轉式水泵兩大類。另外還有氣壓式、噴射式等形式，但實際應用不多。

4.4.1　風力提水的現狀

　　常用的風力提水機按其使用技術指標可分為：低揚程大流量型、中揚程大流量型、高揚程小流量型。

　　● 低揚程大流量風力提水機組

　　該系統是由低速或中速風力機與鋼管鏈式水車或螺旋泵相匹配形成的一類提水機組。它可以提取河水、海水等地表水，用於鹽場製鹽、農田排水、灌溉和水產養殖等作業。機組揚程為：0.5～3m，流量可達50～100m³/h。風力提水機的風輪直徑5～7m，風輪軸的動力通過兩對錐齒輪傳遞給水車或螺旋泵，因而帶動水車或水泵提水。這類風力機的風輪能夠自動迎風，一般採用側翼（配重滑速機構）進行自動調速。

　　● 中揚程大流量風力提水機組

　　該系統是由高速槳葉匹配容積式水泵組成的提水機組，這類風力提水機組的風輪直徑5～6m，揚程為10～20m，流量為15～25m³/h。這類風力提水機用於提取地下水，進行農田灌溉或人工草場的灌溉。一般採用流線型升力槳葉風力機，性能先進，適用性強，但造價高於傳統式風車。

● 高揚程小流量風力提水機組

該系統是由低速多葉式風力機與單作用或雙作用活塞式水泵相匹配形成的提水機組。這類風力提水機組的風輪直徑為2～6m，揚程為10～100m，流量為0.5～5m³/h。這類機組可以提取深井地下水，在中國西北部、北部草原牧區為人畜提供清潔飲用水或為小面積草場提供灌溉用水。這類風力提水機通過曲柄連桿機構，把風輪軸的旋轉運動力轉變為活塞泵的往復運動進行提水作用。這類風力機的風輪能夠自動對風，並採用風輪偏置－尾翼掛接軸傾斜的方法進行自動調速。

低揚程大流量提水機因揚程太低（一般小於3m），其使用範圍受到限制；中揚程大流量風力提水機主要是用於中西部的農業灌溉，因當地的經濟條件所限，進展步履艱難，有待進一步扶持；高揚程小流量低速風輪拉杆泵型，在成本及可靠性方面幾乎一直是不可替代的。

4.4.2　發展風力提水業的前景

風力提水是風能開發利用的一項主要而基本的內容，無論過去、現在還是將來，風力提水在農業灌溉和人畜飲水等方面都不失為一項簡單、可靠、實用的應用技術。隨著科學技術的不斷發展，風力提水技術也必將得到不斷的完善發展。

◎思考題

1.讀台灣某年的風頻玫瑰圖，據此分析這一年台灣的最大風頻的風向。

2.試從流體力學的角度闡述為何將葉片製成螺旋狀。

3.將一臺風力機從高原搬到平原上後，在相同的風速作用下，葉片的升阻

比將發生怎樣的變化？

4. 簡述鉛蓄電池的工作原理。

5. 風力發電機組如果要實現並網供電，需要其電力滿足哪些條件？

參考文獻

1. 倪安華。風力發電簡介。上海大中型電機，2005，3：1～8。

2. 朱瑞兆。中國風能資源的形成及其分布。科技中國，2004，11：65。

3. 劉國喜、趙愛群、劉曉霞。風力發電。農村能源，2002，2：25～27。

4. 王建忠、李虹。風力提水技術。內蒙古水利，2004，4：50～51。

5. 劉惠敏、吳永忠、劉偉。風力提水與風力發電提水技術。可再生能源，2005，3：59～615。

Chapter 5

氫 能

HYDROGEN ENERGY

5.1 概 述

氫是人類最早發現的元素之一，常溫常壓下，它是一種氣體，無色，無味，易燃燒。早在16世紀初葉，人們就發現了氫。自1869年俄國著名學者門捷列夫將氫元素放在週期表的首位後，人們就開始從氫出發，尋找各元素與氫元素之間的關係，對氫的研究和利用就更加系統和科學化了。

所謂氫能是指氫氣所含有的能量，實質上氫是一種二次能源，是一次能源的轉換形式。也可以說，它只是能量的一種儲存形式。氫能在進行能量轉換時其產物是水，可實現真正零排放。氫能作為二次能源除了具有資源豐富、熱值高、燃燒性能好等特點外，還有以下主要特點：

①用途廣泛。氫可以氣態、液態或固態的金屬氫化物使用。能適應儲運及許多應用環境的不同要求，既可直接作為燃料，又可作為化學原料和其他合成燃料的原料。

②環保性能好。與其他燃料相比，氫燃燒時清潔，不會對環境排放溫室氣體，除生成水和少量氮化氫外，不會產生諸如CO、CO_2、碳氫化合物、鉛化物和粉塵顆粒等對環境有害的污染物質。

③潛在的經濟效益高。目前，氫的主要來源是石油產品的提煉、煤的氣化和水的分解等，成本還比較高。今後通過利用太陽能等能源大量製氫，氫的成本會進一步降低，使製氫的價格與化石燃料的價格相匹配。

近年來，隨著質子交換膜燃料電池技術的突破，已出現可達到零排放的高效氫燃料電池動力源用於燃料電池汽車。目前，無論在氫的製備、儲存以及特殊燃料等方面，都未能大規模地實施。但隨著製氫技術的發展和化石能源的缺少，氫能利用遲早將進入我們的日常生活中。它可以像輸送城市煤氣一樣，通過氫氣管道送往千家萬戶。一條氫能管道可以代替煤氣、暖氣甚至電力管線。人們會像使用煤氣一樣方便地使用它。清潔方便的氫能系統，將給人們創造舒適、乾淨的生活環境。

5.2 氫的製取

　　自然界中不存在純氫，它只能從其他化學物質中分解、分離得到。由於存在資源分布不均的現象，製氫規模與特點呈現多元化格局。現在世界上的製氫方法主要是以天然氣、石油、煤為原料，在高溫下使其與水蒸氣反應或部分氧化法製得。目前的氫氣來源主要有兩類：一是採用天然氣、煤、石油等蒸氣轉化製氣或是甲醇裂解、氨裂解、水電解等方法得到含氫氣源，再分離提純這種含氫氣源；二是從含氫氣源如：精煉氣、半水煤氣、城市煤氣、焦爐氣、甲醇尾氣等用變壓吸附法（PSA）、膜法來製取純氫。目前，氫主要用作化工原料而並非能源，要發揮出氫對各種一次能源有效利用的重要作用，必須在大規模高效製氫方面獲得突破。製氫方法主要有以下幾種：

5.2.1 天然氣製氫

　　長期以來，天然氣製氫是化石燃料製氫方法中最為經濟與合理的方法。經地下開採得到的天然氣含有多成分，其主要成分是甲烷。在甲烷製氫反應中，甲烷分子惰性很強，反應條件十分苛刻，首先需要活化甲烷分子。溫度低於700K時，生成合成氣（$H_2 + CO$混合氣），在高於1100K的溫度下，才能得到高產率的氫氣。甲烷製氫主要有四種方法，甲烷水蒸氣重整法、甲烷催化部分氧化法、甲烷自熱重整法和甲烷絕熱轉化法。

　　甲烷水蒸氣重整是目前工業上天然氣製氫應用最廣泛的方法。傳統的甲烷水蒸氣重整過程包括：原料的預熱和預處理、重整、水氣置換、CO的除去和甲烷化。甲烷水蒸氣重整反應是一個強吸熱反應，反應所需要的熱量由天然氣的燃燒供給。重整反應要求在高溫下進行，溫度維持在750～920℃，反應壓力通常在2～3MPa。由於在重整製氫過程中，反應需要吸收大量的熱，使製氫過程的能耗很高，僅燃料成本就占總生產成本的50%以上，而且反應需要在耐高溫不銹鋼製作的反應器內進行。此外，水蒸氣重整反應速度慢，該過程單位體積的製氫能力較低，通常需要建造大規模裝置，投資較高。

　　甲烷部分氧化法是一個輕放熱反應，由於反應速率比水蒸氣重整反應快1～

2個數量級，同傳統的甲烷水蒸氣重整反應相比，甲烷部分氧化法過程能耗低，可採用大空速操作。同時，由於甲烷催化部分氧化法可以實現自熱反應無需外界供熱可避免使用耐高溫的合金鋼管反應器，使裝置的固定投資明顯降低。但是，由於反應過程需要採用純氧而增加了空分裝置投資和製氧成本。此外，催化劑床層的局部過熱、催化材料的反應穩定性以及操作體系爆炸潛在危險安全性等問題，成了實現甲烷催化部分氧化法工業化必須迫切解決的關鍵技術。

甲烷自熱重整由甲烷催化部分氧化法和甲烷水蒸氣重整反應兩部分組成，一個是吸熱反應，一個是放熱反應，結合後存在著一個新的熱力學平衡，反應體系本身可實現自供熱。該方法同甲烷水蒸氣重整反應方法相比，變外供熱為自供熱，反應熱量利用較為合理，既可限制反應器內的高溫，同時又降低了體系的能耗。但由於甲烷自熱重整反應過程中，強放熱反應和強吸熱反應分步進行，因此，反應器仍需耐高溫的不銹鋼做反應器。另外，甲烷自熱重整方法控速步驟是反應過程中慢速水蒸氣重整反應，這樣就使甲烷自熱重整反應過程具有裝置投資較高、生產能力較低的缺點，但具有生產成本較低的優點。

甲烷絕熱轉化製氫是甲烷經高溫催化分解為氫和碳，該過程不產生二氧化碳，是連接化石燃料和可再生能源之間的過渡方法過程。甲烷絕熱轉化反應是溫和的吸熱反應，生成H_2所消耗的能量小於甲烷水蒸氣重整法反應生成H_2消耗的能量。因此，反應不需要水氣置換過程和CO_2除去過程，簡化了反應過程。該方法具有流程短和操作單元簡單的優點，可明顯降低製氫裝置投資和製氫成本。但該過程若要大規模工業化應用，關鍵問題是產生的副產物碳能否具有市場前景。若大量製氫的副產物碳不能得到很好的應用，必將限制其規模的擴大，增加該方法的操作成本。

5.2.2　煤製氫

以煤作為最豐富的一次能源，在經濟社會發展和提高人民生活水準方面占有重要的地位，短時間內以煤為主的能源格局不會改變。如何提高利用效率、減少對環境的污染是一個重要的研究課題。

煤製氫的核心是煤氣化技術，分為地面氣化和地下氣化。煤炭地下氣化，就是將地下處於自然狀態下的煤進行有控制的燃燒，通過對煤的熱作用及化學

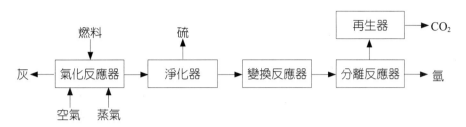

圖5-1 典型化石燃料製氫過程

作用產生可燃氣體（見圖5-1）。所謂煤氣化是指煤與氣化劑在一定的溫度、壓力等條件下發生化學反應而轉化為煤氣的方法過程，包括氣化、除塵、脫硫、甲烷化、CO變換反應、酸性氣體脫除等。

煤的催化氣化製氫受反應物、催化劑、反應器的形式和反應參數等因素影響，水也是影響煤氣化的主要因素之一。過多的水會使氣化爐內單位面積煤氣產率降低、含酚廢水量增多，因而增加生產成本。

與傳統的煤氣化方法相比，煤超臨界水氣化法是對煤氣化技術的改進。超臨界水的介電常數很小，對有機物有較強的溶解能力，可以形成均相或擬均相的反應環境，集萃取、熱解和氣化為一體，利用超臨界水作為製氫介質可使煤及生物質中的各種物理和化學結合（氫鍵、醚鍵、酯鍵等）發生斷裂，各種有機單元結構及熱解後的有機產物在水中的溶解度增加，與水的化學反應速率得以加快，最終轉化為氫氣、甲烷和二氧化碳。由於反應體系中水的大量存在，有利於水煤氣變換反應向生成氫氣的方向進行，同時加入添加劑將CO_2固定並將氣相中的硫化物脫除，因而得到潔淨的富氫氣體。所有反應過程在同一反應器中進行，氣、液、固產物易於分離，方法過程簡單，不僅可以免去乾燥過程，而且可使製氫過程效率提高。

為了大規模高效製氫實現煤製氫零排放系統，美國啟動了前景21（Vision 21）製氫的計畫，實質上，它是一個改進的超臨界水催化氣化方法，其基本想法是：燃料通過氧吹氣化，然後變換並分離CO和氫，以使燃煤發電效率達60%、天然氣發電效率達75%、煤製氫效率達75%的目標。從該系統的物料迴圈來看，此過程可以認為是近零排放的煤製氫系統。

5.2.3 水電解製氫

水電解製氫技術早在18世紀初就已開發，是獲得高純度氫的傳統方法。其工作原理是：將增加水導電性的酸性或鹼性電解質溶入水中，讓電流通過水，在陰極和陽極上分別得到氫和氧。電解水所需要的能量由外加電能提供。為了提高製氫效率，採用的電解壓力多為3.0～5.0MPa。由於電解水的效率不高且消耗大量的電能，利用常規能源生產的電能來大規模電解水製氫顯然不合算。

電解池是電解製氫過程的主要裝置，決定電解能耗技術指標的電解電壓和決定製氫量的電流密度是電解池的兩個重要指標。電解池的工作溫度和壓力對上述電解電壓和電流密度兩個參數有明顯影響。由於池記憶體在諸如氣泡、電阻、過電位等因素引起的損失，使得工業電解池的實際操作電壓高於理論電壓（1.23V），多在1.65～2.2V之間，電解效率一般也只有50%～70%，使得工業化的電解水製氫成本仍然很高，很難與礦物燃料為原料的製氫過程相競爭。

5.2.4 生物質製氫

生物法製氫是利用微生物在常溫常壓下進行酶催化反應製氫氣的方法。生物法製氫可分為厭氧發酵有機物製氫和光合微生物製氫兩類。

光合微生物製氫是指微生物（細菌或藻類）通過光合作用將底物分解產生氫氣的方法。在藻類光合製氫中，首先是微藻通過光合作用分解水，產生質子和電子並釋放氧氣，然後藻類通過特有的產氫酶系的電子還原質子釋放氫氣。在微生物光照產氫的過程中，水的分解才能保證氫的來源，產氫的同時也產生氧氣。在有氧的環境下，固氮酶和可逆產氫酶的活性都受到抑制，產氫能力下降甚至停止。因此，利用光合細菌製氫，提高光能轉化效率是未來研究的一個重要方向。

厭氧發酵有機物製氫是在厭氧條件下，通過厭氧微生物（細菌）利用多種底物在氮化酶或氫化酶的作用下將其分解製取氫氣的過程。這些微生物又被稱為化學轉化細菌，包括大腸埃希式桿菌、拜式梭狀芽孢桿菌、產氣腸桿菌、丁酸梭狀芽孢桿菌、褐球固氮菌等。底物包括：甲酸、丙酮酸、CO和各種短鏈脂肪酸等有機物、硫化物、澱粉纖維素等糖類，這些底物廣泛存在於工農業生產的

污水和廢棄物之中。厭氧發酵細菌生物製氫的產率一般較低，為提高氫氣的產率，除選育優良的耐氧菌種外，還必須開發先進的培養技術，才能夠使厭氧發酵有機物製氫實現大規模生產。

　　生物質熱化學轉換製氫是指將生物質通過熱化學反應轉換為富氫氣體的方法。基本方法是將生物質原料（薪柴、鋸末、麥秸、稻草等）壓製成型，在氣化爐（或裂解爐）中進行氣化或裂解反應可製得富氫燃料氣。根據反應裝置和具體操作步驟的不同，生物質熱化學製氫可以細分為：生物質熱解製氫、生物質氣化製氫、生物質超臨界氣化、生物質催化裂解和生物質熱解氣化等。雖然稱呼不同，但是這些方法的原理基本相同。在一定的熱力學條件下，將組成生物質的碳氫化合物轉化為含特定比例的CO和H_2等可燃氣體，並且將產生的焦油再經過催化裂解進一步轉化為小分子氣體、富氫氣體的過程。對於生物質熱化學製氫方法來說，選擇製氫方法需要綜合考慮：製氫的單位產量、富氫氣體中氫氣的濃度和成分、製氫過程運行的穩定性、不同生物質原料的適應性及製氫成本等各種因素，以期獲得滿意的產氫率和可以接受的經濟性。

5.2.5　太陽能製氫

　　傳統的製氫方法，由於需要消耗大量的常規能源，使得氫的成本大大提高。如果用太陽能作為獲取氫氣的一次能源，則能大大減低製氫的成本，使氫能具有廣闊的應用前景。利用太陽能製氫主要有以下幾種方法：太陽能光解水製氫、太陽能光化學製氫、太陽能電解水製氫、太陽能熱化學製氫、太陽能熱水解製氫、光合作用製氫及太陽能光電化學製氫等。

　　太陽能光解水製氫。自1972年，日本科學家首次報導TiO_2單晶電極光催化降解水產生氫氣的現象，光解水製氫成了太陽能製氫的研究重點。

　　太陽能光解水製氫反應可由下式來描述：

$$太陽能 + H_2O \rightarrow H_2 + \frac{1}{2}O_2 \qquad (5\text{-}1)$$

電解電壓為：

$$E_{H_2O}^{\ominus} = \Delta G_{fH_2O}^{\ominus} / -2F = 1.229 \text{eV} \tag{5-2}$$

式中，$\Delta G_{fH_2O}^{\ominus} = -237 \text{kJ/mol}$為每摩爾的生成自由能；$F$為法拉第常數。

太陽能光解水的效率主要與光電轉換效率和水分解為H_2和O_2過程中的電化學效率有關。在自然條件下，水對於可見光至紫外線是透明的，不能直接吸收光能。因此，必須在水中加入能吸收光能並有效地傳給水分子且能使水發生光解的物質——光催化劑。理論上，能用做光解水的催化劑的禁帶寬度必須大於水的電解電壓E_{H_2O}（1.229eV），且價帶和導帶的位置要分別同O_2/H_2O和H_2/H_2O的電極電位相適宜。如果能進一步降低半導體的禁帶寬度或將多種半導體光催化劑複合使用，則可以提高光解水的效率。

太陽能光化學製氫是利用射入光子的能量使水的分子通過分解或把水化合物的分子進行分解獲得氫的方法。實驗證明：光線中的紫光或藍光更具有這種作用，紅光和黃光較差。在太陽能光譜中，紫外光是最理想的。在進行光化學製氫時，將水直接分解成氧和氫非常困難，必須加入光解物和催化劑幫助水吸收更多的光能。目前光化學製氫的主要光解物是乙醇。乙醇是透明的，對光幾乎不能直接吸收，加入光敏劑後，乙醇吸收大量的光才會分解。在二苯（甲）酮等光敏劑存在下，陽光可使乙醇分解成氫氣和乙醛。

太陽能電解水製氫的方法與電解水製氫類似。第一步是將太陽能轉換成電能，第二步是將電能轉化成氫，構成所謂的太陽能光電製氫系統。光電解水製氫的效率，主要取決於半導體陽極能級高度的大小，能級高度越小，電子越容易跳出空穴，效率就越高。由於太陽能—氫的轉換效率較低，在經濟上，太陽能電解水製氫至今仍難以與傳統電解水製氫競爭。預料不久的將來，人們就能夠把用太陽能直接電解水的方法，推廣到大規模生產上來。

太陽能熱化學製氫是率先實現工業化大生產的比較成熟的太陽能製氫技術之一，具有生產量大、成本較低等特點。目前比較具體的方案有：太陽能硫氧迴圈製氫、太陽能硫溴迴圈製氫和太陽能高溫水蒸氣製氫。其中太陽能高溫水蒸氣製氫需要消耗巨大的常規能源，並可能造成環境污染。因此，科學家們設想，用太陽能來製備高溫水蒸氣，因而降低製氫成本。

太陽能熱解水製氫是把水或蒸汽加熱到3000K以上，分解水得到氫和氧的方法。雖然該方法分解效率高，不需催化劑，但太陽能聚焦費用太昂貴。若採用

高反射高聚焦的實驗性太陽爐可以實現3000K左右的高溫，從而能使水分解，得到氧和氫。如果在水中加入催化劑，分解溫度可以降低到900～1200K，並且催化劑可再生後循環使用，目前這種方法的製氫效率已達50%。如果將此方法與太陽能熱化學循環結合起來，形成「混合循環」，則可以製造高效、實用的太陽能產氫裝置。

太陽能光電化學分解水製氫是電池的電極在太陽光的照射下，吸收太陽能，將光能轉化為電能並能夠維持恆定的電流，將水解離而獲取氫氣的過程。其原理是：在陽極和陰極組成光電化學池中，當光照射到半導體電極表面時，受光激發產生電子——空穴對，在電解質存在下，陽極吸光後在半導體帶上產生的電子通過外電路流向陰極，水中的質子從陰極上接受電子產生氫氣。現在最常用的電極材料是TiO_2，其禁帶寬度為3eV。因此，要使水分解必須施加一定的外加電壓。如果有光子的能量介入，即借助於光子的能量，外加電壓可小於1.23V就能實現水的分解。

5.2.6 核能製氫

核能製氫是利用高溫反應爐或核反應爐的熱能來分解水製氫的方法。實質上，核能製氫是一種熱化學迴圈分解水的過程。目前涉及高溫或核反應爐的熱能製氫方法，按照涉及的物料可分為氧化物體系、鹵化物體系和含硫體系。此外，還有與電解反應聯合使用的熱化學雜化迴圈體系。但是大部分循環或不能滿足熱力學要求，或不能適應苛刻的化工條件。只有含硫體系的碘硫（IS）迴圈、鹵化物體系的UT.3（University of Tokyo.3）迴圈和熱化學雜化迴圈體系的西屋（Westinghouse）迴圈等少數流程經過了廣泛研究和實驗室規模的驗證。

氧化物體系是利用較活潑的金屬與其氧化物之間的互相轉換或者不同價態的金屬氧化物之間進行氧化還原反應而製備氫氣的過程。在這個過程中，高價氧化物（MOox）在高溫下分解成低價氧化物（MOred）放出氧氣，MOred被水蒸氣氧化成MOox放出氫氣，這兩步反應的焓變相反。

$$MOred(M) + H_2O \rightarrow MOox + H_2 \tag{5-3}$$

$$MOox \rightarrow MOred(M) + \frac{1}{2}O_2 \qquad\qquad (5\text{-}4)$$

IS迴圈由美國GA公司20世紀70年代發明，又被稱為GA流程。IS迴圈具有以下特點：低於1000℃就能分解水產生氫氣；過程可連續操作且閉路迴圈；只需加入水，其他物料迴圈使用，無流出物；預期效率高，可以達到約52%。

金屬—鹵化物體系中最著名的迴圈為日本東京大學發明的UT.3迴圈，金屬選用Ca，鹵素選用Br。UT.3迴圈具有預期熱效率高（35%～40%）；兩步關鍵反應都為氣—固反應，簡化了產物與反應物的分離；所用的元素廉價易得；最高溫度為1033K，可與高溫氣冷反應爐相耦合的特點。

熱化學雜化過程是水裂解的熱化學過程與電解反應的聯合過程。雜化過程為低溫電解反應提供了可能性，而引入電解反應則可使流程簡化。選擇雜化過程的重要準則包括電解步驟最小的電解電壓、可實現性以及效率。研究的雜化迴圈主要包括西屋迴圈、烴雜化迴圈以及金屬—金屬鹵化物雜化過程。效率最高並經過迴圈實驗驗證的是西屋迴圈。目前，多數熱化學迴圈的製氫效率僅為28%～45%，而電解水製氫的總效率一般為25%～35%，所以，有人認為熱化學迴圈製氫效率大於35%時才具有工業意義。

5.2.7　等離子化學法製氫

等離子化學法製氫是在離子化較弱和不平衡的等離子系統中進行的。原料水以蒸汽的形態進入保持高頻放電反應器。水分子的外層失去電子，處於電離狀態。通過電場電弧將水加熱至5000℃，水被分解成H、H_2、O、O_2、OH和HO_2，其中H與H_2的含量達到50%。為了使等離子體中氫成分含量穩定，必須對等離子進行淬火，使氫不再與氧結合。等離子分解水製氫的方法也適用於硫化氫製氫，可以結合防止污染進行氫的生產。等離子體製氫過程能耗很高，因而製氫的成本也高。

5.3　氫的儲存

氫的儲存是一個關鍵技術，儲氫問題是制約氫經濟的瓶頸之一，儲氫問題

不解決，氫能的應用則難以推廣。氫是氣體，它的輸送和儲存比固體煤、液體石油更困難。一般而論，氫氣可以氣體、液體、化合物等形態儲存。目前，氫的儲存方式主要有以下幾種：

5.3.1 高壓氣態儲氫

氫氣通常作為一種氣體在高壓狀態下儲存在鋼瓶內。常溫、常壓下，儲存4kg氣態氫需要45m³的容積。為了提高壓力容器的儲氫密度，往往提高壓力來縮小儲氫罐的容積。儲氫容量與壓力成正比，儲存容器的重量也與壓力成正比。即使氫氣已經高度壓縮，其能量密度仍然偏低，儲氫重量占鋼瓶重量的1.6%左右。這種方法首先要消耗一定的能源，形成很高的壓力，而且由於鋼瓶壁厚，容器笨重，材料浪費大，造價較高。壓力容器材料的好壞決定了壓力容器儲氫密度的高低。採用新型複合材料能提高壓力容器儲氫密度。但值得注意的是：儘管壓力和重量儲氫密度提高了很多，但體積儲氫密度並沒有明顯增加。

5.3.2 冷液化儲氫

在一個大氣壓下，氫氣冷凍至−253℃以下即變為液態氫。利用冷液化儲氫具有儲存效率高、能量密度大（12～34MJ/kg）、成本高的特點。氫的液化需要消耗大量能源。理論上，氫的液化消耗28.9kJmol能量，實際過程消耗的能量大約是理論值的2.5倍，每公斤液氫耗能在11.8MJ以上。儲存容器採用有多層絕熱夾層的杜瓦瓶，液氫與外界環境溫度的差距懸殊，儲存容器的隔熱十分重要。此外，不能避免液氫的蒸發損失，由於氫氣的逸出，既不經濟又不安全。但是，對一些特殊用途，例如太空的運載火箭等，採用冷液化儲氫是有利的。

5.3.3 金屬氫化物儲氫

金屬氫化物儲氫就是用儲氫合金與氫氣反應生成可逆金屬氫化物來儲存氫氣。通俗地說，即利用金屬氫化物的特性，調節溫度和壓力，分解並放出氫氣後而本身又還原到原來合金的原理。金屬是固體，密度較大，在一定的溫度和

壓力下，表面能對氫起催化作用，促使氫元素由分子態轉變為原子態而能夠鑽進金屬的內部，而金屬就像海綿吸水那樣能吸取大量的氫。需要使用氫時，氫被從金屬中「擠」出來。利用金屬氫化物的形式儲存氫氣，比壓縮氫氣和液化氫氣兩種方法方便得多。需要用氫時，加熱金屬氫化物即可放出氫。儲氫合金的分類方式有很多種：按儲氫合金材料的主要金屬元素區分，可分為稀土系、鎂系、鋯系、鈣系等；按組成儲氫合金金屬成分的數目區分，可分為二元、三元和多元系；如果把構成儲氫合金的金屬分為吸氫類用A表示，不吸氫類用B表示，可將儲氫合金分為AB_5型、AB_2型、AB型、A_2B型。合金的性能與A和B的組合關係有關。表5-1列出了典型金屬氫化物及其主要儲氫特性。

表5-1　典型金屬氫化物及其主要儲氫特性

類別	金屬	氫化物	結構	質量分數／%	平衡壓力與溫度
元素	Pd	$PdH_{0.6}$	Fm3m	0.56	0.02bar[①]，298K
AB_5	$LaNi_5$	$LaNi_5H_6$	P6/mmm	1.37	2bar，298K
AB_2	ZrV_2	$ZrV_2H_{5.5}$	Fd3m	3.01	0.01bar，323K
AB	FeTi	$FeTiH_2$	Pm3m	1.89	5bar，303K
A_2B	Mg_2Ni	Mg_2NiH_4	P6222	3.59	1bar，555K
b.c.c.	TiV_2	TiV_2H_4	b.c.c.	2.6	10bar，313K

①1bar = 10^5Pa，後同。

　　稀土系（AB_5）儲氫合金材料儲氫反應速度快、儲氫能力強、壽命長、吸放氫速度快、滯後效應和反應熱效應小、平臺壓力低而平直、活化容易，可以實現迅速安全的儲存，是具有良好開發前景的儲氫金屬材料。該體系以$LaNi_5$、$CeCo_5$等為代表。$LaNi_5$是較早開發的稀土儲氫合金，在25℃和0.2MPa壓力下，儲氫量約為1.4%（質量百分比），具有活化容易、分解氫壓適中、吸放氫平衡壓差小、動力學性能優良、不易中毒的優點，但存在吸氫後會發生晶格膨脹、合金易粉碎等缺點。為了改善合金的儲氫性能、降低成本，採用混合稀土Mm（La、Ce、Nd、Pr等）取代$LaNi_5$中的La或者用其他金屬全部或部分置換Ni，可降低稀土合金的成本，提高儲氫能力。

　　鎂系（A_2B）儲氫合金材料成本低而吸氫量是儲氫合金中最大的一種，以Mg_2Ni、MgCa、$La_2Mg_{1.7}$為代表的鎂系（A_2B）儲氫合金是較弱的鹽型化合物，

兼有離子鍵和金屬鍵的特徵，在不太高的溫度下，氫可以脫出，可逆吸放氫量高達7.6%（MgH_2含氫量為7.6%），是一種很有前途的儲氫合金。但是該體系的吸氫動力學性能較差，氫氣化學吸附與氫原子向體內擴散的速度很低，還不能達到實用化程度。通過合金化可改善鎂氫化物的熱力學和動力學特性。

鋯系（AB_2型）儲氫合金的代表通式是$ZrMn_{1-x}Fe_{1-y}$，其中較為實用的有：$ZrMn_{1.22}Fe_{1.11}$、$ZrMn_{1.53}Fe_{1.27}$和$ZrMn_{1.11}Fe_{1.22}$。該合金體系具有動力學速度快、易於活化、吸放氫量大、熱效應小（比$LaNi_5$及其他材料小2～3倍）等特點，室溫下氫壓力在0.1～0.2MPa之間。在鋯系合金中，如果用Ti代替部分Zr，用Fe、Co、Ni等代替部分V、Cr、Mn等製成多元鋯系儲氫合金，性能更優，這些材料可在稍高於室溫的溫度下進行活化。當$T \geq 100℃$時，氫幾乎可全部脫出。此外，由於該材料理論電化學容量高（800mA/g），被稱為「第二代MH/Ni電池電極材料」。

鈦系（AB型）儲氫合金最大的優點是放氫溫度低（可在$-30℃$時放氫），缺點是不易活化、易中毒、滯後現象比較嚴重。該體系以TiFe為代表。為了提高鈦鐵合金的活化性能，實現鈦鐵合金的常溫活化而具備更高的實用價值，用鎳等金屬部分取代鐵形成三元合金，則可以降低滯後效應和達到平臺壓力要求，且儲氫量可達1.8%～3.4%。當氫純度在99.5%以上時，其迴圈使用壽命可達26000次以上。如果用鋅置換鈦鐵合金中的部分鈦，用Cr、Ba、Co、Ni等置換部分Fe，能得到多種滯後現象小、儲氫性能優良的鈦鐵系多元合金。

5.3.4 碳質材料儲氫

碳質儲氫材料主要有超級活性炭吸附儲氫和納米碳儲氫。

碳奈米管（CNT）是日本NEC公司於1991年在電弧蒸發石墨電極的實驗中意外發現的。根據管壁碳原子的層數不同，碳奈米管可分為單壁奈米碳管（SWNT）和多壁奈米碳管（MWNT）。SWNT的管壁僅由一層碳原子構成，直徑通常為1～2nm，長度為十幾到100nm，MWNT是由2～5層同軸碳管組成，內徑通常為2～10nm，外徑為1～30nm，長度一般不超過100nm，每層管上碳原子沿軸向成螺旋狀分布。目前，製備碳奈米管的方法有：化學氣相沈積（CVD）法、石墨電弧放電法、催化分解法、鐳射蒸發石墨棒法、熱解聚合物法、火焰

法、離子（電子束）輻射法等。

對於氫原子如何進入碳奈米管，不少學者進行了大量的研究。普遍認為氫原子是進入CNT兩端的開口部位，其具有的儲氫能力可能是吸附作用的結果。但是，對於CNT儲氫機制的研究存在較大的差異。CNT儲氫行為的本質究竟是化學吸附或是物理吸附，還是兩種吸附共存，還存在爭議。氫氣在常溫下是一種超臨界氣體，如果材料的表面不能改變其與氫分子間范德華的作用力，那麼超臨界氣體在任何材料上的吸附只能是材料表面上的單分子層覆蓋。大量系統的實驗資料和基於吸附理論的分析，得出了氫在碳奈米管上的吸附，不是由某種未知的機制決定，而是服從超臨界氣體吸附的一般規律的結論。

超級活性炭儲氫是在中低溫（77～273K）、中高壓（1～10MPa）下利用超高比表面積的活性炭作吸附劑的吸附儲氫技術。與其他儲氫技術相比，超級活性炭儲氫具有經濟性好、儲氫量高、解吸快、循環使用壽命長和容易實現規模化生產等優點，是一種很具潛力的儲氫方法。超級活性炭是一種具有奈米結構的儲氫碳材料，其特點是具有大量孔徑在2nm以下的微孔。在細小的微孔中，孔壁碳原子形成了較強的吸附勢場，使氫氣分子在這些微孔中得以濃縮。但是，如果微孔的壁面太厚，將使單位體積中的微孔密度降低，因而降低了單位體積或單位吸附劑質量的儲氫量。因此，為增大超級活性炭中的儲氫容量，必須在不擴大孔徑的條件下減薄孔壁厚度。

5.3.5 有機化合物儲氫

有機化合物儲氫是一種利用有機化合物的催化加氫和催化脫氫反應儲放氫的方式。某些有機化合物可作為氫氣載體，其儲氫率大於金屬氫化物，而且可以大規模遠端輸送，適於長期性的儲存和運輸，也為燃料電池汽車提供了良好的氫源途徑。例如苯和甲苯的儲氫量分別為7.14%和6.19%。氫化硼鈉（$NaBH_4$）、氫化硼鉀（KBH_4）、氫化鋁鈉（$NaAlH_4$）等絡合物通過加水分解反應可產生比其自身含氫量還多的氫氣，如氫化鋁鈉在加熱分解後可放出總量高達7.4%的氫。這些絡合物是很有發展前景的新型儲氫材料，但是為了使其能得到實際應用，還需探索新的催化劑或將現有的鈦、鋯、鐵催化劑進行優化組合以改善材料的低溫放氫性能，處理好回收—再生迴圈的系統。

5.3.6 其他的儲氫方式

　　針對不同用途，目前發展起來的還有無機物儲氫、地下岩洞儲氫、「氫漿」新型儲氫、玻璃空心微球儲氫等技術；以複合儲氫材料為重點，做到吸附熱互補、質量吸附量與體積吸附量互補的儲氫材料已有所突破；摻雜技術也有力地促進了儲氫材料性能的提高。

5.4 氫的利用

5.4.1 燃料電池技術

　　燃料電池是氫能利用的最理想方式，它是電解水製氫的逆反應。

一、燃料電池歷史

　　自1839年，英國科學家格羅夫發表世界上第一篇有關燃料電池的研究報告到現在已有160多年了。格羅夫首次成功地進行的燃料電池的實驗如圖5-2所示。在稀硫酸溶液中放入兩個鉑箔作電極，一邊供給氧氣，另一邊供給氫氣。直流電通過水進行電解水，產生氫氣和氧氣，消耗掉氫氣和氧氣產生水的同時得到電。

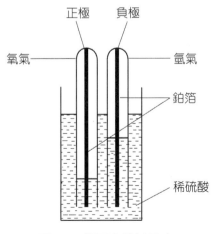

圖5-2　格羅夫燃料電池

二、燃料電池基礎

在燃料電池的燃料極和空氣極之間連接外部電阻，可以得到電流。外部的電阻越高，電流就越小，燃料極的反應和空氣極的反應變得困難，燃料氣體的消耗 Q（mol/s）也變小。外部增加負載後，產生的電壓是理論電位 E 減去空氣極電壓降（RI）、燃料極電壓降（R_cI）和與阻抗損失有關的電壓降（$R_{ohm}I$）之和的值。R_c 和 R_a 是與電極反應有關的電阻，隨電流變化而變化；R_{ohm} 是通過電解質的離子或通過導電體的電流等遵從歐姆法則的電阻。盡力減少燃料電池內部的電壓降——空氣極電壓降（R_cI）和燃料極電壓降（R_aI）是燃料電池中最重要的研究課題。

對燃料電池而言，化學能完全轉變成電能時的效率稱為理論效率。理論效率 ε_{th} 可用公式（5-5）表示：

$$\varepsilon_{th} = \frac{\Delta G^{\ominus}}{\Delta H_{298}^{\ominus}} \qquad (5\text{-}5)$$

式中，$\Delta G^{\ominus}$ 為反應的標準生成吉布斯能變化，kJ/mol；$\Delta H_{298}^{\ominus}$ 為298K下反應的標準生成焓的變化，kJ/mol。

在標準狀態下的理論電位 $E^{\ominus}$ 可用下式表示：

$$E^{\ominus} = \frac{-\Delta G^{\ominus}}{nF} \qquad (5\text{-}6)$$

例如，對於甲醇燃料電池而言，$\varepsilon_{th} = 0.97$。表5-2為燃料電池反應、標準狀態下的最大輸出電壓以及理論效率。

表5-2　燃料電池反應、標準狀態下最大輸出電壓及理論效率

燃料	反　應	$-\Delta H^{\ominus}$ /(kJ/mol)	$-\Delta G^{\ominus}$ /(kJ/mol)	理論電位 / V	理論效率 / %
氫氣	$H_2(g) + \frac{1}{2}O_2(g) \rightarrow H_2O(l)$	286	237	1.23	83
甲烷	$CH_4(g) + 2O_2(g) \rightarrow CO_2(g) + 2H_2O(l)$	890	817	1.06	92
一氧化碳	$CO(g) + \frac{1}{2}O_2(g) \rightarrow CO_2(g)$	283	257	1.33	91

燃料	反　應	$-\Delta H^{\ominus}$ /(kJ/mol)	$-\Delta G^{\ominus}$ /(kJ/mol)	理論 電位 / V	理論 效率 / %
碳	$C(s) + O_2(g) \rightarrow CO_2(g)$	394	394	1.02	100
甲醇	$CH_3OH(l) + \dfrac{3}{2} O_2(g) \rightarrow CO_2(g) + 2H_2O(l)$	726	702	1.21	97
肼	$N_2H_4(l) + O_2(g) \rightarrow N_2(g) + 2H_2O(l)$	622	623	1.61	100
氨	$NH_3(g) + \dfrac{4}{3} O_2(g) \rightarrow \dfrac{1}{2} N_2(g) + \dfrac{3}{2} H_2O(l)$	383	339	1.17	89
甲醚	$C_2H_6O(g) + 3O_2(g) \rightarrow 2CO_2(g) + 3H_2O(l)$	1460	1390	1.20	95

在實際的燃料電池中存在各種各樣的電壓損失，通常的效率要比理論效率低得多。一般熱機的理論效率隨溫度上升而增加，而燃料電池的理論效率隨溫度上升而下降。

在燃料電池內部，因存在空氣極的電壓損失、燃料極的電壓損失和阻抗損失等。燃料電池實際輸出的電壓是理論電壓減去阻抗損失、燃料極的電壓損失和空氣極的電壓損失之和。如果以燃料電池的電解質為基準電極，可以分別計算出空氣極以及燃料極上發生的壓降損失。

三、燃料電池的分類

燃料電池的分類可從用途、使用燃料和工作溫度等來區分，但一般從電解質的種類來分類，燃料電池的分類與材料學特徵可以參閱第7章。

各種燃料電池反應中相關離子的不同，反應式也就各不相同，反應式如表5-3所示。

表5-3　各種燃料電池的反應式

類型	燃料極	空氣極	總反應
PAFC	$H_2 \rightarrow 2H^+ + 2e^-$	$\dfrac{1}{2} O_2 + 2H^+ + 2e^- \rightarrow H_2O$	$H_2 + \dfrac{1}{2} O_2 \rightarrow H_2O$
PEMFC	$H_2 \rightarrow 2H^+ + 2e^-$	$\dfrac{1}{2} O_2 + 2H^+ + 2e^- \rightarrow H_2O$	$H_2 + \dfrac{1}{2} O_2 \rightarrow H_2O$
	$H_2 + CO_3^{2-} \rightarrow CO_2 + H_2O + 2e^-$	$\dfrac{1}{2} O_2 + CO_2 + 2e^- \rightarrow \dfrac{1}{2} CO_3^{2-}$	$H_2 + \dfrac{1}{2} O_2 \rightarrow H_2O$
MCFC	CO轉化反應由		
	$CO + H_2O \rightarrow H_2 + CO_2$產生氫氣		

類型	燃料極	空氣極	總反應
SOFC	$H_2 + O^{2-} \rightarrow H_2O + 2e^-$ 或 $CO + O^{2-} \rightarrow CO_2 + 2e^-$	$\dfrac{1}{2}O_2 + 2e^- \rightarrow O^{2-}$ $\dfrac{1}{2}O_2 + 2e^- \rightarrow O^{2-}$	$H_2 + \dfrac{1}{2}O_2 \rightarrow H_2O$ $CO + \dfrac{1}{2}O_2 \rightarrow CO_2$

燃料電池的電流電壓特性可以參見表5-4。

表5-4 各種燃料電池的電流電壓特性

診斷試驗專案			
①開電路電壓試驗	②電池電壓降低	③I-V特性與極化分離	④氫利用率試驗
⑤空氣利用率試驗	⑥H_2-O_2分壓特性試驗	⑦CO_2檢出試驗	⑧氣體洩漏試驗

急劇特性降低	直接原因	特性—結構變化原因	誘發原因	診斷專案
┌氣體滲漏 │ │ │ └氫氣不足	不良電池密封	材料彈性降低及黏接性不降低	材料隨年變化溫度週期	①⑧
	電解質層磷酸不足	磷酸過多蒸發酸補充不足	局部異常溫度,磷酸液保持平衡變化	①④⑤⑧
	分離板的腐蝕孔	炭腐蝕	燃料不足時繼續運轉	②⑦⑧
	燃料供應不足	氣體溝堵塞	異物,磷酸液滴	②
	氣體供應分布器不良	材料彈性降低及黏接性降低	材料隨年變化溫度週期	④⑦
緩慢特性降低				
┌活化極化增加	催化劑劣化	粒徑增大鉑溶出	隨年增長粒徑增大,高電位放電	③
├擴散極化增加	催化劑層內磷酸過多	PTFE含水量不足	含水量隨年變化	④⑤⑥
└電阻極化增加	催化劑電阻增加電解質陰離子傳導率降低	催化劑表面性質改變		②

　　燃料電池發電效率的高低與工作溫度有很大的關係。利用PAFC的排熱不僅可以生成熱水還可生成蒸汽,發電效率可達到45%。PEMFC能在低溫下工作且輸出功率密度高,可小型化,也易於操作,適用於家庭用熱水器兼小容量電源和汽車用驅動電源等。雖然PEMFC的發電效率只有約35%～45%,可望綜合效率能達到60%～70%。MCFC的排熱溫度隨著電池工作溫度變得非常高,可以和燃氣機、蒸汽機等組合構成聯合發電;綜合發電效率約為60%～65%,使用煤

氣化氣體燃料時約為50%～55%，可以實現非常高的發電效率。SOFC是在最高溫度範圍工作的燃料電池，可以在沒有催化劑的情況下在電池內部進行天然氣的重整反應，以天然氣為燃料的發電效率約65%～70%，以煤為燃料時約55%～60%，在數百kW量級水平可望達到50%的程度。

四、鹼性燃料電池

1. 原理和特徵

鹼性燃料電池是採用氫氧化鉀等鹼性水溶液作電解液，在100℃以下工作的電池。燃料氣體採用純氫，氧化劑氣體採用氧氣或者空氣，是一種利用氫氧離子的燃料電池。理論電壓為1.229V（25℃）。實際上，空氣極的反應不是一次完成，而是首先生成過氧化氫陰離子和氫氧根陰離子，在有分解過氧化氫陰離子的催化劑作用下，繼續反應而成。由於經歷了上面的反應步驟，開路電壓為1.1V以下，而且空氣極催化劑的不同，電壓也不一樣。在使用如鉑或者銀等加速過氧化氫陰離子分解的催化劑時，開路電壓就會接近理論電壓。與磷酸電解液相比，AFC具有氧氣的還原反應更容易進行，功率高，可在常溫下啟動；催化劑不一定使用鉑系貴金屬；二氧化碳會使電解液變質，性能降低的特徵。

2. 基本組成和關鍵材料

AFC電池組是由一定大小的電極面積、一定數量的單電池層壓在一起，或用端板固定在一起而成。根據電解液的不同主要分為自由電解液型和擔載型。用於航空太空燃料電池的代表例子是阿波羅太空船（1918～1972年）的自由電解液型PC3A.2電池和太空船（1981年）的擔載型PC17.C電池。

擔載型與PAFC同樣，都是用石棉等多孔質體來浸漬保持電解液，為了在運轉條件變動時，可以調節電解液的增減量，這種形狀的電池組，安裝了儲槽和冷卻板。作為太空船電源的PC17.C中，每2個電池就安裝了一片冷卻板。自由電解液型具有電解液在燃料極和空氣極之間流動的特徵，電解液可以在電池組外部進行冷卻和蒸發水分。在構造方面，雖然不需要在電池組內部裝冷卻板和電解液儲槽，但是由於需要將電解液注入到各個單電池內，因此要有共用的電解液通道。如果通道中電解液流失，則會降低功率，影響壽命。

燃料極催化劑，除了使用鉑、鈀之外，還有碳載鉑或雷尼鎳。雷尼鎳催化

劑是一種從鎳和鋁合金中溶出、去除鋁後，產生大量的、活性很強的微孔催化劑。因為活性強，空氣中容易著火，不易處理。所以，為了在鋁溶出後不喪失催化活性，進行氧化後，與PTFE黏合在一起，使用時再用氫進行還原。作為空氣極的催化劑，高功率輸出時需要採用金、鉑、銀，實際應用時一般採用表面積大、耐腐蝕性好的乙炔炭黑或碳等載鉑或銀。電極框一般採用聚碸和聚丙烯等合成樹脂。擔載材料方面開發出了取代石棉的鈦酸鉀與丁基橡膠混合物。電解液的隔板多使用多孔性的合成樹脂或者非紡織物、網等。

3. 研發狀況

AFC的研究開發始於20世紀20年代。由於它在低溫條件下工作，反應性能良好，1950～1960年間進行了大量的開發，但不久後停止了研究。由於CO_2會造成其特性下低，空氣中CO_2濃度要控制在0.035%左右，所以要通過純化後才能使用。因而，經濟實用的純化法成為其研究課題。歐洲與日本等國家在電解食鹽製氫等純氫利用方面和電動汽車電源等的儲氫容器上又開始了實質性研究，美國也提出了再次研究的必要性。

五、磷酸鹽燃料電池

1. 原理與特徵

磷酸鹽燃料電池是以磷酸為電解質，在200℃左右下工作的燃料電池。PAFC的電化學反應中，氫離子在高濃度的磷酸電解質中移動，電子在外部電路流動，電流和電壓以直流形式輸出。單電池的理論電壓在190℃時是1.14V，但在輸出電流時會產生歐姆極化，因此，實際運行時電壓是0.6～0.8V。

PAFC的電解質是酸性，不存在像AFC那樣由CO_2造成的電解質變質，其重要特徵是可以使用化石燃料重整得到的含有CO_2的氣體。由於可採用水冷卻方式，排出的熱量可以用作空調的冷一暖風以及熱水供應，具有較高的綜合效率。值得注意的是，在PAFC中，為了促進電極反應，使用了貴金屬鉑催化劑，為了防止鉑催化劑中毒，必須把燃料氣體中的硫化合物及一氧化碳的濃度降低到1%以下。

2. 電池電壓特性

電池電壓的大小決定了電池的輸出功率大小，了解造成電壓下降的主要原

因是什麼,對提高電池組的輸出功率有著重大的作用。影響電池特性下降的原因,可以從電阻引起的反應極化、活化極化和濃差極化這三個方面來進行解釋。氫洩漏引起催化劑活性下降而導致活化極化、燃料氣體不足會導致濃差極化,引起電池電壓下降又可分為急劇下降和緩慢下降兩種。可以認為:引起電池反應特性急劇下降的主要原因是磷酸不足和氫氣不足;導致電池反應特性緩慢下降的主要原因是催化劑活性下降。此外,電池內局部短路、冷卻管腐蝕、密封材料不良等引起的氣體洩漏等也會引起特性下降。引起電池電壓特性下降主要有磷酸不足、氫不足、催化劑活性下降和催化劑層濕潤導致特性下降等,了解電池電壓特性下降現象,並掌握診斷方法就能保證PAFC的長壽命和高效率。

3. 燃料電池壽命評價技術

燃料電池壽命評價技術主要有加速壽命法、氣體擴散極化診斷法和磷酸濺出量的預測方法等。

加速壽命評價試驗法就是以溫度為加速因素的加速壽命試驗方法。在比標準狀態工作溫度高10～20℃的工作狀況下,通過加速電池劣化,可以在更短的時間內對電池反應部位的耐久性進行評價。隨著工作溫度上升的同時,電池電壓下降速度也增大,電池劣化隨著溫度的升高而被加速。所以,針對實際尺寸的電池,以溫度為加速因素的加速試驗是可能的,經過1萬小時左右的運轉後,可以推出電池組的壽命。

氣體擴散極化的診斷方法則是通過改變空氣利用率來求出單電池的氧分壓,從它的延長線推出純氧的電池電壓,從而推定擴散極化的結果。

磷酸濺出量的預測方法是基於磷酸損失機制及磷酸遷移規律基礎上,考慮電池內磷酸殘量隨時間變化的預測方法。若能正確地推定電池內的磷酸保有量,則有可能把電池壽命延長至4萬小時以上。用經驗模型求出電池內磷酸遷移速度並進行數學模型化,以模型值與實測值為基礎,計算出磷酸蒸發——冷凝量,能預測該電池的磷酸量分布隨時間的變化而估算出電池組的壽命。

六、熔融碳酸鹽燃料電池

1. 原理和特徵

熔融碳酸鹽燃料電池通常採用鋰和鉀或者鋰、鈉混合碳酸鹽作為電解質，工作溫度為600～700℃。碳酸離子在電解質中向燃料極側遷移，在燃料極，氫氣和電解質中的CO_3^{2-}反應生成水、二氧化碳和電子，生成的電子通過外部電路送往空氣極。空氣極的氧氣、二氧化碳和電子發生反應，生成碳酸離子。碳酸離子在電解質中向燃料極擴散。

因為MCFC高溫下工作，所以不需要使用貴金屬催化劑，可以利用燃料電池內部產生的熱和蒸汽進行重整氣體，簡化系統；除氫氣以外，也可以使用一氧化碳和煤氣化氣體。另外，從系統中排出熱量既可直接驅動燃氣輪機構成高效的發電系統，也可利用熱回收進行餘熱發電，因此，熱電聯供系統能達到50%～65%的高效率。

2. 電池組成和材料

MCFC的基本組成和PAFC相同，主要由燃料極、空氣極、隔膜和雙極板組成。燃料極的材料不僅需要對燃料氣體和電極反應生成的水蒸氣及二氧化碳具有耐腐蝕性，而且對燃料氣體氣霧下的熔融碳酸鹽也必須有耐腐蝕性，所以多採用鎳微粒燒結的多孔材料。為了提高高溫環境中的抗蠕變力，可添加鉻和鋁等金屬元素。空氣極的工作環境比較苛刻，所以一般採用多孔的金屬氧化物如氧化鎳等。雖然氧化鎳沒有導電性，但由於熔融碳酸鹽中的鋰離子作用而賦予了導電性。為了抑制其在熔融碳酸鹽中的熔解，還可添加鎂、鐵等金屬元素。隔膜起著使燃料極和空氣極分離，防止燃料氣體和氧氣混合的作用。這種隔膜材料一般使用γ相的偏鋁酸鋰。考慮到碳酸鹽的穩定性因素，也使用α相的偏鋁酸鋰來製備隔膜。此外，為保持高溫的機械強度，可使用混合的氧化鋁纖維及氧化鋁的粗粒子。雙極板主要起著分離各種氣體、確保單電池間的電聯結，向各個電極供應燃料氣和氧化劑氣體的作用。雙極板採用的材料是鎳—不銹鋼的複合鋼。流道由複合鋼衝壓成型，或採用平板鋼與複合鋼通過延壓成波紋而成。

3. 電池性能

MCFC是高溫型燃料電池，在反應中電壓損失較小。一般來說，無負荷時單

電池電壓標準是1V左右，在0.15A/cm²的負荷下約為0.8～0.9V。MCFC產生的電壓與其他燃料電池相比，在0.1～0.25A/cm²範圍內較高，所以正確的操作方法是在這個電流範圍內工作。

影響電池電壓特性的因素有很多，如內部電阻以及反應過程中燃料極、空氣極的電壓降等。通常MCFC電解質多採用Li_2CO_3和K_2CO_3的混合碳酸鹽，無論使用哪種電解質電阻都很高，尤其是空氣極更大。能斯特損失（Nernst loss）是反應中氣體成分發生變化引起理論電壓的降低量，燃料極占了其中大部分。可以推斷，MCFC在反應中生成的水分，由燃料極排出而引起的氣體組成發生顯著變化，加快了理論電壓的下降速度。

由於MCFC在高溫下工作，加上電解質熔融碳酸鹽具有強烈的腐蝕性，電池材料隨著工作時間的延長而劣化。這種劣化分為緩慢劣化和強烈劣化現象：緩慢劣化是由於電池運轉逐漸引起的劣化現象，比如腐蝕反應、蒸發造成的電解質流失及金屬材料的腐蝕反應等；強烈劣化是指電池工作較長時間後產生的現象。這些劣化現象一旦發生，電池性能就開始急劇下降，而使電池不能繼續運轉工作，如氣體洩漏、鎳短路等。

4. 延長電池壽命的技術

電解質的損失、隔膜粗孔化和鎳短路是影響電池壽命長短的主要因素。

電解質的損失主要是由於與金屬部件發生反應，產生電阻高、腐蝕性的生成物，增加了接觸阻力之故。要解決腐蝕金屬引起的電解質消耗的問題，可採取對金屬部件表面進行耐腐蝕處理，還可減少使用金屬部件數量及減小金屬部件表面積來抑制電解質的消耗。此外，電解質的蒸發及遷移也是消耗電解質的主要原因。

隔膜的粗孔化是由於電解質的多孔基體溶解、析出而引起的粒子粗大化現象。粗孔化使電解質的保有率降低，加速了電解質的損失，可通過改變電解質的隔膜材料$LiAlO_2$來解決。

鎳短路則是負極使用的氧化鎳和氣體中的CO_2發生化學反應，產生鎳離子並溶解在電解質中，與燃料氣體中氫氣發生反應，使電解質中析出粒子狀的金屬鎳，造成燃料極和空氣極之間的內部短路。研究顯示：增厚隔膜板能延遲反應，改變電解質組成、隔膜板的材料，或者降低二氧化碳分壓也可以緩解此現

象的發生。目前,較好的解決方法是用鋰／鈉系電解質取代以前的鋰／鉀系電解質。這種電解質與鋰／鉀系電解質相比,鎳的溶解度約降低一半,使鎳短路發生時間延長2倍。

七、固體氧化物燃料電池

1. 原理和特徵

固體氧化物燃料電池是一種採用氧化釔、穩定的氧化鋯等氧化物作為固體電解質的高溫燃料電池,工作溫度在800～1000℃範圍內。反應的標準理論電壓值是0.912V（1027℃）,但受各組成氣體分壓的影響,實際單電池的電池電壓值是0.8V。SOFC的電化學反應中,作為氧化劑的氧獲得電子生成氧離子,與電解質中的氧空位交換位置,由空氣極定向遷移到燃料極。在燃料極,通過電解質遷移來的氧離子和燃料氣中的H_2或CO反應生成水、二氧化碳和電子。SOFC具有高溫工作、不需要貴金屬催化劑;沒有電解質洩漏或散逸的問題;可用一氧化碳作燃料,與煤氣化發電設備相組合,利用高溫排熱建成熱電聯供系統或混合系統實現大功率和高效發電的特徵。

2. 電池組成

SOFC主要分為管式和平板式兩種結構。

管式SOFC是一個由燃料極、電解質、空氣極構成的單電池管,這種電池有很強的吸收熱膨脹的能力,即使在1000℃的高溫下也能穩定地運轉。管式SOFC電池組可由 n 個管式電池單元組成。如美國SWP公司開發的管式SOFC電池組由24個管式電池單元組成,每3個並聯在一起,每8個串聯在一起。如果將電池單元彼此直接連結的話,不能解決溫度變化時產生的熱膨脹。所以,每個電池之間使用鎳聯結件。這樣,鎳聯結件既能吸收熱膨脹也能作為導電體。圖5-3所示的是SWP公司開發的管式SOFC電池結構圖。

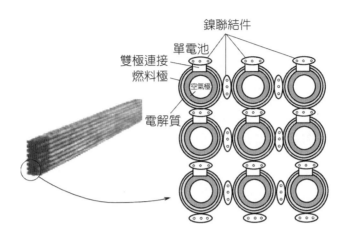

鎳聯結件
單電池
雙極連接
燃料極
空氣極
電解質

圖5-3　SWP公司管式SOFC電池結構圖

平板式SOFC主要分為雙極式和波紋式。雙極式SOFC與質子交換膜燃料電池（PEMFC）和PAFC具有同樣的結構，即把燃料極、電解質、空氣極燒結為一體，形成三合一的平板狀單電池，然後把平板狀單電池和雙極板層壓而成。波紋式SOFC有兩種型式，一是將燃料極、電解質、空氣極三合一的膜夾在雙極聯結件中間層壓形成並流型；另一種是將平板狀燃料極、空氣極、電解質板夾在波板狀的三維板中層壓形成逆流型。

3. 電池關鍵材料

電池材料主要有電解質材料、燃料極材料、空氣極材料和雙極聯結材料。

①電解質材料。作為SOFC電解質材料，應具備高溫氧化—還原氣體中穩定、氧離子電導性高、價格便宜、來源豐富、容易加工成薄膜且無害的特點。YSZ（Yttria stabilized Zirconia）被廣泛地用作電解質材料。在YSZ中，釔離子置換了氧化鋯中的鋯離子，使結構發生變化。由於鋯離子被置換，破壞了電價平衡，要維持材料整體的電中性，每兩個釔離子就會產生一個氧離子無規則地分布在晶體內部。這樣，由於氧離子的遷移而產生了離子電導性。

②燃料極材料。應該滿足電子導電性高、高溫氧化—還原氣氛中穩定、熱膨脹性好，與電解質相容性好、易加工等要求。符合上述條件的首選材料是金屬鎳，在高溫氣體中，鎳的熱膨脹係數為$10.3 \times 10^{-6} K^{-1}$，和YSZ的$10 \times$

$10^{-6}K^{-1}$非常接近。燃料極材料通常使用鎳粉、YSZ或者氧化鋯粉末製成的合金，與單獨使用鎳粉製成的多孔質電極相比，合金可以有效地防止高溫下鎳粒子燒結成大顆粒的現象。

③空氣極材料。作為空氣極材料也應該像燃料極材料那樣滿足電子導電性高、高溫氧化—還原氣氛中穩定性好、熱膨脹性好，與電解質相容性好等要求。鑭系鈣鈦礦型複合氧化物能滿足上述條件。實際上，常用於SOFC空氣極材料有鈷酸鑭（$LaCoO_3$）和摻雜鍶的錳酸鑭（$La_{1-x}Sr_xMnO_3$）。前者有良好的電子傳導性，1000℃時電導率為150S/cm，約是後者的3倍，但是，熱膨脹係數為$23.7×10^{-6}K^{-1}$，遠遠大於YSZ。後者的電子傳導性雖然不如前者，但熱膨脹係數為$10.5×10^{-6}K^{-1}$，與YSZ基本一致。

④雙極聯結材料。由於雙極聯結件位於空氣極和燃料極之間，所以，無論在還原氣氛還是在氧化氣氛中都必須具備化學穩定性和良好的電子傳導性。此外，其熱膨脹係數必須與空氣極和燃料極材料的熱膨脹係數相近。雙極聯結件材料多使用鈷酸鑭，或摻雜鍶的錳酸鑭。隨著低溫SOFC的研究和平板式SOFC製作技術的進步，正在研發金屬來製造雙極聯結件。

4. 發電特性及系統組成

一般而言，電壓隨著電流的增加下降，為了提高電池性能，需要進行大電流側增大電壓的技術開發工作。在加壓環境下運轉時，電池電壓上升，發電效率也提高。隨著工作壓力的增加，電池電壓顯著上升。這樣，可以利用SOFC的高溫高壓排氣來進行SOFC和燃氣輪機的混合發電來提高綜合效率。

常壓型SOFC混合發電系統能最大限度地利用SOFC高溫排氣的特性，產生出具有附加值的高溫蒸汽，綜合熱效率達到80%以上。由於沒有像燃氣輪機那樣的回轉機作為主要機器，工作環境非常安靜，不需要加壓容器，所以極有可能小型化。加壓型SOFC—小型燃氣輪機混合系統是利用SOFC在加壓條件下，發電效率增加的特點，輸電端效率可望達到60%～70%。而SOFC—汽輪機混合發電系統是將SOFC中排出的廢燃料和廢空氣用作燃氣輪機的燃料及燃燒用空氣，實現輸電端高效率，這些高效率混合發電系統可取代火力發電。

要真正地發揮SOFC的優勢，實現大容量的發電系統，要解決單電池的高效率化、工作溫度低溫化、縮短啟動時間、系統小型化和利用高溫排熱技術等技

術難題。

八、質子交換膜燃料電池（PEMFC）

1. 原理與特徵

質子交換膜燃料電池又稱固體高分子型燃料電池（polymer electrolyte membrane fuel cell, PEMFC）。其電解質是能導質子的固體高分子膜，工作溫度為80℃。如果向燃料極供給燃料氫氣，空氣極供給空氣的話，在燃料極生成的氫離子，通過膜向空氣極遷移，與氧反應而生成水，向外釋放電能。PEMFC與其他的燃料電池相比，具有不存在電解質洩漏、可常溫啟動、啟動時間短和可以使用含CO_2的氣體作為燃料的特點。如圖5-4所示，PEMFC的電池單元由在固體高分子膜兩側分別塗有催化層而組裝成三合一膜電極（MEA: membrane electrode assembly）、燃料側雙極板、空氣側雙極板以及冷卻板構成。為了得到較高的輸出電壓，必須將電池單元串聯起來組成電池組，在電池組兩端得到所需功率。一個電池組可以由 n 個電池單元串聯，在電池組的兩端配置有金屬集電板，向外輸出電流，在其外側有絕緣加固板，並用螺栓與螺母將電池組固定為一個整體。

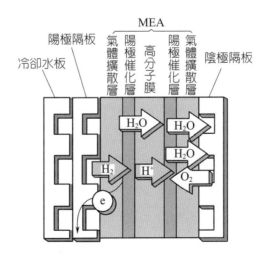

圖5-4　PEMFC結構示意

2. 電池組成及關鍵材料

PEMFC的關鍵材料主要有質子交換膜、催化劑和雙極板。

質子交換膜又稱離子交換膜，在PEMFC中起著電解質作用，可以說它是PEMFC的心臟部分。它不但起到防止氫氣與氧氣直接接觸的屏障作用，還起著防止燃料極和空氣極直接接觸造成短路作用，是一種電的絕緣體。通常使用的質子交換膜是一種全氟磺酸基聚合物，在缺水的情況下，氫離子的傳導性顯著下降，所以，保持膜的適度濕潤性非常重要。全氟磺酸基聚合物膜是由疏水的主鏈與具有親水的磺酸基側鏈而構成。

目前，已商品化的高分子膜有Nafion®膜、Flemion®膜和Aciplex®膜等，它們僅是側基的結構不同而已。要強調的是：膜的機械強度隨著含水率的升高、離子交換基濃度的提高以及溫度的增加會降低，雖然膜越薄越有利於減小阻力，但是氣體的透過量與膜的厚度成反比。

催化劑是PEMFC的另一個關鍵材料。它的電化學活性高低對電池電壓的輸出功率大小起著決定性作用。由於工作溫度比較低，燃料氣中的CO會毒化貴金屬催化劑，為了防止CO中毒，燃料極常使用鉑/釕催化劑，空氣極則使用以鉑金屬為主體的催化劑。

雙極板具有分離空氣與燃料氣體，並提供氣體通道、迅速排出生成水的作用。如果生成水滯留在氣體的通道上，就會影響反應氣體的輸送能力。因此，為了迅速排出累積的水，需在提高反應氣體的壓力、設計流道的形狀、通道結構等方面引起重視。雙極板的材料要求具有耐腐蝕性、導電性好、接觸阻力小、質量輕以及價格低廉等特點。目前，除了廣泛採用的碳材料外，還使用耐腐蝕的金屬材料。但是固體高分子膜是一種帶有酸性基團的聚合物，雙極板要在氧化與還原環境下工作，因而對金屬表面必須進行鍍金或進行其他的特殊處理，高性能高分子複合材料雙極板將是未來發展的趨勢。

3. 電池電壓—電流性能

電池電壓—電流性能受環境濕度、工作壓力、工作溫度、反應氣體條件、燃料利用率和空氣利用率等影響。分析電池電壓下降的原因，對提高電池的使用壽命有重大意義：電池電壓下降的主要原因除了有鉑金屬催化劑粒徑的增大及固體高分子膜被污染的原因之外，還存在催化劑層被潤濕範圍增大而導致電

池電壓的下降。

環境濕度增加，膜的含水量增加，離子傳導率也隨之增加，濕度為100%時，離子傳導率達到最大。如果膜內增濕達到了最理想的程度，電壓下降就會變得極小，電池可以實現穩定地工作。隨著電池工作壓力的升高，氧氣分壓也升高，極化現象減少，帶來電池的輸出電壓增加。但是，電壓並不一定隨著溫度的上升而成比例地上升，電池的輸出電壓特性與空氣極的催化劑活性、燃料極的一氧化碳中毒情況和膜的增濕狀態等有關。這些因素與溫度之間存在著複雜的關係，不能簡單地認為電池的輸出電壓是單純地隨溫度的上升而成比例增加。天然氣、甲醇等處理加工後的氫氣含有一定量的一氧化碳，會使催化劑中毒，是電池電壓下降的重要原因之一，因而，在使用這些原料的氫氣之前，務必要檢測這些氫氣中一氧化碳的含量。一般情況下，氫氣中的一氧化碳含量要控制在10ppm以下。

此外，對於電池組特性而言，由於是由單電池串聯組成，為了保證良好的輸出功率，無論在何種電流密度下，每個單電池電壓都具有良好的均一性。

九、直接甲醇燃料電池（Direct Methanol Fuel Cell, DMFC）

1. 原理和特徵

DMFC是直接利用甲醇水溶液作為燃料，以氧氣或空氣作為氧化劑的一種燃料電池。DMFC也是一種質子交換膜燃料電池，其電池結構與質子交換膜燃料電池相似，只是陽極側使用的燃料不同。通常的質子交換膜燃料電池使用氫氣為燃料，稱之為氫燃料電池，質子交換膜燃料電池使用甲醇為燃料，稱之為甲醇燃料電池。甲醇和水通過陽極擴散層至陽極催化劑層（即電化學活性反應區域），發生電化學氧化反應，生成二氧化碳、質子以及電子。質子在電場作用下通過電解質膜遷移到陰極催化劑層，與通過陰極擴散層擴散而至的氧氣反應生成水。DMFC具有儲運方便的特點，是一種最容易產業化、商業化的燃料電池。

2. 電池組成與關鍵材料

DMFC的組成與PEMFC一樣，其電池單元由三合一膜電極、燃料側雙極板、空氣側雙極板以及冷卻板構成。為了得到較高的輸出電壓，必須將電池單

元串聯起來組成電池組，在電池組兩端得到所需功率。與PEMFC類似，DMFC的關鍵材料主要有質子交換膜、催化劑和雙極板。

雙極板的材質與PEMFC類似，一般採用碳材料或金屬材料，但是催化劑和質子交換膜與PEMFC有所不同。實際的DMFC工作中，甲醇氧化成二氧化碳並不是一步完成，要經過中間產物甲醛、甲酸、一氧化碳。催化劑鉑對一氧化碳具有很強的吸附力，緊緊吸附在鉑上的一氧化碳會大大降低鉑的催化活性，造成電池性能劣化。為了防止催化劑中毒，陽極電催化劑一般採用二元或多元催化劑，如催化劑Pt.Ru/C等。氧化物的形成可以在鉑的表面與水反應生成提供活性氧的中間體，這些中間體能促使Pt.CHO反應生成二氧化碳，改善Pt的催化性能，從而達到促進Pt催化氧化甲醇的目的。

與PEMFC不同，Nafion®膜用於DMFC時，存在甲醇滲透現象。甲醇與水混溶，在擴散和電滲作用下，會伴隨水分子從陽極洩漏到陰極致使開路電壓大大降低，電池性能顯著降低。為防止甲醇的滲透，有改性Nafion®膜的方法，來提高膜的抗甲醇滲透性。如Nafion®. SiO_2複合膜、Nafion®.PTFE複合膜等，也有採用研製新型質子交換膜來取代現有的Nafion膜，如無氟芳雜環聚合物聚苯並咪唑、聚芳醚酮磺酸膜、聚醯亞胺磺酸膜等。

可以說DMFC是最容易走向實用化的一種燃料電池，雖然近年來國內外出現了大量DMFC樣機，但還未真正實現產業化和商業化。使用壽命短、低溫啟動難等尚未解決的技術問題嚴重地阻礙了其推廣進程。研製出對甲醇氧化具有高的電催化活性和抗氧化中間物CO毒化的陽極催化劑、抗甲醇滲透的質子交換膜會加快DMFC的實用化、產業化的速度。

十、其他類型的燃料電池

此外，直接肼燃料電池、直接二甲醚燃料電池、直接乙醇燃料電池、直接甲酸燃料電池、直接乙二醇燃料電池、直接丙二醇燃料電池、利用微生物發酵的生物燃料電池、採用MEMS技術的燃料電池也在研究之中。

十一、燃料電池汽車

燃料電池汽車就是將燃料電池發電機作為驅動源的電動汽車，其系統如圖5-5所示。它是從高壓氣瓶供應氫的純氫燃料電池系統。空氣從空氣供給系統提

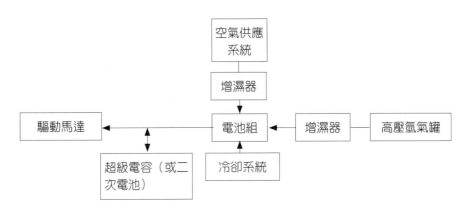

圖5-5 燃料電池發電機系統

供。該系統聯結了超級電容器，回收利用驅動時多餘的能源。現在，可以用作為燃料電池汽車的燃料有純氫、甲醇和汽油等。如果利用純氫，則不需要重整器，因而可以簡化系統，提高燃料電池的效率。但是氫的儲存量有限，因而行駛距離受到限制。現在，科學家們正在研究採用吸氫合金、液體氫及壓縮氫等方式儲存氫氣，但是液態氫存在須在極低溫度下保存及易從儲氣罐金屬分子間隙洩漏等問題。對於壓縮氫氣，鋼瓶耐壓增大便可以降低儲藏體積，目前科學家們已經開發出70MPa的儲氫鋼瓶。

使用純氫的燃料電池汽車可以在短時間內啟動，但使用甲醇或汽油時，需有車載重整過程的設備，且必須有一定的啟動時間。車載重整的燃料電池汽車都需要一定的啟動時間，因而人們正在研究把電池和超級電容器組合起來，能緩解這個問題，短時間內能啟動的燃料電池汽車發動機系統。

為了推動今後燃料電池汽車的商用化，必須儘早解決：①小型緊湊化、防凍、縮短啟動時間以及回應速度快等技術性課題；②建立基礎設施的建設；③降低成本；④確保安全性，提高可信賴度。

十二、燃料電池固定式發電站

家用燃料電池電源系統的應用概念是利用燃料處理裝置從城市天然氣等化石燃料中製取富含氫的重整氣體，並利用重整氣體發電的燃料電池發電系統。為了利用燃料電池發電時產生的熱量以及燃料處理裝置放熱產生的熱水，設計了「熱電水器」的各種電器。家用燃料電池發電系統的構造及概念如圖5-6所

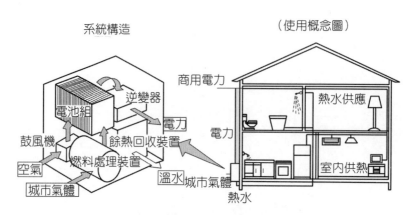

圖5-6　家用燃料電池發電系統

示。

　　在PEMFC電池組中，重整氣中的氫與空氣供應裝置得到的氧經電化學反應生成直流電與熱。通過熱回收裝置，把上水加熱到60℃以上的熱水，向浴室、廚房、暖氣等熱水使用裝置供應熱水。另一方面，PEMFC電池組產生的直流電，通過逆變器轉換成交流電，與商用電力聯供使系統運轉。家用PEMFC熱電的聯供取代了原有的熱水器，不僅解決家庭使用熱水的問題，同時產生的電供應住宅內的電器設備而得到了充分的利用。

十三、燃料電池便攜系統

　　燃料電池作為緊急備用電源和二次電池的替代品，廣泛地應用於手機、個人電腦等終端電源中。圖5-7是用於手機的DMFC。燃料電池的使用避免了二次電池的回收和再利用技術等環境課題。使用甲醇的燃料電池，每單位質量的能量密度是鋰電池的10倍，只要更換燃料就能繼續發電。

圖5-7 手機的直接甲醇燃料電池

5.4.2 氫內燃機

　　氫內燃機是一種將氫作為燃料的發動機。目前有兩種氫內燃機，一種是全燒氫汽車，另一種是氫氣與汽油混燒的摻氫汽車。摻氫汽車的發動機只要稍加改變或不改變，即可提高燃料利用率和減輕尾氣污染。摻氫汽車的特點是氫氣和汽油的混合燃料能改善整個發動機的燃燒狀況。在交通擁擠的城市，汽車發動機多處於部分負荷下運行，採用摻氫汽車比較有利。

5.5　氫能安全

　　氫的各種內在特性，決定了氫能系統有不同於常規能源系統的危險特徵。與常規能源相比，氫有很多特性：寬的著火範圍、低的著火能、高的火焰傳播速度、大的擴散係數和浮力。

⑴洩漏性

　　氫是最輕的元素，比液體燃料和其他氣體燃料更容易洩漏。在燃料電池汽車（FCV）中，它的洩漏程度因儲氣罐的大小和位置的不同而不同。從高壓儲氣罐中大量洩漏，氫氣會達到聲速（1308mps），洩漏得非常快。由於天然氣的容積能量密度是氫氣的3倍多，所以洩漏的天然氣包含的總能量要多。眾所周知，氫的體積洩漏率大於天然氣，但天然氣的洩漏能量大於氫。

(2)爆炸性

氫氣是一種最不容易形成可爆炸氣霧的燃料，但一旦達到爆炸下限，氫氣最容易發生爆燃、爆炸。氫氣火焰幾乎看不到，在可見光範圍內，燃燒的氫放出的能量也很少。因此，接近氫氣火焰的人可能感受不到火焰的存在。此外，氫燃燒只產生水蒸氣，而汽油燃燒時會產生煙和灰，增加對人的傷害。

(3)擴散性

發生洩漏，氫氣會迅速擴散。與汽油、丙烷和天然氣相比，氫氣具有更大的浮力和更大的擴散性。氫的密度僅為空氣的7%，所以即使在沒有風或不通風的情況下，它們也會向上升，在空氣中可以向各個方向快速擴散，迅速降低濃度。

(4)可燃性

在空氣中，氫的燃燒範圍很寬，而且著火能很低。氫—空氣混合物燃燒的範圍是4%～75%（體積比），著火能僅為0102MJ。而其他燃料的著火範圍要窄得多，著火能也要高得多，因為氫的浮力和擴散性很好，可以說氫是最安全的燃料。

5.6　氫能應用展望

氫能是二次能源，它的普及應用必然涉及到原料來源、儲運和市場。中國目前使用的氫絕大部分由化石燃料而來，製造技術與方法成熟。但製取過程成本大，能量轉化效率低，同時向大氣排放溫室氣體，污染環境。隨著化石燃料的枯竭，太陽能製氫、生物質製氫、核能製氫等應該是化石礦物燃料製氫的有效補充。除了開發滿足能量密度大、比重小、反應速度快、常溫低壓下操作性好等要求的儲氫材料外，還應提高現存的高壓氫氣和液氫商業化技術，不斷降低成本、滿足製造業者和終端用戶的要求。

燃料電池在無污染、節省能源及燃料的多樣化方面與以前的發電方式相比有許多優越性。各種燃料電池的技術特點不同，其技術水準也不同，但在走向實用化上有許多相同點，經濟性也是共同的重要課題。為了進一步實現以保護環境為目的、降低有害氣體和溫室化氣體的排出量，國家政策性經濟援助制度

積極地推進燃料電池的市場開發，是很有效的。

◎思考題

1. 談談氫能作為二次能源在經濟發展中的地位。

2. 詳細說明不同的製氫方式推廣應用的前景。

3. 談談儲氫材料在氫能應用中的作用。

4. 燃料電池作為一種新型發電裝置在國民經濟發展中具有什麼重要性？

5. 氫安全在氫能作為二次能源中的意義是什麼？

參考文獻

1. 劉少文、吳廣義。製氫技術現狀及展望。貴州化工，2003，28(5)。

2. 肖雲漢。煤製氫零排放系統。工程熱物理學報，2001，22(1)。

3. 馮文、王淑娟、倪維斗、陳昌和。氫能的安全性和燃料電池汽車的氫安全問題。太陽能學報，2003，24(5)。

4. 謝曉峰、范星河譯。燃料電池技術。北京：化學工業出版社，2004。

5. 黃倬。碳奈米管儲氫研究現狀。稀有金屬，2005，29(6)。

6. 鄭宏、王紹青、成會明。化學勢對類比計算單壁奈米碳管儲氫的影響。中國科學（B輯），2003，33(6)：467。

7. 周亞平、馮奎、孫豔、周理。述評碳奈米管儲氫研究。化學進展，2003，15(5)。

8. 陳長聘、王新華、陳立新。燃料電池車車載儲氫系統的技術發展與應用現狀。太陽能學報，2005，26(3)。

9. 李文兵、齊智平。甲烷製氫技術研究進展。天然氣工業，2005，25(2)：165～168。

10. 閻桂煥、孫立、許敏。幾種生物質製氫方式的探討。能源工程，2004，5。

11. 馮進來、王寶輝、王志濤。太陽能製氫技術及其進展。可再生能源，2004，5期。

12. 張平、于波、陳靖、徐景明。熱化學迴圈分解水製氫研究進展。化學進展，2005，17(4)。

13. 王娟娟、馬曉燕、梁國正。儲氫材料研究進展。金屬功能材料，2004，11(1)。

14. 周其鳳、范星河、謝曉峰。耐高溫聚合物及其複合材料——合成、應用與進展。北京：化學工業出版社，2004。

15. Ashcroft A. T., Cheetham A. K., Ford J S., et al., Selective oxidation of methane to synthesis gas using transition metal catalysts, Nature, 1990, 344 (6264): 319.

16. Fuiishi A, Honda K. Electrochemical hotolysis of Water at a Semiconductor Electrode. Nature, 1972, 37(1): 238.

Chapter *6*

新型核能

NEW TYPE NUCLEAR ENERGY

6.1　概　述

　　按照現有的科學知識，大約在137億年之前發生了形成宇宙的「大爆炸（Big Bang）」。在大爆炸之後約$10^{-13} \sim 10^{-4}$ s，質子和中子在稱為「重子起源過程（Baryogenesis）」中產生，從此標誌了宇宙「核時代（Nuclear Age）」的開始。然而，宇宙又經過大約35萬年的演變，才產生了第一個氫原子；再經歷了100萬年到200萬年的歷程，才產生了恆星；之後宇宙又演變了數百萬年，才發生第一顆超新星爆炸，並在整個宇宙中撒布碳、氮、氧以及鈾等重元素。大約在50億年前，在我們現在這個太陽系的附近發生了這樣一顆超新星的爆炸，並提供了形成太陽系的原始材料，而我們今天的地球是大約在10億年前形成的。

　　自1896年法國科學家貝可勒發現天然放射性現象，人類開始步入原子核領域的科學探索。在隨後的半個世紀，與原子核相關的科學研究工作取得了輝煌的成就。居禮夫婦（P. Curie and M. Curie）在1998年發現天然放射性元素鐳和釙，這些新發現引起人們對這類陌生的天然放射性現象進行研究的廣泛關注。愛因斯坦（Albert Einstein）在1905年建立狹義相對論質能關係，為定量描述原子核在核反應的過程發生質能轉換，並釋放核能奠定了理論基礎。盧瑟福（E. Rutherford）在1911年提出有原子核的原子結構模型。玻耳（N. Bohr）在1913年建立氫原子的量子化殼模型、解釋了氫原子光譜，並在1935年提出原子核反應的液滴核模型。盧瑟福早年的學生和得力助手查德威克（J. Chadwick）目標明確、堅持不懈地進行了11年的科學探索，終於在1932年發現中子。找到中子存在的確切證據是原子核子物理領域具有里程碑性質的重大科學發現。中子的發現在核子物理和核技術領域引起三個方面的重大進展：第一確立了原子核的質子—中子結構模型；其次是激發了一系列新課題的研究，激發連串的新發現，其中重要的發現是中子慢化、人工放射性和核分裂；第三是打開了實際利用核能的大門。

　　費米（Enrico Fermi）在1934年發現中子慢化現象並創建中子物理學基礎。哈恩（O. Hahn）與斯特拉斯曼（F. Strassmann）在1938年發現鈾核裂變，隨後德國科學家邁特納和弗利胥（Lise Meitner, Otto Frisch）在哈恩與斯特拉斯曼的實驗結果的啟發下，用玻耳提出的「液滴核模型」解釋了中子轟擊鈾靶可能發生

核分裂的原因,並預測發生分裂時也許會釋放巨大的能量。

　　上述開創性的科學成果,為20世紀後半葉,人類開發核能技術及和平利用核能奠定了堅實的理論基礎。1941年12月,費米帶領的研究小組在芝加哥大學的一座運動場的看臺下的網球場開始建造世界第一座試驗性的原子分裂反應爐,標誌人類已經掌握一種新型能源——核能大規模利用的手段。從科技史的角度看,核能技術的發展的初因動力確實是與軍事需要緊密相關的。在第二次世界大戰的陰影下,人類的「原子能時代」在發展核武器的競賽跑道上開始閃亮登場。1954年6月,前蘇聯在莫斯科附近的奧勃寧斯克建成了世界上第一座試驗核電廠,發電功率為5MW,標誌著已敲開了以商業規模開發核能產業的大門。

　　早期人們對核能的預期相當高,在經濟利益驅動下,核能發電工業迅速擴張,掩蓋了其技術的固有安全缺陷和隱患:1979年3月28日凌晨,美國賓州三哩島核電廠發生了反應爐爐芯熔化的嚴重事故和1986年4月26日發生在前蘇聯車諾比核電廠的第4號反應爐的核災難對全球核能發展造成嚴重衝擊。雖然事故在發生後很短的時間內就得到控制,但車諾比核災難的直接後果是誘發了全球、特別是歐洲的反核勢力的迅速增長,導致新電廠附加安全設施的直接投資快速增加、安全評審過程更為複雜、建造工期延長,新建核電的經濟競爭力明顯下降。

　　核能利用的另一途徑是實現可控的核聚變。人類用試爆原子彈的方式,在1945年首次實現了大規模釋放核分裂能,其後僅過了7年,就又以實現了試爆氫彈的方式,首次實現了大規模釋放聚變能。不同的是,在首次試爆原子彈之前,人類就已經掌握了可控的自持鏈式核分裂的方法,而至今還沒有找到能夠長時間穩定控制熱核聚變的有效方法。實現可控熱核聚變反應,需要在10keV（10^8K）以上的溫度條件下,目前地球上最可能實現DT等離子體約束,按約束機制可分為磁約束和慣性約束。

　　1950年,前蘇聯物理學家薩哈羅夫和塔姆提出用環流器（Tokamak）約束等離子體的概念。1957年,英國物理學家勞森（L. D. Lawson）導出熱核聚變反應爐發電達到能量得失相當所需的條件,稱為勞森判據。1992年11月以來,在世界最大的一代托克馬克裝置上都成功進行了等離子體放電實驗,情況接近勞森判據,且聚變功率從7.5MW提升到10MW,意味開發核聚變能的科學可行性初步得到證實。國際熱核聚變試驗爐ITER的前期研發工作也取得很大的進展,已決定

在法國卡達拉什選定的廠址上建造世界第一座熱核聚變試驗爐。

1960年固體雷射器研製成功，為實現等離子體的慣性約束提供了另一手段。前蘇聯科學家巴索夫（N. G. Basov）於20世紀60年代，首先提出慣性約束核聚變設想。在過去的幾10年中，慣性約束核聚變的研發工作也取得了非常大的進步。美國在20世紀90年代初就開始了稱之為「國家點火裝置（NIF）」的用於慣性約束核聚變的超級鐳射系統的研製計畫。既可用於類比氫彈爆炸、檢驗戰略核武器的性能，又可作為許多高能和高密度鐳射物理的研究試驗平臺，並有助於對利用慣性核聚變能發電的探索[1]。中國最早在20世紀60年代，由物理學家王淦昌獨立提出慣性約束的概念並倡導研究慣性核聚變，取得了令人鼓舞的成績，中國獨立研製的「神光」系列鐳射打靶裝置的性能都達到同時期世界先進水準。

6.2　原子核子物理基礎

核能技術的物理理論基礎是原子核子物理，在世界第一座核反應爐建成以前的幾10年，原子核子物理經歷了快速發展的黃金時期，其研究成果大都代表當時物理學先進方向的最新進展。本節簡述與原子核的分裂與聚變相關的核子物理理論基礎。

6.2.1　原子與原子核的結構與性質

一、原子與原子核的結構

現代物理知識已經清楚世界上一切物質都是由原子構成。任何原子都由原子核和繞原子核旋轉的電子構成。原子核比較重，帶有正電荷；電子則輕得多，帶有負電荷，它們位於圍繞核的滿足量子態條件的各軌道上。原子核本身又由帶正電荷的質子和不帶電的中子兩種核子組成。質子的電荷與電子的電荷量值相等而符號相反。原子核中的質子數稱為原子序數，它決定原子屬於何種

---

[1] Per. F. Peterson, Inertial Fusion Energy: a tutorial on the technology and economics, http: //www.nuc. berkeley. edu/thyd/icf/IFE. html, 1998.

元素，質子數和中子數之和稱為該原子核的質量數，用符號 A 表示。

二、原子與原子核的質量

原子質量採用原子質量單位，記作 u（是unit的縮寫）。一個原子質量單位的定義是：$1u = {}^{12}C$原子質量/12，叫做原子質量碳單位。原子質量單位與g或kg單位間的轉換關係為$1u = 12/(2N_A)1.6605387 \times 10^{-27}$ kg。其中，$N_A = 6.022142 \times 10^{23}$ 個原子/mol是阿伏伽德羅常量。

核素用下列符號表示：${}^A_Z X_N$，其中X是核素符號，A 是質量數，Z 是質子數，N 是中子數，且 $A = N + Z$。質子數相同，中子數不同的核素稱為同位素，如 ${}^{235}U$和 ${}^{238}U$是鈾的兩種天然同位素。

三、原子核的半徑與密度

實驗證明，原子核是接近於球形的。通常採用核半徑表示原子核的大小，其宏觀尺度很小，數量級為（$10^{-13} \sim 10^{-12}$）cm。核半徑是通過原子核與其他粒子相互作用間接測得的，有兩種定義，即：核力作用半徑和電荷分布半徑。實驗測得核力作用半徑 R_N可近似為：

$$R_N \approx r_0 A^{1/3} \tag{6-1}$$

式中$r_0 = (1.4 \sim 1.5) \times 10^{-13}$cm = $(1.4 \sim 1.5)$fm。

核內電荷分布半徑就是質子分布半徑，實驗經驗關係表示為：

$$R_C \approx 1.1 \times A^{1/3} \text{ (fm)} \tag{6-2}$$

顯然，電荷分布 半徑 R_C 比核力作用半徑 R_N 要小一些。

6.2.2 放射性與核的穩定性

一、放射性衰變的基本規律

1896年，貝可勒爾（Hendrik Antoon Becquerel）發現鈾礦物能發射出穿透力很強、能使照相底片感光的不可見的射線。在磁場中研究該射線的性質時，證明它是由下列三種成分組成：①在磁場中的偏轉方向與帶正電的離子流的偏轉相同；②在磁場中的偏轉方向與帶負電的離子流的偏轉相同；③不發生任何偏轉。這三種成分的射線分別稱為 α、β 和 γ 射線。α 射線是高速運動的氦原子核（又稱 α 粒子）組成的，它在磁場中的偏轉方向與正離子流的偏轉相同，電離作用大，穿透本領小；β 射線是高速運動的電子流，它的電離作用較小，穿透本領較大；γ 射線是波長很短的電磁波，它的電離作用小，穿透能力大。

原子核自發地放射出 α 射線或 β 射線等粒子而發生的核轉變稱為核衰變。在 α 衰變中，衰變後的剩餘核Y（通常叫子核）與衰變前的原子核X（通常叫母核）相比，電荷數減少2，質量數減少4。可用下式表示：

$$_Z^A X \rightarrow _{Z-2}^{A-4} Y + _2^4 He \tag{6-3}$$

β 衰變可細分為三種，放射電子的稱為 β^- 衰變；放射正電子的稱為 β^+ 衰變；俘獲軌道電子的稱為軌道電子俘獲。子核和母核的質量數相同，只是電荷數相差1，是相鄰的同量異位素。三種 β 衰變可分別表示為：

$$_Z^A X \rightarrow _{Z+1}^A Y + e^-; \ _Z^A X \rightarrow _{Z-1}^A Y + e^+; \ _Z^A X + e^- \rightarrow _{Z-1}^A Y \tag{6-4}$$

其中 e^- 和 e^+ 分別代表電子和正電子。γ 放射性既與 γ 躍遷相聯繫，也與 α 衰變或 β 衰變相聯繫。α 和 β 衰變的子核往往處於激發態。處於激發態的原子核要向基態躍遷，這種躍遷稱為 γ 躍遷。γ 躍遷不導致核素的變化。

實驗證明，任何放射性物質在單獨存在時都服從指數衰減規律：

$$N(t) = N_0 e^{-\lambda t} \tag{6-5}$$

式（6-5）中，比例係數 λ 稱為衰變常量，是單位時間內每個原子核的衰變機率；N_0 是在時間 $t=0$ 時的放射性物質的原子數。放射性衰變的指數衰減律只適用於大量原子核的衰變，對少數原子核的衰變行為只能給出機率描述。實際應用感興趣的是放射性活度 $A(t)$，且有：

$$A(t) = \frac{dN(t)}{dt} = \lambda N(t) = \lambda N_0 e^{-\lambda t} = A_0 e^{-\lambda t} \tag{6-6}$$

放射性活度和放射性核數具有同樣的指數衰減規律。半衰期 $T_{1/2}$ 是放射性原子核數衰減到原來數目的一半所需的時間，平均壽命 τ 是放射性原子核平均生存的時間。$T_{1/2}, \tau, \lambda$ 不是各自獨立的，有如下列關係：

$$T_{1/2} = \ln2 / \lambda = \tau \ln2 = 0.693\tau$$

原子核的衰變往往是一代又一代地連續進行，直到最後達到穩定為止，這種衰變叫做遞次衰變，或叫連續衰變，例如：Thorium（釷）-Radium（鐳）-Actinium（錒）。

$$^{232}\text{Th} \xrightarrow[1.41 \times 10^{10}]{\alpha} {}^{228}\text{Ra} \xrightarrow[5.76a]{\beta^-} {}^{228}\text{Ac} \xrightarrow[6.13h]{\beta^-} {}^{228}\text{Th} \xrightarrow[1.913a]{\alpha} \cdots \longrightarrow {}^{208}\text{Pb} \tag{6-7}$$

箭頭下面的數位表示半衰期。在任何一種放射性物質被分離後都滿足式（6-5）的指數規律，但混在一起就很複雜，按如下遞次規律衰變：

$$N_1(t) = N_1(0) e^{-\lambda_1 t} , \quad N_2(t) = \frac{\lambda_1}{\lambda_2 - \lambda_1} N_1(0) (e^{-\lambda_1 t} - e^{-\lambda_2 t}) , \cdots$$
$$N_n(t) = N_1(0) \left[\sum_i h_i e^{-\lambda_i t} \right] \tag{6-8}$$

$$h_i = \prod_{j=1}^{n-1} \lambda_j \Big/ \prod_{j \in (1, \cdots, n), j \neq i} (\lambda_j - \lambda_i), \, i = 1, 2, \cdots, n$$

人們關注放射性物質的多少通常不用質量單位，而是其放射性活度，即單位時間的衰變數的大小。由於歷史的原因，過去放射性活度的常用單位是居里

（Curie，簡計Ci）。1950年以後硬性定義：1居里放射源每秒產生3.7×10¹⁰次衰變。因此，1Ci = 3.7×10¹⁰s⁻¹。國際標準SI製用Becequerel表示放射性活度的單位，簡記Bq，衰變次數/s，它與居里的換算關係是1Ci = 3.7×1010Bq。

在實際應用中，經常用到「比活度」和「射線強度」這兩個物理量。比活度是放射源的放射性活度與其質量之比，它的大小顯示了放射源物質的純度的高低。射線強度是指放射源在單位時間放出某種射線的個數。如果某放射源（³²P）一次衰變只放出一個粒子，那麼射線強度與放射性活度相等。對某些放射源，一次衰變放出多個射線粒子，如⁶⁰Co，一次衰變放兩個γ光子，所以它的射線強度是放射性活度的兩倍。

二、原子核的結合能

根據相對論，具有一定質量 m 的物體，它相應具有的能量 E 可以表示為：

$$E = mc^2 = \frac{m_0 c^2}{\sqrt{1 - (u/c)^2}} \tag{6-9}$$

式（6-9）中，c 是真空中的光速和粒子運動速度的極限，稱為質能聯繫定律；m_0 是該粒子的靜止質量。以速度 u 運動的粒子動量 p 的運算式為：

$$p = um \tag{6-10}$$

聯立式（6-9）和式（6-10），可導出式（6-11）：

$$E^2 = p^2 c^2 + m_0^2 c^4 \tag{6-11}$$

此式表示運動粒子的總能量 E、動量 p 和靜止質量 m_0 之間的關係，是相對論的重要公式。以速度 u 運動的粒子的動能 E_k 是總能量 E 與靜止質量對應的能量 $m_0 c^2$ 之差：

$$E_k = E - m_0 c^2 \tag{6-12}$$

對於運動速度遠小於光速（$u \ll c$）的經典粒子，可導出$p^2 c^2 \ll m_0^2 c^4$，與經典力學結論相同。

$$E_k = E - m_0 c^2 = m_0 c^2 \left[\left(1 + \frac{p^2 c^2}{m_0^2 c^4} \right)^{1/2} - 1 \right] \approx \frac{p^2}{2m_0} \tag{6-13}$$

對於光子，它的靜止質量為零（$m_0 = 0$），有：

$$E_k = E = cp \tag{6-14}$$

雖然光子的靜質量為零，但它的質量不為零，由光子的能量 E 所確定，即有 $m = E/c^2$。對於高速電子，它的靜止質量雖不為零，但 $u \approx c$，它的能量很大，$E \gg m_0 c^2$，它的動能 E_k 近似等於 pc，與光子的情況相近。

考慮到光速是一個常量，對式（6-9）中第一等式兩邊取差分，可得：

$$\Delta E = \Delta m c^2 \tag{6-15}$$

上式表示物質的質量和能量有密切關係，只有其中一種屬性的物質是不存在的。$1u$ 質量對應的能量很小。原子核子物理中，通常用電子伏特（eV）作為能量單位，它與焦耳（J）的換算關係是：$1eV = 1.60217646 \times 10^{-19} J$。可以算出 $1u = 931.494 MeV/c^2$，對靜止質量 $m_e = 5.4858 \times 10^{-4} u = 0.51100 MeV/c^2$，或者 $E_e = m_e c^2 = 511.0 KeV$。實驗發現，原子核的質量總是小於組成它的核子的質量和。具體計算總涉及核素的原子質量，通用的表示規則是：

$$M(Z, A) = m(Z, A) + Zm_e - Be(Z)/c^2 \tag{6-16}$$

式中 M 是核素對應的原子質量，m 是核的質量；$Be(Z)$ 是電荷數為 Z 的元素的電子結合能。因為電子結合能對總質量虧損的貢獻很小，一般不考慮電子結合能的影響。通常把組成某一原子核的核子質量與該原子核質量之差稱為原子核的質量損失，即：

$$\Delta M(Z, A) = ZM(^1H) + (A - Z)m_n - M(Z, A) \qquad (6\text{-}17)$$

實驗發現，所有的原子核都有正的質量損失，$\Delta M(Z, A) > 0$。質量損失 ΔM 對應的核體系變化前後的動能變化是：

$$\Delta E = \Delta Mc^2 \qquad (6\text{-}18)$$

$\Delta M > 0$，變化後質量減少，$\Delta E > 0$，稱放能變化。對 $\Delta M < 0$ 的情況，體系表化後靜止質量增大，相應有 $\Delta E < 0$，這種變化稱吸能變化。自由核子組成原子核所釋放的能量稱為原子核的結合能。核素的結合能通常用 $B(Z, A)$ 表示，根據相對論質能關係：

$$B(Z, A) = \Delta M(Z, A)c^2 \qquad (6\text{-}19)$$

不同核素的結合能差別很大，一般核子數 A 大的原子核結合能 B 也大。原子核平均每個核子的結合能稱為比結合能，用 ε 表示：

$$\varepsilon \equiv B(Z, A) / A \qquad (6\text{-}20)$$

比結合能的物理意義是，如果要把原子核拆成自由核子，平均對每個核子所需要做的功。對穩定的核素 $^A_Z X$，以 ε 為縱座標，A 為橫座標作圖，可聯成一條曲線，稱為比結合能曲線（圖6-1）。從比結合能曲線的特點，可以找到核素比結合能的一些規律，總結如下：

①當 $A < 30$ 時，曲線的趨勢是上升的，但有明顯的起伏。（$A < 25$ 時的橫座標刻度拉長了）。有峰的位置都在 A 為4的整倍數處，稱為偶偶核，它們的 Z 和 N 相等，表明對於輕核可能存在 α 粒子的集團結構。

②當 $A > 30$ 時，比結合能 ε 約為8左右，B 幾乎正比於 A。說明原子核的結合是很緊的，而原子中電子被原子核的束縛要鬆得多。

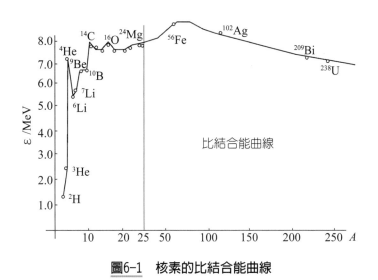

圖6-1　核素的比結合能曲線

③曲線的形狀是中間高，兩端低。說明當 A 為50～150的中等質量時，比結合能 ε 較大，核結合得比較緊，很輕和很重的核（$A > 200$）結合得比較鬆。正是根據這樣的比結合能曲線，物理學家預言了原子能的利用。

三、原子核的穩定性規律

眾所周知，具有 β 穩定性的核素有一定的分布規律。對 $A < 40$ 的原子核，β 穩定線近似為直線，$Z = N$，即原子核的質子數與中子數相等，或 $N/Z = 1$。對 $A > 40$ 的原子核，β 穩定線的中質比 $N/Z > 1$。β 穩定線可用下列經驗公式表示：

$$Z = \frac{A}{1.98 + 0.0154 A^{2/3}} \tag{6-21}$$

在 β 穩定線左上部的核素，具 β^- 有放射性。在 β 穩定線右下部的核素，具有電子俘獲EC或在 β^+ 放射性。如 ^{57}Ni經過EC過程或放出 β^+ 轉變成 ^{57}Co。再通過EC過程轉變成 ^{57}Fe，成為穩定核。

β 穩定線表示原子核中的核子有中子、質子對稱相處的趨勢，即中子數 N 和質子數 Z 相等的核素具有較大的穩定性，這種效應在輕核中很顯著。對重核，因核內質子增多，庫侖排斥作用增大了，要構成穩定的原子核就需要更多的中子

以抵消庫侖排斥作用。

穩定核素中有一大半是偶偶核。奇奇核只有5種，^{2}H、^{6}Li、^{10}B、^{14}N和豐度很小的$^{180m}_{73}$Ta。A為奇數的核有質子數Z為奇數和中子數N為奇數兩類，穩定核素的數目差不多，介於穩定的偶偶核和奇奇核之間。這表明質子、中子各有配對相處的趨勢。

6.2.3 射線與物質的相互作用

射線與物質的相互作用與射線的輻射源和輻射強度有關。核輻射是伴隨原子核過程發射的電磁輻射或各種粒子束的總稱。

一、帶電粒子與物質的相互作用

具有一定動能的帶電粒子射進靶物質（吸收介質或阻止介質）時，會與靶原子核和核外電子發生庫侖相互作用。如帶電粒子的動能足夠高，可克服靶原子核的庫侖勢壘而靠近到核力作用範圍（約10^{-12}cm～10fm），它們也能發生核相互作用，其作用截面（約10^{-26}cm^2）比庫侖相互作用截面（約10^{-16}cm^2）小很多，在分析帶電粒子與物質相互作用時，往往只考慮庫侖相互作用。

用帶電粒子轟擊靶核時，帶電粒子與核外電子間可發生彈性和非彈性碰撞，這種非彈性碰撞會使核外電子改變其在原子中的能態。發生靶原子被帶電粒子激發、受激發的原子很快（10^{-9}～10^{-6}s）退激到基態，並發射X射線、靶原子核被帶電粒子電離，並發射特徵X射線或歐階電子（Auger electron）等物理現象。帶電粒子在靶介質中，因與靶核外電子的非彈性碰撞使靶原子發生激發或電離而損失自身的能量，稱為電離損失；從靶介質對入射離子的作用來講，又稱作電子阻止。

當入射帶電粒子在原子核附近時，由於庫侖相互作用將獲得加速度，伴隨發射電磁輻射，這種電磁輻射稱為韌致輻射。入射帶電粒子因此會損失能量，稱為輻射能量損失。電子的靜質量非常小，容易獲得加速度，輻射能量損失是其與物質相互作用的一種重要能量損失形式。對質子等重帶電粒子，在許多情況下，輻射能量損失可以忽略。靶原子核與質子、α粒子、特別是更重帶電粒子由於庫侖相互作用，有可能從基態激發到激發態，這個過程稱為庫侖激發，同

樣，發生這種作用方式的機率很小，通常也可忽略。

帶電粒子還可能與靶原子核發生彈性碰撞，碰撞體系總動能和總動量守恒，帶電粒子和靶原子核都不改變內部能量狀態，也不發射電磁輻射。但入射帶電粒子會因轉移部分動能給原子核而損失自身動量，而靶介質原子核因獲得動能發生反衝，產生晶格位移形成缺陷，稱輻射損傷。入射帶電粒子的這種能量損失稱為核碰撞能量損失，從靶核來講，又稱核阻止。

帶電粒子受靶原子核的庫侖相互作用，速度v會發生變化而發射電磁輻射。由於電子的質量比質子等重帶電粒子小三個量級以上，如果重帶電粒子穿透靶介質時的輻射能量損失可以忽略的話，那麼必須考慮電子產生的輻射能量損失。電子在靶介質鉛中，電離和輻射兩種能量損失機制的貢獻變得大致相同，差不多都為$1.45\text{keV}/\mu\text{m}$，對能量大於9MeV的電子，在鉛中的輻射能量損失迅速變成主要的能量損失方式。現在已知，帶電粒子穿過介質時會使原子發生暫時極化。當這些原子退極時，也會發射電磁輻射，波長在可見光範圍（湛藍色），稱為契侖科夫輻射，在水堆停堆過程中很容易觀察到。

二、γ射線與物質的相互作用

γ射線、X射線、正負電子結合發生的湮沒輻射、運動電子受阻產生的軔致輻射構成了一種重要的核輻射類別，即電磁輻射。它們都由能量為E的光子組成。從與物質相互作用的角度看，它們的性質並不因起源不同而異，只取決於其組成的光子的能量。本節只以γ射線與物質的相互作用為例，可推廣到其他類似光子的情況。

γ射線與物質相互作用原理明顯不同於帶電粒子，它通過與介質原子核和核外電子的單次作用損失很大一部分能量或完全被吸收。γ射線與物質相互作用主要有三種：光電效應、康普頓散射和電子─正電子對產生。其他作用如瑞利散射、光核反應等，在通常情況下截面要小得多，所以可以忽略，高能時才須考慮。准直γ射線透射實驗發現，經准直後進入探測器的γ相對強度服從指數衰減規律：

$$I/I_0 = e^{-\mu d} \tag{6-22}$$

式中，I/I_0是穿過吸收介質 d 後，γ 射線的相對強度；μ 是 γ 穿過吸收介質的匯流排性衰減係數（cm^{-1}），包括 γ 真正被介質吸收和被散射離開准直束兩種貢獻。總衰減係數 μ 可以分解為相對於光電效應、康普頓散射和電子對效應三部分，即：$\mu = \tau + \sigma + k$。通常採用半衰減厚度 $x_{1/2}$ 描述 γ 射線穿過吸收介質被吸收的行為。$x_{1/2}$ 是使初始 γ 光子強度減小一半所需某種吸收體的厚度，它與匯流排性衰減係數 μ 之間有如下關係：

$$x_{1/2} = \ln 2/\mu = 0.693/\mu \qquad (6\text{-}23)$$

在實際應用中，常使用質量厚度 $d = px(g/cm^2)$ 描述靶介質對 γ 射線的吸收特性，而 μ 轉換成 $\mu/\rho(cm^2/g)$。因為正電子在介質中只有很短的壽命，當它被減速到靜止時會與介質中的一個電子發生湮沒，從而在彼此成 $180°$ 方向發射兩個能量各為 $0.511MeV$ 的 γ 光子，探測湮沒輻射是判斷正電子產生的可靠的實驗證據。

6.2.4　原子核反應

一、原子核反應概述

原子核與其他粒子（例如中子、質子、電子和 γ 光子等）或者原子核與原子核之間相互作用引起的各種變化叫做核反應，其能量變化可以高達幾百 MeV。核反應發生的條件是：原子核或者其他粒子（中子，γ 光子）充分接近另一個原子核，一般來說需要達到核力的作用範圍（量級為 $10^{-13}cm$）。可以通過三個途徑實現核反應：①用放射源產生的高速粒子轟擊原子核；②利用宇宙射線中的高能粒子來實現核反應，其能量很高，但強度很低，主要用於高能物理的研究；③利用帶電粒子加速器或者反應爐來進行核反應，是實現人工核反應的主要手段。核反應一般表示為：

$$A + a \rightarrow B + b \; 〔或簡寫為 A\,(a, b)B〕 \qquad (6\text{-}24)$$

式中，A，a為靶核與入射粒子；B，b為剩餘核與射出粒子。

按射出的粒子不同，核反應可以分為兩大類：核散射和核轉變。按粒子種類不同，核反應又可分為：中子核反應（包括中子散射、中子俘獲）；帶電粒子核反應；光核反應和電子引起的核反應。此外，核反應還可根據入射粒子的能量分為：低能、中能和高能核反應。在包括加速器驅動清潔核能系統（ADS）在內的新型核能的可利用範圍，通常只涉及到低中能核反應。大量實驗證明，核反應過程遵守的主要守恒定律有：電荷守恒、質量數守恒、能量守恒、動量守恒、角動量守恒以及宇稱守恒。

二、核反應的反應能

核反應過程釋放出來的能量，稱為反應能，常用符號 Q 來表示。$Q > 0$ 的反應是放能反應，$Q < 0$ 的反應稱吸能反應。考慮了反應能後的核反應可表示為：

$$A + a \rightarrow B + b + Q \tag{6-25}$$

可利用質量損失 Δm 計算 Q：

$$Q = \Delta mc^2 = (M_A + M_a - M_B - M_b)c^2 \tag{6-26}$$

每次核分裂反應產生的平均反應能大約為200MeV，因為分裂的碎片衰變成分裂產物和過剩中子非分裂俘獲都要產生能量。1g ^{235}U完全分裂所產生的能量為0.948MWd（兆瓦日）。

三、核反應截面與產額

當一定能量的入射粒子轟擊靶核時，可能以各種機率引發多種類型的核反應。為了建立分析核反應過程的理論和進行實驗測量，引入反應性截面的概念。對一個厚度很小的薄靶，入射粒子垂直通過靶子時，其能量變化可以忽略。假設單位面積內的靶核數為 N_s（cm^{-2}），單位時間的入射粒子數為 I（s^{-1}），單位時間內入射粒子與靶核發生的反應數 N'（s^{-1}）可表示為：$N' = \sigma I N_s$。比例係數 σ 就稱為核反應截面或有效截面，單位為cm^2，其物理意義表示一個入射粒子同

單位面積靶上一個靶核發生反應的機率。σ 是一個很小的量，大多數情況它都小於原子核的橫截面，約為$10^{-24}cm^2$的數量級，用「靶恩（或靶）」為單位，記為「barn或 b（$1b=10^{-24}cm^2$）」。

入射粒子在靶中引起的反應數與入射粒子數之比，稱為核反應產額 Y，與反應截面、靶的厚度、純度、靶材料等有關。對大於粒子在靶中的射程 R 的厚靶，有時用平均截面來表示反應產額，其定義如下：$Y=NR\overline{\sigma(E)}$，其中 $\overline{\sigma(E)}=\int_0^R \sigma(E)dx/R$。

四、核反應過程和反應機制

韋斯柯夫（V. F. Weisskopf）於1957年提出了核反應過程分為三階段描述的理論，如圖6-2所示，它描繪了核反應過程的粗糙圖像。核反應的三個階段是：獨立粒子階段；複合系統階段；複合系統分解階段。直接作用機制作用時間較短，一般為$10^{-22}\sim10^{-20}$s，發射粒子的能譜為一系列單值的能量，角分布既不具有對稱性；複合核作用時間較長，可長達10^{-15}s，發射出粒子的能譜接近於麥克斯韋分布，角分布各向同性的或有90°對稱性。

圖6-3描述了核反應過程各種截面之間的關係。其中，σ_t是總的有效截面；σ_{pot}是勢散射截面；σ_{SC}是彈性散射截面；σ_{res}是共振散射截面；σ_a是進入複合系統的吸收截面；σ_{CN}是複合核形成截面；σ_r是反應截面或叫去彈性散射截面；σ_D是直接反應截面。由圖，$\sigma_t=\sigma_{pot}+\sigma_a$；$\sigma_t=\sigma_{SC}+\sigma_r$；$\sigma_{SC}=\sigma_{pot}+\sigma_{res}$；$\sigma_a=\sigma_{CN}+\sigma_D$。$\sigma_{CN}$

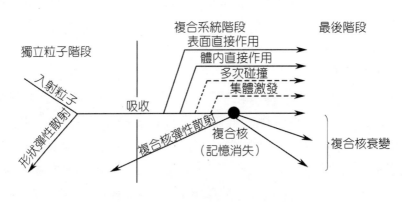

圖6-2　核反應過程的三階段描述

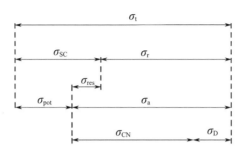

圖6-3 核反應各種截面之間的關係

一般不等於 σ_r，只有當 σ_{res} 和 σ_D 可忽略時，兩者才相等。玻耳於1936年提出的複合核模型的想法與描述核結構的液滴模型相似，把原子核比擬成液滴，並假設低能核反應分為兩個獨立的階段：複合核形成與複合核衰變，則：

$$A_i + a_i \rightarrow C \rightarrow B_i + b_i \ ; \ \sigma_{a,b_i} = \sigma_{CN}(E_{a_i})W_{b_i}(E^*) \qquad （6\text{-}27）$$

式中，C 為複合核，下標 i 和 j 分別對應所有可能的入射反應道和核衰變道；σ_{ab} 是反應的截面；$\sigma_{CN}(E_a)$ 是複合核的形成截面；$W_b(E^*)$ 為複合核通過發射粒子 b 的衰變機率。利用複合核模型可解釋核反應共振現象，計算共振峰處的反應截面、複合核反應過程、以及發射粒子能譜等。

6.3 商用核電技術

核能的利用從第二次世界大戰期間發展核武器開始，到核能發電的第一次大規模發展僅用了不到30年的時間。世界核電技術，經歷了20世紀50年代早期普選各種可能的核電原型堆的技術研發階段，到逐步形成以輕水堆為主、氣冷堆和重水堆為輔的商用核電技術的第一核紀元的歷史演變。在經歷了1979年美國三哩島嚴重事故和1986年前蘇聯車諾比核災難之後，世界核能的發展舉步維艱，但商業規模的核電工業畢竟得以倖存，至今仍然為人類經濟發展提供了約17%的電力。

6.3.1 核能發電的基礎知識

一、中子物理基礎

　　從目前的技術可能性看，人類獲取核能的手段仍然是通過重核分裂和輕核聚變，如圖6-4所示。在重核裂變和輕核聚變的物理過程中，中子都扮演了重要的角色。中子存在於除氫以外的所有原子核中，是構成原子核的重要成分。中子整體電中性，具有極強的穿透能力，基本不會使原子電離和激發而損失能量，比相同能量的帶電粒子具有強得多的穿透能力；中子源主要有：加速器、反應爐和放射性中子源。

　　用數百MeV的脈衝強流電子束或質子束轟擊 ^{238}U等重靶，可產生具有連續能譜的強中子源，稱為「白光」中子源。用分裂反應爐鏈式反應可不斷產生通量高（$10^{12}\sim10^{15}s^{-1}cm^{-2}$）和能譜複雜的體中子源。用放射性核素衰變放出的射線轟擊某些輕靶核發生產生（α,n），（γ,n）反應，也可放出中子。

　　中子與原子核的作用，根據中子的能量，可以產生彈性散射、非彈性散射、輻射俘獲和分裂等，用 σ_s、σ_s'、σ_γ、σ_f 表示其截面；總截面 $\sigma_t=\sigma_s+\sigma_s'+\sigma_\gamma+\sigma_f+\cdots$，吸收截面 $\sigma_a=\sigma_\gamma+\sigma_f$。在中子物理中，$\sigma$ 常稱微觀截面，而微觀截面 σ 與核子密度 N 的乘積稱宏觀截面，且有：

$$\Sigma=N\sigma=\sum_j N_j\sigma_j \tag{6-28}$$

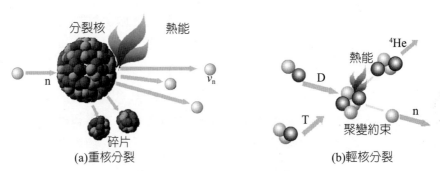

圖6-4　核分裂和核聚變示意圖

n—中子：ν_n—中子束

設強度為 I_0 的中子束，射入厚度為 D 的靶，在靶深度為 x 處，中子束強度變為 I，總微觀截面 σ_t，靶核子密度 N，根據中子平衡，可導出在 x-$(x+dx)$ 範圍不發生碰撞的機率 $P(x)dx$：

$$I(x) = I_0 e^{-\Sigma_t x} \Rightarrow P(x)dx = \Sigma_t e^{-\Sigma_t x}dx \tag{6-29}$$

由此，可分別獲得總反應、散射反應和吸收反應的平均自由程：

$$\lambda_t = \int_0^\infty x P(x)dx = \frac{1}{\Sigma_t} \; ; \; \lambda_s = \frac{1}{\Sigma_s} = \frac{1}{N\sigma_s} \; ; \; \lambda_a = \frac{1}{\Sigma_a} = \frac{1}{N\sigma_a} \tag{6-30}$$

由於各種反應截面都是中子能量 E_n 的函數，所以平均自由程也是中子能量的函數。

中子與靶介質碰撞會損失動能而減速，這種將能量高的快中子變成能量低的慢中子物理過程稱為中子的慢化，對應的靶介質稱為慢化劑。一般核反應產生的中子的能量都在MeV量級，稱快中子。但在有些實際應用，如熱堆、同位素生產等，常要求能量為eV量級的中子，稱慢中子；常選用散射截面大而且吸收截面小的輕元素作慢化劑，如氫、氘和石墨等。氫、氘沒有激發態，中子與其作用損失能量的主要機制是彈性散射。^{12}C的最低激發態為4.44MeV，當中子的能量低於反應閾能 $E_{th} = 4.8$MeV時，在石墨上也只發生彈性散射。平均對數能損失和平均碰撞次數是描述中子慢化特徵的重要參數。理論和實驗證明：動能為幾eV～幾MeV的中子與原子核的彈性散射，在質心系中是各向同性的，單位立體角分布是等機率的，則：

$$f(\theta_c)\,d\theta_c = \frac{2\pi \sin\theta_c d\theta_c}{4\pi} = \frac{1}{2}\sin\theta_c d\theta_c \tag{6-31}$$

中子一次碰撞的平均能量損失為：

$$\overline{\Delta E} = \int_0^\pi \Delta E f(\theta_c)\,d\theta_c = \frac{1}{2}E_1(1-\alpha)\int_0^\pi (1-\cos\theta_c)\sin\theta_c d\theta_c = \frac{1}{2}E_1(1-\alpha) \tag{6-32}$$

連續多次碰撞過程中，中子一次碰撞的平均能量損失稱中子慢化的平均對數能降，則：

$$\xi = \ln\frac{E_1}{E_2} = 1 + \frac{(A-1)^2}{2A}\ln\left(\frac{A-1}{A+1}\right) \tag{6-33}$$

中子從 E_i 減少到 E_f 平均碰撞次數為：

$$\overline{M} = \frac{1}{\xi}\ln(E_i/E_f) \tag{6-34}$$

用氫做慢化劑，能量從2MeV減少到0.025eV，需要18.2次碰撞；^{12}C，115次；^{238}U，2172次。乘積 $\xi\Sigma_s = \xi N\sigma_s$ 用來表示慢化劑的慢化本領，其意義是：該乘積越大，中子在相同能量損失下在介質中經過的路程就越短。減速比是慢化與吸收的比率，即：$\zeta = \xi\Sigma_s / \Sigma_a = \xi\sigma_s / \sigma_a$。以水和重水的比較為例，雖然輕水的平均對數能降大，對水 $\zeta = 71$，對重水 $\zeta = 5670$，表明重水慢化性能更好。

對無限大介質中的單能點中子源，中子從 E_i 慢化到 E_f 過程中穿行的距離的均方值為：

$$\overline{R^2} = 6\tau \Rightarrow \tau = \int_{E_t}^{E_i} \frac{\lambda_s^2}{3\varepsilon(1-\cos\theta_L)} \frac{dE}{E} \tag{6-35}$$

τ 稱為費米年齡，隨中子慢化時間單調增加，具有面積的單位，而非時間單位。式中實驗室中散射角的餘弦對方向的平均值可利用前面的知識求得：

$$\overline{\cos\theta_L} = \frac{2}{3A} \Rightarrow \tau = \frac{\lambda_s^2}{3\varepsilon\left(1-\frac{2}{3A}\right)}\ln(E_i/E_f) \Rightarrow L_m \equiv \sqrt{\tau} = \sqrt{\frac{\overline{R^2}}{6}} \tag{6-36}$$

式中 L_m 稱為慢化長度。

中子擴散就是熱中子從密度大的地方不斷向密度小的地方遷移的過程。從中子源發出的中子一般是快中子，經過慢化後變成熱中子。當 $\Sigma_s \gg \Sigma_a$ 時，即 $\lambda_s \ll \lambda_a$ 時，熱中子不會馬上消失，還會在介質中不斷運動，並和介質中的原子核不斷碰撞。直到中子能量和介質能量交換達到平衡。在反應爐物理中，中子

通量 φ（neutron flux，又稱中子通量密度）和中子流 **J** 是經常使用的重要物理量。中子通量的一般定義為：

$$\phi\,(\mathbf{r}, E, t) = \upsilon_n\,(\mathbf{r}, E, t) \tag{6-37}$$

其中 **r** 是空間位置向量；E 是中子的能量；υ 是中子運動的速率；t 是時間。表示單位時間從空間各個方向穿過在空間位置為 **r** 處的單位面積的中子總數。中子通量是一個純量，其單位為 $m^{-2}s^{-1}$；中子流 **J**(**r**, E, t) 與中子通量不同，描述的是單位時間從空間某個方向投射到空間位置處的垂直單位面積上的、其運動方向與垂直面法線方向相同的淨中子數，它是一個向量。按此一般定義，單位時間從空間某個方向投射到空間位置 **r** 處的法線方向為 **n** 的單位面積上的淨中子數為 J(**r**, E, t)=**J** · **n** 是一個純量。在擴散理論中，中子流 **J** 由斐克定律確定，即：

$$\mathbf{J}\,(\mathbf{r}, E, t) = -D\nabla\phi\,(\mathbf{r}, E, t) \tag{6-38}$$

式中 D 為擴散係數，且 $D = \lambda_{tr}/3$；λ_{tr} 是中子輸運平均自由程。如果熱中子能譜遵守麥克斯韋分布 $f(E)$，可用能譜平均的擴散係數代替斐克定律中的 D，則：

$$\overline{D} = \int_0^\infty D(E)f(E)\sqrt{E}\mathrm{d}E\,/\int_0^\infty f(E)\sqrt{E}\mathrm{d}E \tag{6-39}$$

計算反應爐中的中子分布通常採用擴散模型或輸運模型。通用多群擴散方程式可表示為：

$$\frac{\partial n_g(r)}{\partial t} - \nabla D_g \cdot \nabla \phi_g(r) + (\Sigma_{t,g} - \Sigma_{g \to g})\phi_g$$
$$= \sum_{g'=1,\,g' \neq g}^{G} - \Sigma_{g' \to g}\phi'_{g'} + \frac{\chi_{g'}}{k}\sum_{g'=1}^{G}(v\Sigma_{f'})_{g'}\phi_{g'}(\mathbf{r})$$
$$\phi_g(\mathbf{r}) = \int_{E_{g'}}^{E_{g-1}} \phi(\mathbf{r}, E)\mathrm{d}E;\ n_g(\mathbf{r}) = \int_{E_g}^{E_{g-1}} v^{-1}(E)\phi(\mathbf{r}, E)\mathrm{d}E \tag{6-40}$$
$$\chi_g = \int_{E_g}^{E_{g-1}} \chi(E)\mathrm{d}E;\ g = 1, 2, \cdots, G$$

其中，χ_g 是分裂中子出現在 g 能群內的機率，也稱中子的分裂能譜；G 是能

群的總數。所有群常數通常都是能譜平均參數。如果要考慮中子與物質相互作用在反應爐中的各相不同性特性,則應當採用更精確的中子輸運方程式。

二、鏈式反應與分裂反應爐

如圖6-5所示,反應爐燃料元件中的易分裂核吸收一個中子發生分裂,分裂又產生中子、又引起分裂,形成鏈式反應:

$$^{235}U + n \rightarrow {}^{236}U^* \rightarrow \begin{cases} ^{144}Ba + {}^{89}Kr + 3n \\ ^{140}Xe + {}^{94}Sr + 2n \end{cases} \tag{6-41}$$

在純 ^{235}U 體系中,如體積或質量太小,不會達到維持鏈式分裂的條件;體積太大,大部分中子會再引起分裂,鏈式反應過劇烈或引起核爆,所以分裂反應爐都不採用純易分裂材料建造反應爐,按國際原子能機構的規定,民用核反應爐的燃料中的純易分裂材料的富集度(燃料中易分裂材料與重金屬材料的質量分數)都不允許超過20%,所以商用核電反應爐在任何情況下都不會發生核爆。核電廠採用能實現可控制鏈式反應的核反應爐把核能轉換成熱能,再通過冷卻劑把熱能載到能量轉換系統轉換成電能。熱中子引起分裂的反應爐,稱熱中子

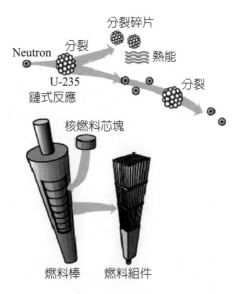

圖6-5　分裂反應爐鏈式分裂反應示意圖

爐；快中子引起分裂的反應爐，稱快中子爐。目前全世界仍在運行的商用核電反應爐都是熱中子爐。

熱中子爐實現自持鏈式反應的條件：中子密度在鏈式反應中不隨時間減少。中子由產生到最後被物質吸收，稱為中子的一代，所經過的時間稱代時間，用 Λ 表示；在無限大的介質中，一個中子經一代所產生的中子數稱為中子的增殖因數，用 k_∞ 表示：

$$k_\infty = \frac{單位時間生成的中子數}{單位時間吸收的中子數} \qquad (6\text{-}42)$$

$k_\infty = 1$，表示無限大介質自持鏈式反應臨界條件。對有限幾何尺寸的反應爐，自持鏈式反應的臨界條件要求 $k_\infty > 1$，因有部分中子會從反應爐表面洩漏，有效增殖因素 k_{eff} 可寫為：

$$k_{\text{eff}} = \frac{單位時間生成的中子數}{單位時間（被吸收＋洩漏）的中子數} \qquad (6\text{-}43)$$

$k_{\text{eff}} = 1$，是自持鏈式反應臨界條件或反應爐臨界條件；$k_{\text{eff}} > 1$，稱超臨界；$k_{\text{eff}} < 1$，稱次臨界。形象描述無窮大熱譜反應爐的臨界條件的有著名的4因數公式。在熱譜反應爐中，部分熱中子被 ^{235}U或 ^{233}U、^{239}Pu等易分裂核吸收，引起核分裂或發生俘獲吸收；還有部分熱中子被 ^{238}U或 ^{232}Th等可分裂材料、慢化劑和結構材料吸收。一代中子在鏈式核分裂過程中將經歷如下幾步驟：①熱中子被吸收；②熱中子被核燃料吸收後引起核分裂發出分裂中子；③分裂發出的高能快中子被核燃料吸收後引起核分裂發出中子；④快中子在慢化成熱中子的過程中逃逸核燃料共振吸收。綜合上述4個序列步驟中子的增減比例，無限大反應爐的中子增殖因數 k_∞ 可用如下4因數公式計算：

$$k_\infty = f\eta\varepsilon p \qquad (6\text{-}44)$$

式中，對均勻介質的熱中子利用因數 $f = \Sigma_{a,U} / (\Sigma_{a,U} + \Sigma_{a,M} + \Sigma_{a,C} + \Sigma_{a,S})$，下標U、M、C、S分別表示鈾燃料、慢化劑、冷卻劑和結構材料；一個熱中子被核

燃料吸收後發出的平均中子數 $\eta = \bar{v}\Sigma_{f,U}/\Sigma_{a,U} = \bar{v}\sigma_{f,U}/(\sigma\Sigma_{f,U}+\sigma\Sigma_{r,U})$ ，$\bar{v}$ 是複合核發生分裂時平均放出的中子數，Σ_f 是分裂材料的宏觀分裂截面，Σ_a 是宏觀吸收截面，包括 ^{235}U、^{238}U、^{239}Pu 等所有重金屬的吸收，且 $\Sigma_a = \Sigma_f + \Sigma_\gamma$ ，而 Σ_γ 是宏觀俘獲截面；快中子分裂因數 ε 是快中子和熱中子引起的分裂產生的總中子數與熱中子分裂產生的中子數之比，根據該定義，所以 $\varepsilon > 1$。中子逃脫共振吸收的機率用 p 表示。計算逃脫共振的方法是根據共振吸收峰的形狀和分布建立的，如布萊特一維格納模型、窄共振無限質量近似等。

　　無論是快中子還是慢中子，如果它們穿過尺寸有限的反應爐表面時，就會有一部分中子洩漏出反應爐而損失掉。用 P_F 和 P_{th} 分別表示快中子和熱中子不淨洩漏出有限尺寸反應爐的機率，一個引起分裂的熱中子到產生下一代分裂的熱中子的中子增殖因數 k_{eff} 為：

$$k_{eff} = f\eta\varepsilon p P_F P_{th} \tag{6-45}$$

　　鈾燃料的成分和布置對反應爐的臨界條件有很大的影響。例如，用天然鈾與石墨均勻混合的介質，當 $N_U : N_C = 1 : 400$，得到的最大 $k_\infty = 0.78$，達不到鏈式反應的臨界條件；而將天然鈾棒 $D_U = 2.5cm$，插入邊長 $= 11cm$ 方純石墨塊中心孔中，並按柵格排列，有：$\varepsilon = 1.028$，$p = 0.905$，$f = 0.888$，$\eta = 1.308$，$k_\infty = 1.0806$。後一種情況下，$k_\infty > 1$ 極有可能搭建出一座可以達到臨界的尺寸有限（直徑約5.5m）的反應爐。

三、核分裂反應爐動力學

　　假設與一座反應爐爐芯時空相關的中子密度 $n(\mathbf{r}, t)$ 或通量 $\varphi(\mathbf{r}, t)$ 可以分離變數表示成空間本徵函數和時間相關函數的乘積，即：$n(\mathbf{r}, t) = \varphi(\mathbf{r})n(t)$ 或 $\varphi(\mathbf{r}, t) = \varphi(\mathbf{r})n(t)$ ，$\varphi(\mathbf{r})$ 稱形狀函數，不隨空間變化的部分 $n(t)$ 稱為幅值函數，描述空間平均的中子密度或通量變化。在考慮了6組先驅核的緩發中子後，$n(t)$ 可用下列點堆動態方程式描述[15]：

$$\rho \equiv \frac{k-1}{k} \; ; \; \Lambda = \frac{l}{k} \Rightarrow \frac{dn}{dt} = \frac{\rho - \beta}{\Lambda} n\,(t) + \sum_{i=1}^{6} \lambda_i c_i(t) \; ;$$

$$\frac{dC_i}{dt} = \frac{\beta_i}{\Lambda} n\,(t) - \lambda_i c_i(t) \; ; \; i = 1, \cdots, 6 \tag{6-46}$$

式中，l是中子的壽命；Λ是中子代時間；ρ是反應性；c_i是第i組分裂先驅核濃度；β_i是第i組緩發中子的份量；β是緩發中子的總份量。

反應性 ρ 隨反應爐溫度的相對變化（$d\rho / dT$）叫做反應性的溫度係數，包括慢化劑的溫度係數 α_m，以及核燃料的溫度係數，即多普勒（Doppler）係數 α_D。反應性係數的單位是pcm/℃（1pcm = 10^{-5}），α_m 主要由兩個影響因數：溫度變化引起的慢化劑密度變化和其吸收性能的變化。對水堆，如果水與鈾的核子數比過大，就可能出現正溫度係數。α_D 是由燃料的多普勒效應引起的，中子與燃料核相互作用時核的熱運動使核對中子的共振吸收峰展寬，中子共振吸收增加，因此 α_D 總是負值。商用反應爐設計一般要求反應爐運行在負溫度係數或負功率係數範圍，保證反應爐在溫度升高時，功率反饋為負反饋。中國大亞灣核電站只有在硼濃度大於2000ppm時，才會在冷停爐狀態下出現正反應性係數，目前都運行在1300ppm以下。此外，反應性 ρ 隨慢化劑空泡份量的相對變化（$d\rho / d\alpha$）叫做反應性的空泡係數，對水堆在水鈾比太大時可能為正值。

反應爐在運行過程中，隨燃耗的加深，分裂碎片會逐漸累積。在分裂產物中有兩種核素 ^{135}Xe和 ^{149}Sm對很大的中子吸收截面，前者的總產額為5.9%，其大部分（5.6%）從 ^{135}I衰變而來；後者產額為1.3%。因 ^{135}Xe的半衰期只有9.2h，所以當反應爐運行足夠長時間後，它的濃度就會達到一個飽和值，由 ^{135}Xe的累積引起的反應爐反應性減少通常稱為「氙中毒」。反應爐停爐後，爐內累積的 ^{135}I會繼續衰減成 ^{135}Xe，其半衰期為6.2h，比 ^{135}Xe衰減得快，結果導致 ^{135}Xe的濃度會在停爐後的一段時間內達到峰值，然後隨 ^{135}Xe的進一步衰減和 ^{135}I的剩餘核不斷減少又會逐漸降低，直到幾乎消失。如果在此過程中，^{135}Xe引起的負反應性在某段時間內比反應爐本身的全部後備反應性（沒有控制棒的反應爐）還大，那麼反應爐就不能臨界，稱反應爐「掉入碘坑」。如果不插入負反應性足夠大的中子吸收體，^{135}Xe的濃度變化還可能出現振盪，也稱「氙振盪」，振盪週期與反應爐本身的特性有關。大亞灣核電站反應爐的氙振盪是收斂的，週期約

30h。因為 ^{149}Sm和其他產物的影響相對較小,但其累積可能影響爐功率分布和後備反應性。

四、反應爐釋熱與冷卻

在一個反應爐爐芯內,熱的釋放率和運行功率,受系統傳熱的限制(又稱熱工限制),而不受核限制。反應爐的釋熱功率必須限制在反應爐爐芯冷卻系統的排熱能力的限制之內,使反應爐爐芯內最高溫度和最大面熱流不超過規定的安全限制。單位時間和單位體積內由核反應釋放的能量稱為體積發熱率 q''',單位為Wm^{-3}。反應爐的體積發熱率主要由核燃料的分裂引起,與中子通量ϕ和核反應的能譜平均宏觀分裂截面$\overline{\Sigma}_f$成正比,比例係數是每次分裂釋放的能量G(約200MeV),因此有:

$$q''' = G\phi\overline{\Sigma}_f = G\phi N_f\overline{\sigma}_f \tag{6-47}$$

式中,N_f是裂變材料的核子密度;$\overline{\sigma}_f$是能譜平均微觀分裂截面。分裂過程釋放的能量分配包括:瞬發的分裂碎片的動能(80.5%),新生快中子的動能和分裂釋放的γ能(5%),緩發能量(約11%,其中約5%的伴隨β衰變的中微子的能量無法回收),以及過剩中子引起的(n, γ)反應的能量(3.5%)。因此,通過反應爐物理計算獲得反應爐爐芯中子通量分布$\phi(\mathbf{r})$後,就可確定反應爐的爐芯體積發熱率分布。爐芯體積發熱率分布還可用來導出燃料元件表面熱流密度的分布,確定冷卻系統是否能提供足夠的冷卻能力,保證反應爐燃料元件在功率運行範圍內不出現傳熱危機或臨界熱流密度,並保證溫度不超過燃料原件材料允許的最高溫度。按反應爐的安全要求,反應爐的熱工設計還要保證反應爐具有適當的熱工安全保險係數。例如,美國EPRI和歐洲EUR文件都要求新建先進輕水堆應當具有15%的熱工安全保險係數。按保守設計,通常假設爐芯發熱全部從燃料材料中發出。因此可以近似地將燃料材料與爐芯的體積比作為比例因數,把反應爐的體積發熱率q'''分布轉換成反應爐燃料材料的體積發熱率q'''_h分布。如果燃料與爐芯的體積比在全爐芯各柵元(如典型的燃料與冷卻劑組成的燃料元件獲燃料棒柵元)基本相等,那麼$q'''_h \approx q'''V_F / V$,$V_F$和$V$是爐芯燃料的總體積和爐芯的總體積。在確定了燃料的體積釋熱率分布及燃料元件的結構

後，就可以計算燃料和燃料包殼內的溫度分布，採用下列的熱傳導方程式：

$$\frac{\partial T_F}{\partial t} = \frac{1}{\rho_F c_{p,F}} \nabla \cdot (k_F \nabla T_F) + \frac{q'''_h}{\rho_F c_{p,F}} \ ; \ \frac{\partial T_c}{\partial t} = \frac{1}{\rho_C c_{p,.C}} \nabla \cdot (k_c \nabla T_c) \tag{6-48}$$

其中第一式用於燃料區，第二式用於燃料包殼區。定解條件是在燃料與包殼介面，以及包殼與冷卻劑介面傳熱條件。在反應爐熱工設計中，通常都採用牛頓交換熱公式（6-49）：

$$q'''_{c,.w} = h(T_{c,w} - T_f) \tag{6-49}$$

式（6-49）中，h 是燃料包殼外表面與冷卻劑主流體之間換熱關係式，一般採用無單位經驗關係式，具體的經驗關係式因燃料原件的幾何結構、冷卻劑沖刷方式等不同變化很大，可參考有關反應爐熱工的文獻。

水堆熱工設計的一個最重要的安全準則是最小偏離泡核沸騰比MDNBR，其定義為：

$$MDNBR = \min \left[q''_{CHF}(\mathbf{r}) / q''_{c,w}(\mathbf{r}) \right] \tag{6-50}$$

也就是爐芯燃料元件某點表面的基於實驗資料的臨界熱流密度與該點實際熱流密度之比的最小值。涉及基於實驗資料整理的臨界熱流密度的經驗關係式 q''_{CHF} 和從名義熱流密度計算實際熱流密度計算時必須考慮的各種不利因素引起的不確定性。安全設計要求MDNBR > 1，為了留有安全係數，目前商用核電站的MDNBR約1.1～1.3。

反應爐停爐後，功率不會馬上停下來，而是首先迅速衰減到一個較低的功率水準後，並較長時間保持在放射性分裂碎片的衰減釋熱（餘熱）的功率水準上。所以核電站反應爐系統還設置有餘熱排除系統，對反應爐進行長期冷卻。可用下列公式（6-51）計算：

$$\frac{Q_s(t)}{Q(0)} = [0.1\,(t+10)^{-0.2} - 0.087\,(t+2\times10^7)^{-0.2}] - [0.1\,(t+t_0+10)^{-0.2}$$
$$- 0.087\,(t+t_0+2\times10^7)^{-0.2}] \qquad (6\text{-}51)$$

式中，$Q_s(t)/Q(0)$表示餘熱功率與停爐時的功率比；t_0是反應爐在$Q(0)$功率下運行的時間，s；t是停爐後的時間，s。目前在工程上有專門計算餘熱的程式和資料庫，可以進行更精確的計算。冷卻系統不但要保證正常運行，還要保證事故停爐後反應爐爐芯獲得足夠的冷卻。反應爐的結構設計，必須保證爐芯冷卻系統在運行和事故下的結構和功能完整性的、緊急停爐系統的可靠性，以保證反應爐的功率處於可控狀態。

6.3.2 商用核電站的工作原理

一個100萬千瓦的核電站每年只需要補充30t左右的核燃料，而同樣規模的燒煤電廠每年要燒煤300萬噸。圖6-6為典型M310壓水堆PWR，中國大亞灣核電站

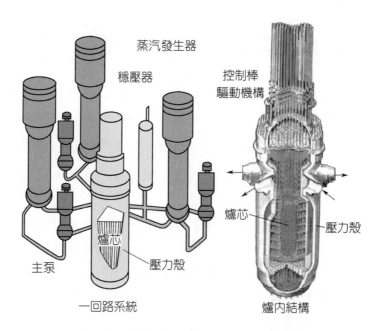

圖6-6 典型三個環路的100萬千瓦核電站壓水堆

採用這種反應爐。反應爐爐芯由燃料元件構成，安裝在能承受高壓的壓力容器內，冷卻水在主冷卻泵的驅動下流過爐芯將爐芯釋熱載出，通過一回路管道流進蒸發器內，再通過蒸發器內的傳熱管將熱量傳遞給蒸發器二次側產生蒸汽，蒸汽再推動汽輪機發電。

　　核能發電的原理與普通火電廠差別不大，只是產生蒸汽的方式不同。核電廠用核燃料釋放出的核分裂能加熱蒸發器的水產生蒸汽，而火電廠是用燃燒礦物燃料加熱鍋爐裡的水產生蒸汽。壓水堆核電廠發電原理示意圖，如圖6-7。目前世界上仍在運行的商用核電站的反應爐類型主要有壓水堆、沸水堆、石墨氣冷堆、石墨水冷堆和重水堆。壓水堆和沸水堆都用輕水做冷卻劑和慢化劑；石墨氣冷堆用石墨做慢化劑，用CO_2氣體做冷卻劑；石墨水冷堆則用石墨做慢化劑，用輕水或重水做冷卻劑；而重水堆則用重水做慢化劑和冷卻劑。正常運行時，壓水堆冷卻爐芯的水工作在高溫高壓的單相水狀態，不直接產生蒸汽，而是將爐芯的核分裂能載到蒸發器，然後通過傳熱的方式將蒸發器二次測量的冷卻劑加熱並產生蒸汽。

　　沸水堆的蒸汽直接在反應爐壓力容器中產生，功率運行時爐芯冷卻劑處於沸騰的工作狀態，一方面產生蒸汽發電，另一方面冷卻爐芯，從熱力學的角度又稱為直接迴圈發電。世界核電工業的沸水堆數量約有90臺機組。目前英國還有40座石墨氣冷堆核電機組還在運行，前蘇聯地區還有17座石墨水冷堆還在運

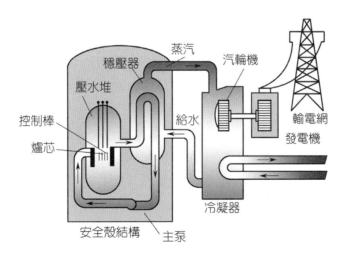

圖6-7　壓水堆核電廠發電原理示意圖

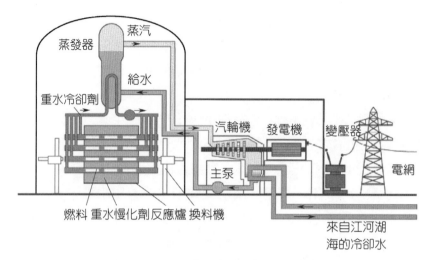

圖6-8　CANDU堆核電站發電流程示意圖

（AECL，核反應爐怎樣發電，http://www.aecl.cn/nuclear/fission.htm, 2006）

行。用於商用發電的重水反應爐技術是非常成功的，其中主要的堆型CANDU由加拿大原子能有限公司（AECL）開發，爐芯燃料管道水平布置在一個裝有重水慢化劑的水平放置的容器內，可以通過特殊的換料設備對裝載每根燃料管內的串聯排列的燃料元件實行連續換料。世界上大約有近40臺重水堆核電機組，分布在加拿大、印度、韓國和中國等7個國家，其中中國有兩臺機組，其發電流程見圖6-8。

6.3.3　商用核電站的安全性

在1979年，美國三哩島核電廠發生爐熔事故前（1974年），全世界核能界就對已有核電反應爐技術和管理制度及規程進行了嚴肅的反思，而且已經認識到核能存在出現嚴重事故的風險，提出了希望從技術上進行革新，設計一種不會發生爐芯熔化的固有安全反應爐。1986年4月，前蘇聯車諾比核電站4號機組發生解體的核災難，迫使核工業界採取了行動，把「固有安全反應爐」稱為「具有非能動安全特性」的革新型反應爐，並相繼展開了具有商業規模的研發和設計工作（見表6-1）。

表6-1　可供近期部署選擇的新一代核電反應爐

爐型	供應商	特　點
ABWR	GE	1350MWe，沸水堆，美國核管會認證，已在日本運行
SWR	法瑪通-NP	1013MWe，沸水堆，設計滿足歐洲要求
ESBWR	GE	1380MWe，沸水堆，非能動安全，正在進行商業規模研發
EPR	ARIVA	1600MWe，壓水堆，設計滿足歐洲要求，芬蘭已開始建設
AP1000	西屋	1090MWe，壓水堆，非能動安全，美國核管會認證
IRIS	西屋	100～300MWe，一體化壓水堆，正在商業規模開發
PBMR	ESKOM	110MWe，包覆顆粒燃料球床模組化，氦氣直接迴圈，為南非建商業開發
GT-MHR	GA	288MWe，包覆顆粒燃料棱柱模組化，氦氣直接迴圈，正研發，在俄羅斯建造

　　在隨後的幾10年裡，技術創新路線和管理制度創新路線都得到了具體實踐。可是，由於世界核電市場的急劇和持久的不振，這些革新設計的反應爐的研發雖然都取得令人鼓舞的技術進步，但都未能最終進入市場。然而，管理制度創新路線的實踐卻取得了實質性的成功，美國核管會的監管技術和監管法規得到了有效的加強，以機率風險分析（PSA）為代表的技術和配套的管理法規在核電安全管理制度和文化的建立中起到了關鍵作用，美國和法國等世界核電大國的核安全記錄在最近15年一直保持在優質的水準，再沒有出現重大核事故，機組的平均可用率已經逐漸從20年前的不足70%提高到目前的90%左右。

　　事實上，商用核電反應爐的安全性始於其工程設計階段。首先對大多數現有核電系統都遵守多層實體屏障的設計準則，設置了防止放射性物質外洩的多道實體屏障，對輕水堆主要包括三道實體屏障：燃料芯塊與包殼、壓力殼與一回路壓力邊界和安全殼。只要有一道實體屏障是完整的，就不會發生放射性物質對環境的洩漏，造成對公眾的輻照傷害和對環境的污染。除設計階段的安全考慮外，核電站安全管理策略也遵從縱深防禦的原則，從設備和措施上提供多層次的重疊保護，確保反應爐的功率能得到有效控制，爐芯得到足夠的冷卻，分裂產物被有效包容。縱深防禦層次描述如下：①在核電站設計和建造中，採用保守設計，進行質量保證和監督，使核電站設計、建造質量和安全得到有效保證；②監察運行，及時處理不正常狀況，排除故障；③必要時啟動由設計提供的安全系統和保護系統，防止設備故障和人為差錯演變成事故；④啟用核電

站安全系統，加強事故中的電站管理，防止事故擴大，保護安全殼廠房；⑤發生嚴重事故，並有放射性物質對外洩漏時，啟動廠內外應急回應計畫，減輕事故對環境和居民的影響。遵從縱深防禦的管理原則，可以使互相支援的保護層有效地起作用，系統不會因某一層次的保護措施失效而釀成災難性的損壞，從而增強核電站的安全性。

6.4　核能的新紀元

6.4.1　核分裂發電技術的選擇

20世紀後20年，人類在新材料、電腦自動控制、緊密加工等技術領域都取得了飛速發展。經濟可永續發展要求和全球變暖的環境壓力為核能的發展開闢了新的機遇。ABWR、AP1000、EPR等新一代商用技術基本成熟；氣冷快堆、鈉冷快堆、鉛冷快堆、超常高溫氣冷堆、超臨界輕水堆、熔鹽堆等性能指標更高的第四代新型核分裂爐的研發已經啟動；核能製氫、海水淡化、供熱等多用途核能利用技術已獲得高度關注，核能的第二春天正在來臨。目前世界能源供應的模式不是可持續的，必須進行重大調整，同時也為核電帶來了快速發展的機會。

為迎接核能的新紀元的到來，目前國際核電發展的主流是：近期部署已經基本完成或在2010年前能夠完成商業研發的新一代核電反應爐，主要是第三代先進輕水堆和高溫氣冷堆，主要的爐型包括AP1000、EPR、ESBWR、SWR、GT-MHR和PBMR，以及目前已經在日本投入運行的ABWR等；中遠期部署是能夠在2030年左右完成商業技術開發的第四代先進核能系統。

在預期近期可投入市場開發的各種先進反應爐中，除GT-MHR和PBMR外，都是基本達到可進行商業建造水準的技術成熟的革新型先進輕水堆，見表6-2。GT-MHR和PBMR是兩種技術比較成熟的石墨慢化和氦氣冷卻的熱中子譜高溫氣冷堆（圖6-9、圖6-10）。

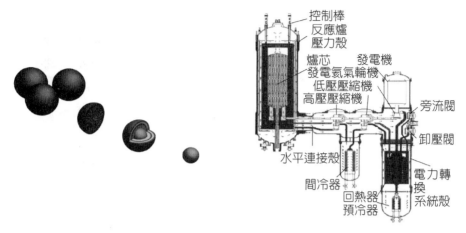

<u>圖6-9</u>　PBMR包覆顆粒燃料、燃料球和PBMR結構布置圖

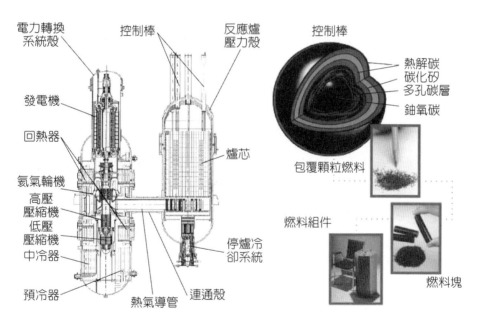

<u>圖6-10</u>　GT-MHR結構布置、包覆顆粒燃料、燃料塊和燃料組件

表6-2　幾種選定的GEN-Ⅳ反應爐

爐型	縮寫	能譜	燃料循環
氣冷卻堆系統	GFR	快	閉式
鉛合金冷卻堆系統	LFR	快	閉式
熔鹽堆系統	MSR	熱	閉式
鈉冷卻堆系統	SFR	快	一次
超臨界水冷堆系統	SCWR	熱和快	一次／閉式
超常高溫堆系統	VHTR	熱	閉式

　　GT-MHR主要基於美國AG公司開發的柱狀高溫氣冷堆技術（1974年關閉的40MW的桃花谷-1和1989年關閉的330MW聖福倫堡堆）。日本原子能研究院（JAERI）從1990年開始籌建熱功率為30MW的棱柱高溫氣冷實驗堆HTTR，並於1998年首次達到臨界，2002年開始在850℃爐芯出口溫度下進行滿功率穩定運行，2004年爐芯出口溫度在滿功率的條件下完成從850℃升高到950℃的運行實驗，是繼德國46MW熱功率實驗高溫氣冷堆AVR於1974年2月到達過950℃的爐芯出口溫度之後，世界第2座高溫氣冷試驗堆達到過這樣高的溫度，也是目前世界上唯一能達到950℃的爐芯出口溫度的先進反應爐。PBMR 的技術主要基於德國早期開發的球床堆技術（在1988年關閉的約300MW的示範高溫氣冷堆THTR和13MW的實驗高溫氣冷堆AVR），包覆顆粒燃料被彌散地封裝直徑為60mm的燃料球內，爐芯由幾十萬個這樣的燃料球在一個壓力容器內用石墨砌成的球床內堆成，在運行中可以實現反應爐的連續換料。PBMR爐芯出口溫度設計運行在900℃，最新設計採用日本三菱公司研發的臥式氦氣輪機直接迴圈發電，設計淨發電效率可達到44%。中國建成的10MW熱功率高溫期冷實驗堆也是以德國早期開發的球床堆技術為基礎，是目前世界上仍在役的唯一球床式高溫氣冷堆。顯然，美國和德國留下的寶貴技術遺產為今天重新進行高溫氣冷堆的商用開發提供了高起點的技術平臺。

　　可永續發展成了人類進入新世紀之後所面臨的首要問題。面對挑戰，國際核能界正在進行多方面的研究和調整，其中一項舉措就是對第四代核能系統（以下簡稱Gen-Ⅳ）的研發。按廣泛被接受的觀點，已有的核能系統分為三代：①20世紀50年代末至60年代初世界上建造的第一批原型核電站；②60年代至70年代世界上大批建造的單機容量在600～1400MW標準型核電站，它們是目前世界上正在運行的444座核電站的主體；③80年代開始發展、在90年代末開始

投入市場的ALWR核電站。Gen-IV的概念最先是在1999年6月召開的美國核學會年會上提出的。隨後在2000年組建了Gen-IV國際論壇，目標是在2030年左右，向市場上提供能很好解決核能經濟性、安全性、廢物處理和防止核擴散問題的第四代核能系統。

6.4.2 Gen-IV的研發目標與原則

研發Gen-IV的目標有三類：可持續能力、安全可靠性和經濟性。

一、可持續能力目標

可持續能力目標：①為全世界提供滿足潔淨空氣要求、長期可靠、燃料有效利用的可持續能源；②產生的核廢料量極少；採用的核廢料管理方式將既能妥善地對核廢料進行安全處置，又能顯著減少工作人員的被輻射劑的劑量，從而改進對公眾健康和環境的保護；③把商業性核燃料迴圈導致的核擴散可能性限定在最低限度，使其難以轉為軍事用途，並為防止恐怖活動提供更有效的實體屏障。

二、安全可靠性目標

安全可靠性目標：①在安全、可靠運行方面將明顯優於其他核能系統。這個目標是通過減少能誘發事故和人為因素問題的數量來提高運行的安全性和可靠性，並進一步提高核能系統的經濟性、支援提高核能公信度。②Gen-IV爐芯損壞的可能性極低；即使損壞，程度也很輕。這一目標對業主是至關重要的。多年來，人們一直在致力於降低爐芯損壞的機率。③在事故條件下無廠外釋放，不需要廠外應急。

三、經濟性目標

經濟目標1：Gen-IV在全壽期內的經濟性明顯優於其他能源系統，全壽期成本包括四個主要部分：建設投資、運行和維修成本、燃料迴圈成本、退役和淨化成本。經濟目標2：Gen-IV的財務風險程度與其他能源專案相當。

6.4.3　選定的GEN-Ⅳ反應爐

　　在六種最有希望的Gen-Ⅳ概念中,快中子堆有三或四種。中國核電發展的戰略路線也是近期發展熱中子反應爐核電站,中長期發展快中子反應爐核電站。熱中子反應爐不能利用占天然鈾99%以上的U-238,而快中子增殖反應爐利用中子實現核分裂及增殖,可使天然鈾的利用率從1%提高到60%～70%。根據趙仁愷院士分析,分裂熱堆如果採用核燃料一次通過的技術路線,則中國的鈾資源僅夠數10年所需;如果採用鈾鈈迴圈的技術路線,發展快中子增殖堆,鈾資源將可保證中國能源可永續發展。總體來看,快堆技術仍需相當規模的研發。

一、氣冷快堆(GFR)

　　GFR是快中子能譜反應爐,採用氦氣冷卻、閉式燃料迴圈。與氦氣冷卻的熱中子能譜反應爐一樣,GFR的爐芯出口氦氣冷卻劑溫度很高,可達850℃。可以用於發電、製氫和供熱。氦氣氣輪機採用布雷頓直接迴圈發電,電功率288MWe,熱效率可達48%。產生的放射性廢物極少和有效地利用鈾資源是GFR的兩大特點。

　　技術上有待解決的問題有:用於快中子能譜的燃料、GFR爐芯設計、GFR的安全性研究(如餘熱排除、承壓安全殼設計等)、新的燃料迴圈和處理方法開發、相關材料和高性能氦氣氣輪機的研發。GFR概念設計見圖6-11。

二、鉛冷快堆(LFR)

　　LFR是採用鉛或鉛/鉍共溶低熔點液態金屬冷卻的快堆。燃料迴圈為閉式,可實現鈾238的有效轉換和錒系元素的有效管理。LFR採用閉式燃料迴圈回收錒系元素,核電廠當地燃料迴圈中心負責燃料供應和後處理。可以選擇一系列不同的電廠容量:50～150MWe級、300～400MWe級和1200MWe級。燃料是包含增殖鈾或超鈾在內的重金屬或氮化物。LFR採用自然迴圈冷卻,反應爐出口冷卻劑溫度550℃,採用先進材料則可達800℃。在這種高溫下,可用熱化學過程來製氫。LFR概念設計見圖6-12。

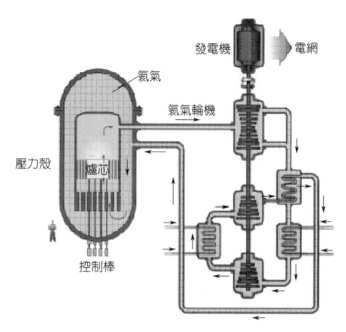

圖6-11 氣冷快堆示意圖

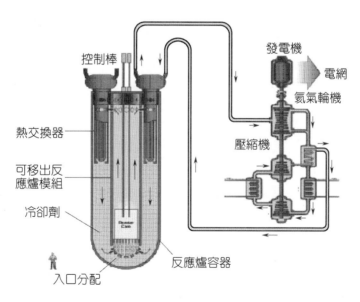

圖6-12 鉛冷快堆示意圖

　　50～150MWe級的LFR是小容量交鑰匙機組，可在工廠建造，以閉式燃料迴圈運行，配備有換料週期很長（15～20年）的盒式爐芯或可更換的反應爐模組。符合小電網的電力生產需求，也適用於那些受國際核不擴散條約限制或不準備在本土建立燃料循環體系的國家。

　　LFR技術上有待解決的問題有：爐芯材料的相容性，導熱材料的相容性。研發內容有：傳熱部件設計所需的基礎資料、結構的工廠化製造能力及其成本效益分析、冷卻劑的化學檢測和控制技術、開發能量轉換技術以利用新革新技術、研發核熱源和不採用蘭金（Rankine）迴圈的能量轉換裝置間的耦合技術。

三、熔鹽反應爐（MSR）

　　由於熔融鹽氟化物在噴氣發動機溫度下具有很低的蒸汽壓力，傳熱性能好，無輻射，與空氣、水都不發生劇烈反應（圖6-13），20世紀50年代人們就開始將熔融鹽技術用於商用發電爐。參考電站的電功率為百萬千瓦級，爐芯出口溫度700℃，也可達800℃，以提高熱效率。MSR採用的閉式燃料迴圈能夠獲得鈈的高燃耗和最少的錒系元素。熔融氟化鹽具有良好的傳熱特徵和低蒸汽壓力，降低了容器和管道的應力。

　　MSR技術上有待解決的問題有：鋼系元素和鑭系元素的溶解性，材料的相容性，鹽的處理、分離和再處理方法，燃料開發，腐蝕和脆化研究，熔鹽的化學控制，石墨密封方法和石墨穩定性改進和試驗。

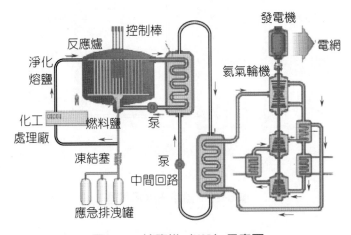

圖6-13　熔鹽堆（MSR）示意圖

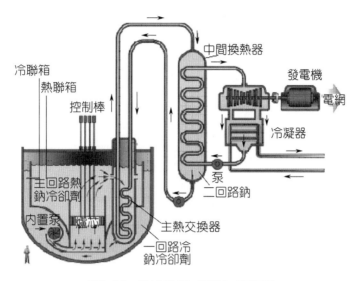

圖6-14　鈉冷快堆（SFR）示意圖

四、鈉冷快堆（SFR）

SFR是用金屬鈉作冷卻劑的快譜堆，採用閉式燃料迴圈方式，能有效管理鋼系元素和鈾-238的轉換。燃料迴圈採用完全鋼系再迴圈，所用的燃料有兩種：中等容量以下（150～500MWe）的鈉冷堆，使用鈾－鈽－少鋼元素－鋯金屬合金燃料；中等到大容量（500～1500MWe）的鈉冷堆，使用MOX燃料，兩者的出口溫度都近550℃。鈉在98℃時熔化，883℃時沸騰，具有高於大多數金屬的比熱容和良好的導熱性能，而且價格較低，適合用作反應爐的冷卻劑。SFR是為管理高放廢物、特別是管理鈽和其他鋼系元素而設計的，見圖6-14。

SFR技術上有待解決的問題有：99%的鋼系元素能夠再迴圈，燃料迴圈的產物具有很高的濃縮度，不易向環境釋放放射性，並確保在燃料迴圈的任何階段都無法分離出鈽元素；完成燃料資料庫，包括用新燃料迴圈方法製造的燃料的放射性能資料，研發在役檢測和在役維修技術；降低投資並確保主要事故有非能動的安全回應。

五、超臨界水冷堆（SCWR）

SCWR（圖6-15）是運行在水臨界點（374℃、22.1MPa）以上的高溫、高壓水冷堆。SCWR使用既具有液體性質又具有氣體性質的「超臨界水」作冷卻劑，

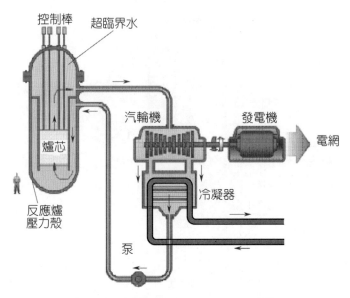

圖6-15　超臨界水堆（SCWR）示意圖

44%的熱效率遠優於普通的「輕水」堆。 SCWR使用氧化鈾燃料，既適用於熱中子譜，也適用於快中子譜。

　　SCWR結合了兩種成熟技術：輕水反應爐技術和超臨界燃煤電廠技術，從而大大簡化堆構件和BOP系統。同功率下，SCWR尺寸只有一般輕水反應爐的一半，所以單堆功率可達1700MWe，預計建造成本僅$900/kW。因此，SCWR在經濟上有極大的競爭力。

　　SCWR技術上有待解決的技術問題有：①結構材料、燃料結構材料和包殼結構材料要能耐極高的溫度、壓力，以及爐芯內的輻照、應力腐蝕斷裂、輻射分解和脆變和蠕變；②SCWR的安全性；③運行穩定性和控制；④防止啟動出現失控；⑤SCWR核電站的工程優化設計。

六、超常高溫氣冷堆系統（VHTR）

　　VHTR（圖6-16）是模組化高溫氣冷堆的進一步發展，採用石墨慢化、氦氣冷卻、鈾燃料一次通過。燃料溫度可承受高達1800℃，冷卻劑出口溫度可達1000℃以上，熱功率為600MW，有良好的非能動安全特性，熱效率超過50%，易於模組化，能有效地向碘一硫（I.S）熱化學或高溫電解製氫方法流程提供或

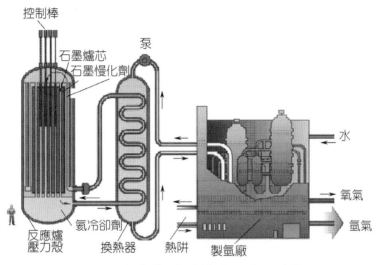

控制棒

石墨爐芯
石墨慢化劑

泵

水

氧氣

氫氣

反應爐
壓力殼

氦冷卻劑

換熱器

熱阱

製氫廠

圖6-16 超常高溫氣冷堆（VHTR）示意圖

其他工業提供高溫方法熱，經濟上競爭力強。

6.5 未來的新型核能

依照經濟和社會發展的規律，只有保證有能力為未來的經濟和社會提供充足和廉價的能源，人類的經濟發展和生活環境才能維持高標準的繁榮和諧。如果把能源安全的全部押在可再生能源上，將是極不明智的。保持技術上的其他選擇是必要的，因為核分裂技術和熱核聚變技術都可能成為保持未來世界可持續能源供應的技術選擇。

6.5.1 核分裂（變）能園區（圖6-17）

前述GEN-IV核能系統的研發目標或許過於理想，使任何單一分裂爐型都難以完全滿足所有目標。GEN-IV計畫的另一技術概念是在同一個廠址優化組建核分裂能園區，包括各種先進反應爐和燃料加工廠，使園區作為一個整體滿足GEN-IV的可持續性、安全可靠性和經濟性的全部目標。核分裂園區可由兩個層次的系統組成：一是優化組合有經濟競爭力的，並能高效利用核燃料的核能系

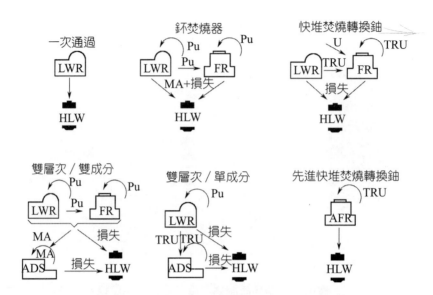

圖6-17　為鈈回收和次錒元素嬗變把先進反應爐和燃料生產廠組合成核分裂（變）園區的模式

FR-快堆；ADS-加速器驅動系統；AFR-未來的先進快堆；TRU-超鈾元素；
MA-次錒元素；Pu-元素；HLM-重水堆；LWR-輕水堆

統；二是建立輔助的長壽期核廢物焚燒器和燃料轉換裝置，主要是組合了加速器驅動的次臨界裂變反應爐。

6.5.2　加速器驅動的次臨界潔淨核能系統

　　加速器驅動次臨界潔淨核能系統（Accelerator Driven Sub. Critical System, ADS），是利用加速器加速的高能質子與重靶核（如鉛）發生散裂反應，一個質子引起的散裂反應可產生幾十個中子，用散裂產生的高能中子作為中子源來驅動次臨界包層系統，使系統維持鏈式反應，以得到能量和利用多餘的中子增殖核材料和嬗變核廢物，它主要致力於：①充分利用可分裂核材料 ^{238}U 和 ^{232}Th；②嬗變危害環境的長壽命核廢物（次量錒系核素及某些分裂產物），降低放射性廢物的儲量及其毒性；③根本上杜絕核臨界事故的可能性，提高公眾對核能的接受程度。該想法在20世紀90年代一經提出就受到核能界的重視。中國從1995年開始展開ADS系統物理可行性和次臨界爐芯物理特性為重點的研究工

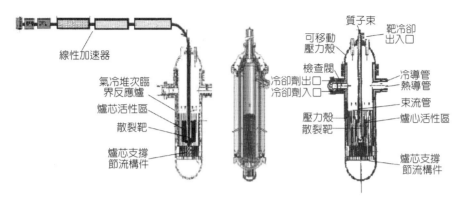

圖6-18 氣冷ADS次臨界反應爐、散裂靶及加速器結構布置圖

作,對展開ADS研究的戰略意義做了充分的肯定。ADS可用氣冷堆、鉛冷堆和熔鹽堆都與質子加速器或高能電子加速器相耦合,實現焚燒靶件中的次鋼元素。圖6-18是氣冷ADS系統的示意圖。

6.5.3 核聚變點火與約束

從核子物理的基本知識已知,輕核、特別是核素表最前面幾個核的比結合能很低。氘核的比結合能僅為1.112MeV,而 ^{4}He的比結合能是7.075MeV。因此,當4個氫核或2個氘核聚變成一個氦核時,將釋放出巨大的能量,分別為每個核子7MeV和6MeV。

輕核的聚變能放出比重核裂變更大的比結合能。世界石化能源的儲量有限(約40×10^{21}J),而分裂能(約575×10^{21}J)的儲量比石化能儲量多10～15倍,海水的聚變能幾乎取之不盡(約5×10^{31}J)。顯然,核聚變能是人類可永續發展的最終解決方案之一。礦物燃料的燃燒污染空氣並排放二氧化碳;核分裂會產生高放射水平的放射性廢物;蒐集微弱的太陽能需要大量的水泥、鋼鐵、玻璃和其他材料,其生產也有大量的污染排放。地球上容易實現的核聚變是D-T和D-D核聚變:

$$D + T \rightarrow \text{He} + 17.58\text{MeV} \;;\; D + D \rightarrow \begin{cases} ^3\text{He} + n + 3.27\text{MeV} \\ T + p + 4.04\text{MeV} \end{cases} \qquad (6\text{-}52)$$

式中，D、T分別為氫的同位素氘與氚；n, p 分別為中子與質子。

其核聚變反應截面和入射氘核的能量 E_d 間的經驗關係式可分別表示為：

$$\sigma_{D-T} = \frac{6 \times 10^4}{E_d} \exp\left(-47.4/\sqrt{E_d}\right) \; ; \; \sigma_{D-D} = \frac{2.88 \times 10^2}{E_d} \exp\left(-45.8/\sqrt{E_d}\right) \qquad (6\text{-}53)$$

D是天然存在的，可從海水中提取。天然材料 ^{6}Li和 ^{7}Li在地球上的儲量很大，已探明質量好的Li礦可供人類使用超過百年，總儲量可供人類數百萬年的消耗。D-T核聚變僅是聚變能利用的開始，一旦D-D核聚變取得成功，人類將徹底解決可永續發展的能源供應問題。處於等離子態的物質稱第4態物質，把等離子約束在一定區域，維持一段時間，使輕核產生核聚變反應，稱熱核反應。為達到熱核聚變，對產生的輕核等離子體的溫度、密度和約束時間將有一定的要求，稱為勞森（Lawson）判據：

$$3nkT + P_b\tau \leq P_R\tau \qquad (6\text{-}54)$$

其中，假定等離子體中具有相同密度 n 和溫度 T；k 是玻耳茲曼常數；系統的輸出能量來源於熱核聚變，聚變功率為 P_R；軔致輻射功率為 P_b；等離子體約束時間為 τ，通常把滿足勞森判據等號的條件稱為點火條件。

輕核聚變沒有鏈式反應爐那樣對燃料的裝載有臨界質量的要求，原則上只要能產生讓兩個參與聚變反應的核接近到能夠克服核外電子庫侖散射的條件（約fm），任何質量的參與聚變反應的兩個核就可以發生聚變反應。因此，很早就有科學家建議用小型氫彈爆炸進行開山鑿河等和平利用目的，例如「氫彈之父」特勒就建議用「和平核爆」的方法在封閉性很好的岩鹽內鑿洞進行小當量衝擊波很小的氫彈爆炸，然後通過在洞壁布置能量吸收包殼的方式吸收爆炸能量，並通過常規熱機迴圈裝置轉換為電能。這種方式在技術上應沒有多大的難度，但從防止核武技術擴散的角度和有核國家承擔的國際禁爆義務看，實際上這種方法是不可行的。

6.5.4 聚變—分裂（變）混合堆系統

為提高核分裂爐的燃料利用率，可以利用包層中填充了可轉換材料（^{238}U 或 ^{232}Th）的托卡馬克核聚變裝置，既作為增殖材料的生產裝置，又作為核分裂變能釋放裝置，稱為聚變—分裂變混合堆。混合堆對核聚變反應條件的要求比純聚變堆低得多，因此降低了關鍵工程技術研發的難度，有比純聚變堆更早投入實際應用的潛力。從現實核聚變反應的角度看，因為核聚變放出的中子能量很高，同等功率下混合堆核燃料增殖效果比裂變堆更好。可作為聚變能源的一種過渡。

早在1953年。美國洛倫茲—利沃莫國家實驗室（LLNL）就提出過建造聚變—分裂變混合堆的建議，但直到1970年代後期才受到重視。聚變—分裂變混合堆還曾被視為增殖核燃料的重要途徑之一，後來因各種原因美國放棄了對混合堆的支援。中國在國家863高技術計畫的支援下，在已有幾10年核聚變研究的技術基礎上對混合堆進行了初步的研發，取得令世界矚目的成就（圖6-19）。顯然，混合堆在繼承了聚變堆的優勢的同時，也繼承了分裂堆的固有弱點，其放射性分裂產物釋放的風險和核燃料被轉移的風險不可低估。

6.5.5 磁約束聚變能系統（MFE）

一、磁約束核聚變堆的工作原理

磁約束就是用磁場來約束等離子體中的帶電粒子使其不逃逸出約束體的方法。約束等離子體的磁場就是磁力相互作用的空間。在電磁學裡磁場通常用磁力線描述，帶電粒子不能橫越磁力線運動，所以帶電粒子在垂直於磁場的方向上被約束住了，但仍可在磁力線方向自由運動。產生帶有剪切的環形螺旋磁力線是磁約束等離子體的一種很好的方式，這種裝置叫做托卡馬克（Tokamak），圖6-20表示托卡馬克磁約束原理和約束磁場線圈布置。

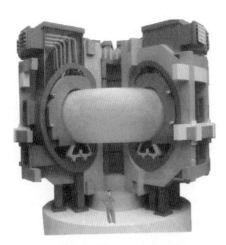

圖6-19 中國聚變—分裂變混合堆設計

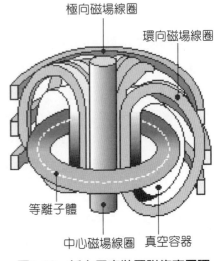

極向磁場線圈

環向磁場線圈

等離子體

中心磁場線圈　真空容器

圖6-20 托卡馬克裝置磁約束原理

二、ITER計畫

　　美、蘇首腦1985年提出了設計和建造國際熱核聚變實驗堆ITER（International Thermonuclear Experimental Reactor）的倡議。1998年，美、俄、歐、日四方共同完成了工程設計（EDA）及部分技術預研。根據EDA設計，預計建設投資為100億美元。ITER四方在1998年接受工程設計報告後開始考慮修改原設計，力求在滿足主要目標的前提下，大幅度降低建設投資。1999年美國宣布退出ITER計畫，歐盟等國、日、俄經過3年努力，完成了ITER-FEAT（ITER. Fusion Energy Advanced Tokamak）的設計及大部分部件與技術的研發，將造價降至約46億美元，並建議建造一個新的試驗裝置ITER（其設計如圖6-21所示），使之能夠持續數分鐘產生幾十萬千瓦的聚變能。目前，國際上參加ITER計畫的正式成員國家包括歐盟等國、日本、俄國、中國、韓國、美國和印度。2005年正式選定法國Cadarache為ITER的廠址，計畫於2018年左右建成，ITER計畫的實施已經進入實質性階段。

　　ITER是基於超導托卡馬克概念的裝置，其磁場由浸泡在−269℃的低溫液氦中的超導線圈產生。ITER計畫的等離子放電間隔是400s，足以提供令人信服的科學和技術示範。等離子體中的環流達到1500萬安培。等離子體採用電磁波或高能粒子束加熱，允許等離子體在堆芯被加熱到超過1億度，核聚變反應由此熱

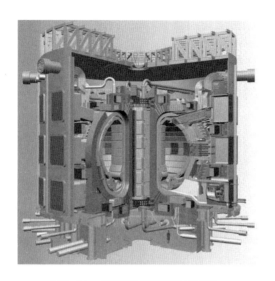

圖6-21　ITER裝置總體布置圖

量產生。注入ITER裝置的熱功率是50MW，產生的核聚變功率是500MW，能量增加10倍。ITER裝置的燃料是氘和氚。ITER作為世界第一個熱核聚變實驗堆，它將為人類發展聚變動力提供重要的工程實驗平臺。

三、磁約束核聚變能發電的前景

　　由於ITER的國際合作框架已經確定、廠址已經選定、國際合作研發協定也已經簽署。雖然，全球科學界主流對ITER能否達到預期的驗證「磁約束核聚變發電可行性」的目標持樂觀的態度，但同時也有一部分人持謹慎的懷疑態度。

6.5.6　慣性約束聚變能系統（IFE）

　　容易實現的慣性核聚變是由高能雷射光束直接或間接燒蝕由表面凝結有D、T核素的靶丸，產生高溫高壓的約束力，並在等離子態約束D、T核，引發核聚變，核聚變釋放的熱又進一步在等離子體狀態使D、T核保持約束和產生有效的D-T核聚變（圖6-22）。1000MWe的慣性聚變能電廠將最可能使用類似於大多數燃煤電廠用的蒸汽渦輪和發電機（圖6-23）。它將沒有大鍋爐、高煙囪，也不用每天從火車卸下8000t煤的設備，但它有三個分開的設施：一個靶腔與熱回收

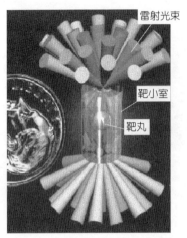

雷射光束

靶小室

靶丸

(a) ICF靶丸間接燒蝕示意

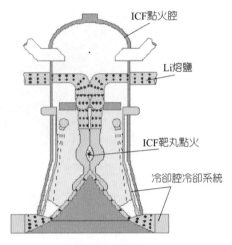

ICF點火腔

Li熔鹽

ICF靶丸點火

冷卻腔冷卻系統

(b) ICF聚變點火腔示意

圖6-22　ICF靶丸燒蝕和點火腔示意圖

慣性聚變電廠

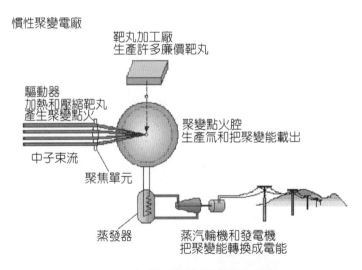

靶丸加工廠
生產許多廉價靶丸

驅動器
加熱和壓縮靶丸
產生聚變點火

聚變點火腔
生產氚和把聚變能載出

中子束流

聚焦單元

蒸發器

蒸汽輪機和發電機
把聚變能轉換成電能

圖6-23　慣性聚變能發電廠示意圖

廠、一個靶加工廠和一個驅動器。如果NIF專案證明點火系統及相關技術有效可行，那麼研發商用IFE技術的主要技術障礙將被逾越。慣性核聚變發電可為世界能源供應開闢出一條通向可永續發展的新路。

◎思考題

1. 人們常認為核能具有無窮的潛力，請比較1g物質對應的能量和1g ^{235}U核分裂釋放的能量的大小，並解釋為什麼它們有如此巨大的差異？我們目前所能獲得的核能是核變化過程釋放的哪部分？

2. ^{235}U分裂平均產生的中子數為$v_f = 2.405$，為使^{235}U/^{238}U組成的鈾燃料吸收一個熱中子發出的中子數$\eta = 1.7$，已知$\sigma_f(^{235}$U$) = 582.2$b，$\sigma_f(^{238}$U$) = 0$b，$\sigma_\gamma(^{235}$U$) = 98.6$b，$\sigma_\gamma(^{238}$U$) = 2.7$b，試求鈾燃料中^{235}U要濃縮到什麼程度（可按核子數濃度或總量百分比計算）？

3. 比較每次D-T核聚變和每次^{235}U核分裂沈降在中子上的能量占總釋放能量的比例的差異，思考相同功率的聚變堆和^{235}U裂變堆哪個裝置每秒消耗的核燃料的質量大？

4. D-T或D-D核聚變與^{235}U核分裂產生的放射性物質有什麼主要區別？為什麼聚變堆比裂變堆更清潔、更安全和更接近綠色能源？

5. 要使核分裂能真正成為清潔和可永續發展的能源，還應解決的主要問題是什麼？

參考文獻

1. Bennett C. First Year Wilkinson Microwave Anisotropy Probe (WMAP) Observations: Preliminary Maps and Basic Results, Bennett, CL et al. Astrophysical Journal Supplement Series, 2003, 148: 1～27.

2. Becquerel A. Comptes Rendus de l' Academie des Sciences (Paris), 1896, 122 : 501.

3. Kamil Tucek, Neutronic and Burnup Studies of Accelerator-driven System Dedicated to Nuclear Waste Transmutation, Doctoral Thesis, KTH Physics, Stockholm, Sweden, 2004.

4. 盧希庭主編。原子核子物理。修訂版。北京：原子能出版社，2000。

5. 郭奕玲、沈慧君編著。物理學史。第2版。北京：清華大學出版社，2005。

6. 馬栩泉編著。核能開發與應用。北京：化學工業出版社，2005。

7. Deutch J, Moniz E.The Future of Nuclear Power, MIT Report, 2003.

8. Maeshall E. Is Friendly Atom Poised for a Comeback? Science,2005, 309: 1168～1169.

9. 張亮。幾經波折見曙光——國際熱核聚變反應堆安家。科技日報，北京：2005年6月30日。

10. 李福利編著。高等鐳射物理學。合肥：中國科學技術大學出版社，1992。

11. 溫伯格著。呂應中譯。第一核紀元。北京：原子能出版社，1996。

12. 謝仲生主編。羅經宇審校。核反應堆物理分析。上冊。北京：原子能出版社，1994。

13. 趙仁愷、阮可強、石定寰主編。八六三計畫能源技術領域研究工作進展（1986-2000）。北京：原子能出版社，2001。

14. 陳濟東主編。大亞灣電站系統及運行。下冊。北京：原子能出版社，1995。

15. 于平安、朱瑞安編。核反應堆熱工分析。北京：原子能出版社，1982。

16. 韋基爾著，陳叔平、馬馳，李世昆譯。核反應堆熱工學。北京：原子能出版社，1978。

17. DOE Near Term Deployment Roadmap Summary Report, A Roadmap to Deploy New Nuclear Power Plant in the United States by 2010, Vol. I Summary Report,

Oct. 2001.

18. DOE002-00, A Technology Roadmap for Generation Ⅳ Nuclear Energy Systems, 2002.

19. Delene J G. Updated Comparison of Economics of Fusion Reactors. Fusion Technology, 1991, 19: 807.

Chapter 7

新能源材料

7.1 緒 論

　　材料和能源一樣，是支撐當今人類文明和保障社會發展的最重要的物質基礎。20世紀80年代以來，隨著世界經濟的快速發展和全球人口的不斷增長，世界能源消耗也大幅上升，石油、天然氣和煤炭等主要化石燃料已經不能滿足世界經濟發展的長期需求，而且隨著全球環境狀況的日益惡化，產生大量有害氣體和廢棄物的傳統能源工業已經越來越難以滿足人類社會的發展要求。面對嚴峻的能源狀況，眾多有識之士一致認為，解決能源危機的關鍵是能源材料，尤其是新能源材料的突破。材料科學與工程研究的範圍涉及金屬、陶瓷、高分子材料（比如塑膠橡膠）、半導體以及複合材料。通過各種物理和化學的方法來改變材料的特性或行為使它變得更有用，這就是材料科學的核心。21世紀中，新技術的發展將繼續改變我們的生活，材料科學將在其中發揮重要作用，更多具有特殊性能的材料將被研究出並被應用於我們的生活中。材料應用的發展是人類發展的里程碑，人類所有的文明進程都是以他們使用的材料來分類的。石器時代、銅器時代、鐵器時代等。這其中的有些時代持續了幾個世紀，不過現在無論是主要材料的種類還是性能都發展的越來越快。21世紀是新能源發揮巨大作用的年代，顯然新能源材料及相關技術也將發揮巨大作用。

　　能源材料是材料的一個重要組成部分，有的學者將能源材料劃分為新能源技術材料、能量轉換與儲能材料和節能材料等。在該分類中，新能源技術材料是核能、太陽能、氫能、風能、地熱能和海洋潮汐能等新能源技術所使用的材料；能量轉換與儲能材料是各種能量轉換與儲能裝置所使用的材料，是發展研製各種新型、高效能量轉換與儲能裝置的關鍵，包括鋰離子電池材料、鎳氫電池材料、燃料電池材料、超級電容器材料和熱電轉換材料；節能材料是能夠提高能源利用效率的各種新型節能技術所使用的材料，包括超導材料、建築節能材料等能夠提高傳統工業能源利用效率的各種新型材料。綜述國內外的一些文獻觀點，結合最近的研究工作，我們認為該分類中新能源材料的涵義已經不能覆蓋現在的技術發展。眾所周知，現在新能源的概念已經發展到囊括太陽能、生物質能、核能、風能、地熱、海洋能等一次能源以及二次電源中的氫能等。甚至有的學者將新能源的涵義擴充到包含太陽能、風能、地熱能、潮汐能、波

浪能、溫差能、海流能、鹽差能等方面上。新能源是傳統能源的有益補充，大力發展新能源，調整能源結構是我們當前和未來的必然選擇。因此，我們認為新能源材料是指實現新能源的轉化和利用以及發展新能源技術中所要用到的關鍵材料，它是發展新能源的核心和基礎。從材料學本身和能源發展的觀點看，能儲存和有效利用現有傳統能源的新材料也可以歸屬為新能源材料。新能源材料應該主要包括儲氫電極合金材料為代表的鎳氫電池材料、嵌鋰碳負極和LiCoO$_2$正極為代表的鋰離子電池材料、燃料電池材料、Si半導體材料為代表的太陽能電池材料以及鈾、氘、氚為代表的反應爐核能材料、發展生物質能所需的重點材料、新型相變儲能和節能材料等。當前的研究趨勢和技術發展包括高能儲氫材料、聚合物電池材料、中溫固體氧化物燃料電池電解質材料、多晶薄膜太陽能電池材料等。

7.2　鋰離子電池材料

　　鋰離子電池及其關鍵材料的研究是新能源材料技術方面突破點最多的領域，在產業化工作方面也做得最好。鋰離子電池具有電壓高、能量密度大、迴圈性能好、自放電小、無記憶效應等突出優點。在這個領域的主要研究重點是開發研究適用於高性能鋰離子電池的新材料、新設計和新技術。在鋰離子電池正極材料方面，研究最多的是具有α-NaFeO$_2$型層狀結構的LiCoO$_2$、LiNiO$_2$和尖晶石結構的LiMn$_2$O$_4$及它們的摻雜化合物。鋰離子電池負極材料方面，商用鋰離子電池負極碳材料以中間相碳微球（MCMB）和石墨材料為代表。

7.2.1　正極材料

　　20世紀70年代誕生了鋰原電池，而鋰原電池的優點促進鋰嵌入化合物的研究。經過近30年的廣泛研究，多種鋰嵌入化合物可以作為鋰二次電池的正極材料。作為理想的正極材料，鋰嵌入化合物應具有下述性能：①金屬離子M^{n+}在嵌入化合物Li$_x$M$_y$X$_x$中應有較高的氧化還原電位，從而使電池的輸出電壓高；②嵌入的化合物Li$_x$M$_y$X$_x$應能允許大量的鋰能進行可逆嵌入和脫嵌，以得到高容量高，即 x 值盡可能大；③在整個可能嵌入／脫嵌過程中，鋰的嵌入和脫嵌應可

逆，且主體結構沒有或很少發生，且氧化還原電位隨 x 的變化應少，這樣電池的電壓不會發生顯著變化；④嵌入化合物應有較好的電子導電率（σ_e）和離子導電率（σ_{Li}^+），這樣可減少極化，能大電流充放電；⑤嵌入化合物在整個電壓範圍內應化學穩定性好，不與電解質等發生反應；⑥從實用角度而言，嵌入化合物應該便宜，對環境無污染、質量輕等。

一、正極材料的選擇

正極氧化還原電對一般選用 $3d^n$ 過渡金屬，一方面過渡金屬存在混合價態，電子導電性比較理想，另一方面不易發生歧化反應。對於特定的負極而言，由於在氧化物中陽離子價態比在硫化物中更高，以過渡金屬的氧化物為正極，得到的電池開路電壓（VOC）比以硫化物為正極的要高些。以在水溶液電解質中 γ-MnO_2 正極和在非水電解質中尖晶石 $LiMn_2O_4$ 正極為例，可以說明氧化物比硫化物的開路電壓更高。在 MnO_2 中錳為 +4 價，而在 MnS_2 化合物中錳和硫分別為 +2 和 -1 價（S_2^{2-}）。硫化物 S^{2-} 的最高價帶 $3p^6$ 位於 Mn^{4+}/Mn^{3+} 電對的價帶之上，亦位於電解質最高占有分子軌道的價帶之上。氧化物 O^{2-} 的最高價帶 $2p^6$ 則比上述兩者的價帶均低，因此能以氧化物形式將 Mn^{4+}/Mn^{3+} 氧化還原電對的價帶置於電解質的最高占有分子軌道的價帶之上。而以硫化物的形式，則不能作到這一點。

作為鋰二次正極材料的氧化物常見的有氧化鈷鋰（lithium cobalt oxide）、氧化鎳鋰（lithium nickel oxide）、氧化錳鋰（lithium mangense oxide）和釩的氧化物（vanadium oxide）。其他正極材料，如鐵的氧化物和其他金屬的氧化物等亦作為正極材料進行了研究。最近人們對 5V 正極材料以及多陰離子正極材料表現出了濃厚的興趣。鋰二次電池的正極材料多種多樣，但是從應用角度而言，目前主要是氧化鈷鋰、氧化鎳鋰實現了商品化，氧化錳鋰雖然已實現了商品化，但是容量及迴圈性能有待於進一步的提高。至於 5V 正極材料，目前理論方面還不成熟，其商品化還有待於電解質的突破。新型正極材料的研究在不斷探索中（如 6V 正極材料）。

二、氧化鈷鋰

常用的氧化鈷鋰為層狀結構（如圖7-1所示）。由於其結構比較穩定，研究

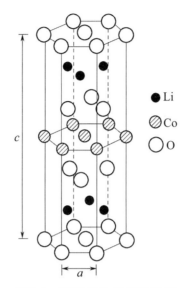

圖7-1　層狀氧化鈷鋰的結構

得比較多。而對於氧化鈷鋰的另外一種結構尖晶石型則常易被人們忽略，因為它結構不穩定，迴圈性能不好。

　　層狀氧化鈷鋰的研究始於1980年，有比較細緻的研究。在理想層狀$LiCoO_2$結構中，Li^+和Co^{3+}各自位於立方緊密堆積氧層中交替的八面體位置，c/a比為4.899，但是實際上由於Li^+和Co^{3+}與氧原子層的作用力不一樣，氧原子的分布並不是理想的密堆結構，而是發生偏離，呈現三方對稱性。在充電和放電過程中，鋰離子可以從所在的平面發生可逆脫嵌／嵌入反應。由於鋰離子在鍵合強的CoO_2層間進行二維運動，鋰離子導電率高，擴散係數為$10^{-9}\sim10^{-7}cm^2/s$。另外共稜的CoO_6的八面體分布使Co與Co之間以Co-O-Co形式發生相互作用，電子導電率σ亦比較高。鋰離子從$LiCoO_2$中可逆脫嵌量最多為0.5單元；當大於0.5時，$Li_{1-x}CoO_2$在有機溶劑中不穩定，會發生失去氧的反應。$Li_{1-x}CoO_2$在$x = 0.5$附近發生可逆相變，從三方對稱性轉變為單斜對稱性。該轉變是由於鋰離子在離散的晶體位置發生有序化而產生的，並伴隨晶體常數的細微變化，但不會導致CoO_2次晶格的明顯破壞，因此曾估計在迴圈過程中不會導致結構發生明顯的蛻化，應該能製備x近乎1的末端組分CoO_2。但是由於沒有鋰離子，其層狀堆積為ABAB⋯型，而非母體$LiCoO_2$的ABCABC⋯型，$x > 0.5$時，CoO_2不穩定，容量發生衰減，並伴隨鈷的損失。該損失是由於鈷從其所在的平臺遷移到鋰所在的

平面，導致結構不穩定而使鈷離子通過鋰離子所在的平面遷移到電解質中。因此 x 的範圍為 $0 \leq x \leq 0.5$，理論容量為156mAh/g。在此範圍內電壓表現為約4V的平臺。X射線繞射表明 $x < 0.5$，Co-Co原子間距稍微降低，而 $x > 0.5$，則反而增加。

層狀氧化鈷鋰的製備方法一般為固相反應，高溫下離子和原子通過反應物、中間體發生遷移。儘管遷移需要活化能，對反應不利；但是延長反應時間，製備電極材料的電化學性能均比較理想。Sony公司為了克服遷移時間長的問題，採用超細鋰鹽和鈷的氧化物混合。同時為了防止反應生成的粒子過小而易發生遷移、溶解等，在反應前加入黏合劑進行造粒。為了克服固相反應的缺點，採用溶膠－凝膠法、噴霧分解法、沈降法、冷凍乾燥旋轉蒸發法、超臨界乾燥和噴霧乾燥法等方法，這些方法的優點是 Li^+、Co^{3+} 離子間的接觸充分，基本上實現了原子級水準的反應。低溫製備的 $LiCoO_2$ 介於層狀結構與尖晶石 $Li_2[Co_2]O_4$ 結構之間，由於陽離子的無序度大，電化學性能差，因此層狀 $LiCoO_2$ 的製備還須在較高的溫度下進行熱處理。圖7-2為用溶膠－凝膠法製備氧化鈷鋰的迴圈性能的示意圖。

為了提高 $LiCoO_2$ 的容量及進一步提高迴圈性能或降低成本，亦可以進行摻雜，如LiF、Ni、Cu、Mg、Sn等。LiF的加入量為1%、3%、5%、10%（質量分數）時可逆容量均高於沒有加入LiF的 $LiCoO_2$。用Al取代Co生成 $LiAl_{0.15}Co_{0.85}O_2$ 初始可逆容量達160mAh/g，10次迴圈後主體結構沒有明顯變化。在 $LiCoO_2$ 表面塗上一層 $LiMn_2O_4$，開始熱分解溫度從185℃提高到225℃，而且循環性能亦有明顯

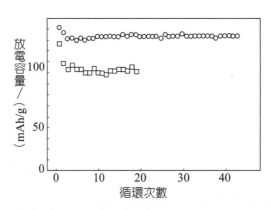

圖7-2　溶膠－凝膠法（○）與傳統固相法（□）製備LiCoO₂的循環性能對比

提高。為了保證反應產物均勻和產品質量的穩定，亦可以採用其他加熱方式，如微波、紅外線、射頻磁旋噴射法等加熱方式。如採用射頻磁旋噴射法可得到有一定取向的多晶$LiCoO_2$薄膜，大幅減小充放電過程中形變產生的應變能。

由於鈷成本高，人們逐漸將大部分注意力轉向成本較低的氧化鎳鋰和氧化錳鋰等正極材料。

三、其他正極材料

⑴氧化鎳鋰

氧化鎳鋰和氧化鈷鋰一樣為層狀結構。儘管$LiNiO_2$比$LiCoO_2$便宜，容量可達130mAh/g以上，但是一般情況下，鎳較難氧化為+4價，易生成缺鋰的氧化鎳鋰；另外熱處理溫度不能過高，否則生成的氧化鎳鋰會發生分解，因此實際上很難批量製備理想的$LiNiO_2$層狀結構。為了提高材料的電化學性能，$LiNiO_2$一般需要進行改性，主要有以下幾個方向：①提高脫嵌相的穩定性，從而提高安全性；②抑制容量衰減；③降低不可逆容量，與負極材料達到一較好的平衡；④提高可逆容量。採用的方法有摻雜元素和溶膠－凝膠法。

⑵氧化錳鋰

從結構的角度來說明，主要有三種：隧道結構、層狀結構和尖晶石結構。隧道結構的氧化物主要包括：α-MnO_2、β-MnO_2、γ-MnO_2和斜方-MnO_2，它們主要用於3V一次鋰電池（鋰原電池）。鋰化尖晶石$Li[Mn_2]O_4$可以發生鋰脫嵌，也可以發生鋰嵌入，導致正極容量增加；同時，可以摻雜陰離子、陽離子及改變摻雜離子的種類和數量而改變電壓、容量和循環性能，再加之錳比較便宜，Li-Mn-O尖晶石結構的氧化電位高（金屬鋰為3～4V），因此它備受青睞。晶石結構的改性方法主要有摻雜陽離子、陰離子、溶膠－凝膠法、表面改性和其他方法。

⑶5V正極材料

5V正極材料是區別以上說的放電平臺為3V及4V附近的電極材料而說的，放電平臺在5V附近左右。目前發現的主要有兩種：尖晶石結構$LiMn_{2-x}M_xO_4$和反尖晶石$V[LiM]O_4[M=Ni, Co]$。

⑷其他正極材料

Li-V-O化合物（層狀結構和尖晶石結構）、多陰離子正極材料（橄欖石結

構和NASION結構）、鐵的化合物（作為高溫材料的Fe_3O_4和$LiFeO_2$）、鉻的氧化物（$LiCrO_2$、Cr_2O_3、CrO_2、Cr_5O_{12}、Cr_2O_5、Cr_6O_{15}和Cr_3O_8）、鉬的氧化物（Mo_4O_{11}、Mo_8O_{23}、Mo_9O_{26}、MoO_3和MoO_2）、$La_{0.33}NbO_3$、$Li_xCu_2MSn_3S_8$、$Cu_2FeSn_3S_8$、$Cu_2FeTi_3S_8$、$Cu_{3.31}GeFe_4Sn_{12}S_{32}$、$Li_6CoO_4$、$Li_5FeO_4$和$Li_6MnO_4$等也被研究過。

7.2.2 負極材料

作為鋰二次電池的負極材料，首先是金屬鋰，隨後才是合金。自鋰二次電池的商品化即鋰離子電池的誕生以來，研究的有關負極材料，主要有以下幾種：石墨化碳材料、無定形碳材料、氮化物、矽基材料、錫基材料、新型合金和其他材料。目前石墨化碳材料是當今商品化鋰二次電池中的主流。

一、碳材料

碳組成的物質非常豐富，在碳材料中它主要以sp^2、sp^3雜化形式存在，形成的品種有石墨化碳、無定形碳、富勒球、碳奈米管等。

⑴碳材料的結構

C－C鍵的鍵長在碳材料中單鍵一般為1.54Å，雙鍵為1.42Å。C＝C雙鍵組成六方形結構，構成一個平面，稱之為墨片面（graphene plane），這些面相互堆積起來，就成為石墨晶體，如圖7-3所示。石墨晶體的參數早在1924年就已經了解，主要有L_a和L_c。L_a為石墨晶體沿 a 軸方向的平均大小；L_c為墨片面沿與其垂直的 c 軸方向進行堆積的厚度；d_{002}為墨片面之間的距離。墨片面間堆積方式的不同導致了六方形結構（2H）和菱形結構（3R）兩種晶體，兩種結構基本上共存。至今沒有發現有效合成單一結構的方法或將兩者分離開來的方法，原因主要在於墨片平面的移動性大。

在了解上述參數後，必須意識到，即使上述參數均相同，其性能並不一定相同，因為它們反映的是平均值。對墨片面的堆積而言，有可能是基本上平行；有可能是傾斜而致，也就是說，碳材料的性能還與其內在結構有關。本書中將碳材料分為石墨化碳和無定形碳。該分類與鋰離子電池負極材料的發展是一致的。碳材料的結構可以從堆積方式、晶體學和對稱性等多個角度

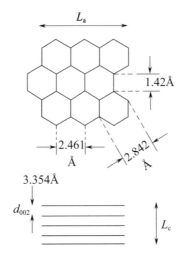

圖7-3 石墨晶體的一些結構參數

來劃分。從晶體學角度劃分為晶體和無定形；從堆積方式可以分為石墨、玻璃碳、碳纖維和炭黑等；從對稱性可以分為非對稱、點對稱、軸對稱和面對稱等。

碳材料的表面結構直接影響其電化學行為，因為碳材料直接與電解液接觸，表面結構對電解液的分解及介面的穩定性具有很重要的作用。目前而言，只是對表面結構進行了部分研究，了解並不深入，主要集中在：①端面與平面的分布；②粗糙因數；③物理吸附雜質；④化學吸附。

(2)石墨化碳材料

在石墨化過程中，隨石墨化程度的提高，碳材料的密度逐漸增加，孔隙結構先是增加，達到800℃以後逐漸下降。對於孔結構而言，有開孔和閉孔兩種。隨石墨化程度增加，閉孔的相對含量較低，而開孔的相對含量升高。因石墨化程度的不同，碳材料劃分為石墨化碳和無定形碳。事實上兩者均含有石墨晶體和無定形區，只是各自的相對含量大小不一樣而已。目前這種劃分標準是定性的，而不是定量的。正如高分子材料中一樣，晶區和無定形區總是相互纏繞在一起。一般而言，無定形區存在應變，由sp^3雜化碳原子及有序碳區間的墨片分子等組成。石墨化碳材料隨原料不同而種類亦多。但是總體而言，具有下述特點：①鋰的插入定位在0.25V以下（本章全部相對於Li^+/Li電位）；②形成階化合物；③最大可逆容量為372mAh/g，即對應於LiC_6一階化

合物。

　　對於鋰插入石墨形成層間化合物或插入化合物的研究始於20世紀50年代中期。該插入反應一般是從菱形位置才能進行，因為鋰從墨片平面是無法穿過的。但是如果平面存在缺陷結構諸如前述的微孔，亦可以經平面進行插入。隨鋰插入量的變化，形成不同的階化合物，例如平均四層墨片面有一層中插有鋰，則稱之為四階化合物，有三層中插有一層，稱為三階化合物，依此類推，因此最高程度達到一階化合物。一階化合物LiC$_6$的層間距為3.70Å，形成 $\alpha\alpha$ 堆積序列。在最高的一階化合物中，鋰在平面上的分布避免彼此緊挨，防止排斥力大。因此常溫常壓下得到的結構平均為六個碳原子一個鋰原子，如圖7-4所示。

　　首先報導將石墨化碳作為鋰離子電池是1989年。Sony公司以呋喃樹脂為原料，進行熱處理，作為商品化鋰離子電池的負極。圖7-5為第一次充放電曲線圖。

　　對於天然石墨而言，鋰的可逆插入容量達372mAh/g，即為理論水準。電位基本上與金屬鋰接近，它的主要缺點在於墨片面易發生剝離，因此循環性能不是很理想，通過改性，可以有效防止。中間相微珠碳（mesocarbon microbead, MCMB）是通過將煤焦油瀝青進行處理，得到中間相球。然後用溶劑萃取等方法進行純化，接著進行熱處理得到。通常為湍層結構。在低黏度紡出來製備的碳纖維石墨化程度高，放電容量大；而在高黏度紡出來製備的

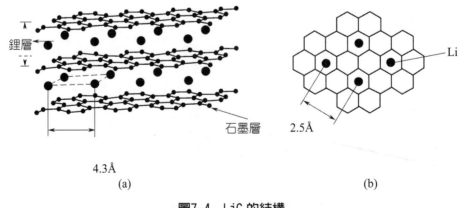

石墨以AA層堆積和鋰以 $\alpha\alpha$ 層間有序插入的結構示意圖

4.3Å

(a)

2.5Å

(b)

圖7-4　LiC$_6$的結構

(a)石墨以AA層堆積和鋰以 $\alpha\alpha$ 層間有序插入的結構示意圖；(b)LiC$_6$的層間有序模型

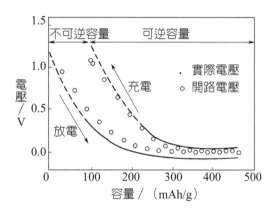

圖7-5　以呋喃樹脂為原材料製備的碳負極材料的第一次充放電曲線圖

碳纖維快速充放電能力好，可能與鋰離子在結晶較低的碳纖維中更易擴散有關；優化時可逆容量達315mAh/g，不可逆容量僅為10mAh/g，第一次充放電效率達97%。對於焦炭製備的石墨化碳，儘管容量較石墨低，但是快速充放電能力比石墨強。石墨化介穩相瀝青基碳纖維（mesophase-pitch-based carbon fiber）的鋰離子的擴散係數比石墨高一個數量級，大電流下的充放電行為亦優於石墨。

石墨化碳材料在鋰插入時，首先存在著一個比較重要的過程：形成鈍化膜或電解質－電極介面膜，介面膜的好壞對於其電化學性能影響非常明顯，其形成一般分為以下三個步驟：①0.5V以上膜的開始形成；②0.2～0.55V主要成膜過程；③0.0～0.2V才開始鋰的插入。如果膜不穩定或緻密性不夠，一方面電解液會繼續發生分解，另一方面溶劑會發生插入，導致碳結構的破壞。表面膜的好壞與碳材料的種類、電解液的組成有很大的關係。

(3)無定形碳材料

無定形碳材料的研究主要源於石墨化碳需要進行高溫處理，其理論容量（372mAh/g）比起金屬鋰（3800mAh/g）要小很多，因此從20世紀90年代起，它備受關注。主要特點為製備溫度低，一般在500～1200℃範圍內。由於熱處理溫度低，石墨化過程進行得很不完全，所得碳材料主要由石墨微晶和無定形區組成，因此稱為無定形碳材料。其002面對應的 X 射線繞射峰比較寬，層間距d_{002}一般在3.44Å以上，石墨微晶大小L_a和L_c一般在幾個奈米以

下。其他的X射線繞射峰如001、004等並不明顯。

　　總體上而言，無定形碳材料的可逆容量雖然高可高達900mAh/g以上，但是循環性能均不理想，可逆儲鋰容量一般隨循環的進行衰減得比較快。另外電壓存在滯後現象，鋰插入時，主要是在0.3V以下進行；而在脫出時，則有相當大的一部分在0.8V以上。一般而言，低溫無定形碳材料第一次的充放電效率比較低。

(4)碳材料的改性

　　碳材料的改質主要有以下幾個方面：非金屬的引入、金屬的引入、表面處理和其他方法。這裡以氮的引入為例說明。氮在碳材料中以兩種形式存在，它們被分別稱為化學態氮（chemical nitrogen）和晶格氮（lattice nitrogen）。前者容易與鋰發生不可逆反應，使不可逆容量增加，因而認為摻有氮原子的碳材料不適合作為鋰二次電池的負極材料。可是用同樣的化學氣相沈積法和同樣的原料（吡啶），所得的結果並不一樣，充放電結果表明，隨氮含量的增加，可逆容量增加（見表7-1），且超過了石墨的理論容量372mAh/g。

表7-1　鋰離子電池碳負極材料中氮含量的變化與可逆容量的關係

前驅體	N/C原子比	可逆容量（mAh/g）	前驅體	N/C原子比	可逆容量（mAh/g）
苯	0	249	聚苯乙烯	0	345
吡啶	0.0800	335	聚-4-乙烯吡啶	0.0804	386
吡啶+氯氣	0.0855	392	聚丙烯腈	0.195	418
吡啶+氯氣	0.137	507	密胺樹脂	0.217	536

(5)鋰在碳材料中的插入機制

　　對於鋰在碳材料中的儲存機制，除了公認的石墨與鋰形成石墨插入化合物（graphite intercalation compound）外，在別的碳材料，如無定形碳中的儲存也有多種說法，主要有鋰分子Li_2機制、多層鋰機制、晶格點陣機制、彈性球－彈性網模型、層－邊端－表面機制、奈米級石墨儲鋰機制、碳－鋰－氫機制、單層墨片分子機制和微孔儲鋰機制。這裡僅就碳－鋰－氫機制為例進行說明。

　　Dahn等在700℃左右裂解多種材料如石油焦、聚氯乙烯、聚偏氟乙烯等，

發現所得碳材料的可逆容量與H/C比例有關，隨H/C比例的增加而增加，即使H/C比高達0.2，也同樣如此。他們根據有關石墨－鹼金屬－氫三元化合物的研究，認為鋰可以與這些含氫碳材料中的氫原子發生鍵合。該種鍵合是有插入的鋰以共價形式轉移部分2s軌道上的電子到鄰近的氫原子，與此同時C－H鍵發生部分改變。對於該種鍵合，他們認為是活化過程，因而導致了鋰脫出時發生電勢位元的明顯滯後。在鋰脫出時，原來的C－H鍵復原。如果不能全部復原就會導致迴圈容量的不斷下降。另外Peled等認為鋰可能與C－H鍵發生如下反應：

$$C-H+2Li \Longrightarrow C-Li+LiH \tag{7-1}$$
$$C-H+Li \Longrightarrow C-Li+1/2H_2 \tag{7-2}$$

從而導致碳材料的可逆容量能超過石墨的理論容量。從酚醛樹脂得到的無定形碳亦表現相同的線性關係。

碳材料還包括富勒烯、碳奈米管，它們均能發生鋰的插入和脫插，特別是後者，可逆容量可超過石墨的理論值。結果證明碳奈米管的可逆容量與石墨化程度亦存在著明顯的關係。石墨化程度低，容量高，可達700mAh/g；石墨化程度高，容量低，但是迴圈性能好。表面再塗上一層銅，能提高第一次充放電效率，通過熱處理方法可提高奈米管的石墨化程度，因而降低不可逆容量。

二、其他負極材料

⑴氮化物

氮化物的研究主要源於Li_3N具有高的離子導電性，即鋰離子容易發生遷移。將它與過渡金屬元素如Co、Ni、Cu等發生作用後得到氮化物$Li_{3-x}M_xN$。該氮化物具有P6對稱性，密度與石墨相當；它同六元環型石墨相似，由兩層組成。在鋰脫出過程中，該氮化物首先由晶態轉化為無定形態，並發生部分元素的重排。至於Co在其中的化合價變化，則認為是 +1 與 +2 之間的轉換。

⑵矽及矽化物

矽有晶體和無定形兩種形式。作為鋰離子電池負極材料，以無定形矽的

性能較佳。因此在製備矽時，可加入一些非晶物，如非金屬、金屬等，以得到無定形矽。矽與Li的插入化合物可達Li_5Si的水準，在0～1.0V（以金屬鋰為比較電極）的範圍內，可逆容量可達800mAh/g以上，甚至可高達1000mAh/g以上，但是容量衰減快。

(3)錫基材料

錫基負極材料包括錫的氧化物、複合氧化物、錫鹽與合金等。①錫的氧化物有三種：氧化亞錫、氧化錫及其混合物，其中氧化亞錫（SnO）的容量同石墨材料相比，要高許多，但是循環性能並不理想。②在氧化亞錫、氧化錫中引入一些非金屬、金屬氧化物，如B、Al、P、Si、Ge、Ti、Mn、Fe、Zn等，並進行熱處理，可以得到複合氧化物。機械研磨SnO和B_2O_3同樣可得到複合氧化物。對於複合氧化物的儲鋰機制，目前也有兩種觀點：一種為合金型，另一種為離子型。③除氧化物以外，錫鹽也可以作為鋰離子二次電池的負極材料（如$SnSO_4$），最高可逆容量也可以達到600mAh/g以上。根據合金型機制，不僅$SnSO_4$可作為儲鋰的活性材料，別的錫鹽也可以，如Sn_2PO_4Cl，40次迴圈後容量可穩定在300mAh/g。④其他錫化物：錫矽氧氮化物、錫的羥氧化物、硫化錫和奈米金屬錫等。

(4)新型合金

鋰二次電池最先所用的負極材料為金屬鋰，後來用鋰的合金如Li-Al、Li-Mg、Li-Al-Mg等以期克服枝晶的產生，但是它們並未產生預期的效果，隨後陷入低谷。在鋰離子電池誕生後，人們發現錫基負極材料可以進行鋰的可逆插入和脫出，從此又掀起了合金負極的一個小高潮。合金的主要優點是：加工性能好、導電性好、對環境的敏感性沒有碳材料明顯、具有快速充放電能力、防止溶劑的共插入等。從目前研究來看，合金材料多種多樣，按基體材料來分，主要分為以下幾類：錫基合金、矽基合金、鍺基合金、鎂基合金和其他合金。

(5)其他負極材料

其他負極材料包括鈦的氧化物、鐵的氧化物、鉬的氧化物等。這裡對鈦的氧化物進行說明。鈦的氧化物包括氧化鈦及其與鋰的複合氧化物。前者有多種結構，如金紅石、銳鈦礦、鹼硬錳礦和板態礦；後者包括銳鈦礦$Li_{0.5}TiO_2$、尖晶石$LiTi_2O_4$、斜方相$Li_2Ti_3O_7$和尖晶石$Li_{4/3}Ti_{5/3}O_4(Li_4Ti_5O_{12})$。作

為鋰二次電池負極材料研究得較多的為尖晶石$Li_{4/3}Ti_{5/3}O_4$，其結構與尖晶石$LiMn_2O_4$相似，可寫為$Li[Li_{1/3}Ti_{5/3}]O_4$，為白色晶體。當鋰插入時還原為深藍色的$Li_2[Li_{1/3}Ti_{5/3}]O_4$。電化學過程可示意如下：

$$Li[Li_{1/3}Ti_{5/3}]O_4 + Li^+ + e^- \rightleftharpoons Li[Li_{1/3}Ti_{5/3}]O_4 \qquad (7\text{-}3)$$

該過程的進行是通過兩相的共存實現的。生成的$Li_2[Li_{1/3}Ti_{5/3}]O_4$的晶胞參數 a 變化很小，僅從8.36Å增加到8.37Å，因此稱為零應變電極材料。放電非常平穩，平均電壓平臺為1.56V。可逆容量一般在150mAh/g左右，比理論容量168mAh/g約低10%。由於是零應變材料，晶體非常穩定，迴圈性能非常好，因此除作為鋰二次電池負極材料外，亦可以作為比較電極來衡量其他電極材料性能的好壞（一般是採用金屬鋰為比較電極進行比較，而金屬鋰易形成枝晶，不能作為長期循環性能評價的較好的標準）。尖晶石$LiTi_2O_4$可由銳鈦礦$Li_{0.5}TiO_2$在400℃進行加熱製備，鋰插入後晶胞參數 a 從8.416Å減少到8.380Å，平均電壓平臺為1.34V。一般的TiO_2包括Hollandite型TiO_2（理論容量335mAh/g），可逆容量很小，但是奈米TiO_2的可逆容量有明顯提高。有趣的是在TiO_2中加入C（C/Ti=0.06），不僅容量從30mAh/g提高到167mAh/g，而且容量衰減得到明顯的抑制。這可能是TiO_2將來改進的一個重要方向。

7.3 燃料電池材料

燃料電池（FC）是一種等溫進行，直接將儲存在燃料和氧化劑中的化學能高效、無污染地轉化為電能的發電裝置。它的發電原理與化學電源一樣，電極提供電子轉移的場所，陽極催化燃料如氫的氧化過程，陰極催化氧化劑如氧等的還原過程；導電離子在將陰陽極分開的電解質內遷移，電子通過外電路做功並構成電的回路。但是FC的工作方式又與常規的化學電源不同，而更類似於汽油、柴油燃料電池，是一種將氫和氧的化學能通過電極反應直接轉換成電能的裝置。按電解質材料劃分，燃料電池大致上可分為五類：鹼性燃料電池（AFC）、磷酸型燃料電池（PAFC）、固態氧化物燃料電池（SOFC）、熔融碳

酸鹽燃料電池（MCFC）和質子交換膜燃料電池（PEMFC）。另外直接甲醇燃料電池（DMFC）、再生型燃料電池（RFC）也是現在研究比較多的燃料電池。這些電池的基本材料學基礎如下：

①AFC電池使用的電解質為水溶液或穩定的氫氧化鉀基質。

②PAFC電池以磷酸為電解質，通常位於碳化矽基質中。較高的工作溫度使其對雜質的耐受性較強，當其反應物中含有1%～2%的一氧化碳和百萬分之幾的硫時，磷酸燃料電池照樣可以工作。

③SOFC電池工作溫度比熔化的碳酸鹽燃料電池的溫度還要高，它們使用諸如用氧化釔穩定的氧化鋯等固態陶瓷電解質，而不是使用液體電解質。對於熔化的碳酸鹽燃料電池而言，高溫意味著這種電池能抵禦一氧化碳的污染，一氧化碳會隨時氧化成二氧化碳。固態氧化物燃料電池對目前所有燃料電池都有的硫污染具有最大的耐受性。由於它們使用固態的電解質，這種電池比熔化的碳酸鹽燃料電池更穩定，但它們要使用耐高溫材料，價格較貴。

④MCFC電池採用鹼金屬（Li、Na、K）的碳酸鹽作為電解質，電池工作溫度873～973K。在此溫度下電解質呈熔融狀態，載流子為碳酸根離子。典型的電解質組成（質量百分比）為62%碳酸鋰+38%碳酸鉀。這種電池工作的高溫能在內部重整諸如天然氣和石油的碳氫化合物，在燃料電池結構內生成氫。在這樣高的溫度下，儘管硫仍然是一個問題，而一氧化碳污染卻不是問題了，且白金催化劑可用廉價的一類鎳金屬代替，其產生的多餘熱量還可被聯合熱電廠利用。

⑤PEMFC也叫聚合物電解質膜或固態聚合物電解質膜或聚合物電解質膜燃料電池。電解質是一片薄的聚合物膜，例如聚全氟磺酸（poly perfluorosulphonicacid），和質子能夠滲透但不導電的Nafion®膜，電極基本由碳組成。PEMFC要想廣泛應用最主要的問題是製造成本，因為膜材料和催化劑均十分昂貴。另一個問題是這種電池需要純淨的氫方能工作，因為它們極易受到一氧化碳和其他雜質的污染。這主要是因為它們在低溫條件下工作時，必須使用高敏感的催化劑。當它們與能在較高溫度下工作的膜一起工作時，必須產生更易耐受的催化劑系統才能工作。

⑥DMFC電池是質子交換膜燃料電池的一種改變，它直接使用甲醇而無需預先

重整。甲醇在陽極轉換成二氧化碳和氫,如同標準的質子交換膜燃料電池一樣,氫然後再與氧反應。其缺點是當甲醇低溫轉換為氫和二氧化碳時要比一般的質子交換膜燃料電池需更多的鉑金催化劑。

⑦RFC電池的概念相對較新,這一技術與普通燃料電池的相同之處在於它也用氫和氧來生成電、熱和水。其不同的地方是它還進行逆反應,也就是電解。燃料電池中生成的水再送回到以太陽能為動力的電解池中,在那裡分解成氫和氧成分,然後這種成分再送回到燃料電池。這種方法就構成了一個封閉的系統,不需要外部生成氫。

上述電池的基本的種類與特徵見表7-2,基本的結構材料見表7-3。

表7-2 各種燃料電池的種類與特徵比較

種類		AFC	PAFC	MCFC	SOFC	PEMFC
電解質	電解質	氫氧化鉀（KOH）	磷酸（H_3PO_4）	碳酸鋰（Li_2CO_3）碳酸鈉（Na_2CO_3）	穩定的氧化鋯（$ZrO_2 + Y_2O_3$）	離子交換膜（特別是陽離子交換膜）
	導電離子	OH^-	H^+	CO_3^{2-}	O^{2-}	H^+
	比電阻	約$1\,\Omega\,cm$	約$1\,\Omega\,cm$	約$1\,\Omega\,cm$	約$1\,\Omega\,cm$	$\leq 1\,\Omega\,cm$
	工作溫度	50～150℃	190～200℃	600～700℃	～700℃	80～100℃
	腐蝕性	中	強	強	無	中
	使用形態	基片浸漬	基片浸漬	基片浸漬或糊狀	薄膜狀	膜
電極	催化劑	鎳、銀類	鉑類	不要	不要	鉑類
	燃料極	$H_2 + 2OH^- \longrightarrow 2H_2O + 2e^-$	$H_2 \longrightarrow 2H_+ + 2e^-$	$H_2 + CO_3^{2-} \longrightarrow H_2O + CO_2 + 2e^-$	$H_2 + O^{2-} \longrightarrow H_2O + 2e^-$	$H_2 \longrightarrow 2H^+ + 2e^-$
	空氣極	$\frac{1}{2}O_2 + H_2O + 2e^- \longrightarrow 2OH^-$	$\frac{1}{2}O_2 + 2H^+ + 2e^- \longrightarrow H_2O$	$\frac{1}{2}O_2 + CO_2 + 2e^- \longrightarrow CO_3^{2-}$	$\frac{1}{2}O_2 + 2e^- \longrightarrow O^{2-}$	$\frac{1}{2}O_2 + 2H^+ + 2e^- \longrightarrow H_2O$
燃料（反應物質）		純氫（不能含有CO_2氣體）	氫（可以含有CO_2氣體）	氫、一氧化碳	氫、一氧化碳	氫（可以含有CO_2氣體）
燃料源		電解工業的副產氫、水的分解（熱化學法,電解）	天然氣、石腦油之類的輕質油、甲醇	石油、天然氣、甲醇、煤	石油、天然氣、甲醇、煤	天然氣、甲醇

種　類	AFC	PAFC	MCFC	SOFC	PEMFC
使用化石燃料時發電系統的熱效率	45%～50%	40%～45%	50%～65%	55%～70%	30%～40%
存在問題及開發課題	•燃料，氧化劑中CO_2引起電解質劣化 •水、熱平衡的控制 •純氫燃料利用技術的實現	•開發價廉催化劑或者降低鉑使用量 •發電系統的長壽命化、低成本化	•高壓化，聚合技術的驗證 •高輸出力密度化 •長壽命化、低成本化	•電池結構 •耐熱材料 •電解質薄膜化 •對熱迴圈的耐久性	•構成材料的高性能、長壽命化 •電池結構技術和大型化 •溫度、水分的控制 •降低鉑的使用量

表7-3　各種燃料電池的結構材料0

部件		PAFC	MCFC	SOFC	PEMFC
電解質	電解質	磷酸（H_3PO_4）	碳酸鋰（Li_2CO_3） 碳酸鈉（Na_2CO_3）	穩定的氧化鋯（YSZ）（$ZrO_2＋Y_2O_3$）	離子交換膜（特別是陽離子交換膜）全氟磺酸膜
	基片	SiC	γ-$LiCO_3$粉末增強纖維（Al_2O_3）	無	無
電極	燃料極	多孔碳板 碳載鉑＋PTFE	Ni-AlCr	Ni-YSZ 金屬陶瓷	多孔碳板 碳載鉑＋PTFE
	空氣極	多孔碳板 碳載鉑＋PTFE	NiO＋堿基稀土族元素	$La_{1-x}Sr_xMnO_3$（x=0.1～0.15）	多孔碳板 Pt催化劑＋PTFE
構成材料等		隔膜板 碳板	隔膜板 SUS310S/Ni覆蓋層 SUS310+Al塗層 SUS316L	雙極連接板 $LaCr_{1-x}Mg_xO_3$ 載體： 　氧化鈣 　穩定的氧化鋯	隔膜板 碳板

7.4 新型儲能材料

7.4.1 概 論

　　儲能（energy storage），又稱蓄能，是指使能量轉化為在自然條件下比較穩定的存在形態的過程，它包括自然的儲能與人為的儲能兩類。按照儲存狀態下能量的形態，可分為機械儲能、化學儲能、電磁儲能（或蓄電）、風能儲存、水能儲存等。和熱有關的能量儲存，不管是把傳遞的熱量儲存起來，還是以物體內部能量的方式儲存能量，都稱為蓄熱。在能源的開發、轉換、運輸和利用過程中，能量的供應和需求之間，往往存在著數量上、形態上和時間上的差異。為了彌補這些差異、有效地利用能源，常採取儲存和釋放能量的人為過程或技術手段，稱為儲能技術。儲能技術的原理涉及能量轉換原理，這裡不再贅述。儲能技術用途廣泛，集中表現在以下幾個方面：防止能量品質的自動惡化、改善能源轉換過程的性能、方便經濟地使用能量、降低污染和保護環境。在新能源利用中，更需要發展儲能技術。已知的不穩定能源利用方法中，如利用太陽能、海洋能、風能等發電，在能量輸入與輸出之間基本上僅設有能量轉換裝置，而存在於該領域中的最大問題是輸入能量的不穩定性，使得轉換效率、裝置安全性、裝置穩定性等諸多方面存在無法克服的先天性缺點。

　　儲能系統本身並不節約能源，它們的引入主要在於能夠提高能源利用體系的效率，促進新能源如太陽能和風能的發展，以及對廢熱的利用。儲能技術有很多，分類也繁瑣，表7-4按儲存能量的形態把這些技術分為四類：機械儲能、蓄熱、化學儲能、電磁儲能。

　　目前儲能技術需要研究的課題涉及：提高電池的能源密度和壽命；開發新材料和材料改性，改進現有製造方法和操作條件。針對攜帶型應用系統，研究的重點是開發鋰離子、鋰聚合物和鎳氫電池。針對電動和混合動力汽車，重點研究NiMH、鋰離子、鋰聚合物電池，提高能量和動力密度。開發超級電容器，降低成本、改進生產方法、降低內部電阻是關鍵。開發SMES的重點內容是降低成本、獲取高溫超導材料和低溫電力電子器件。對飛輪的研究應該集中在改進

表7-4　能量的形態類別及其儲存和輸送方法

能量的形態	儲存法		輸送法
機械能	動能	飛輪	高壓管道
	位能	揚水	
	彈性能	彈簧	
	壓力能	壓縮空氣	
熱能	顯熱	顯熱儲熱	熱介質輸送管道熱管
	潛熱（熔化、蒸發）	潛熱	
化學能	電化學能		化學熱管、管道、罐車、汽車等
	化學能、物理化學能（溶液、稀釋、混合、吸收等）		
電能	電能	電容器	輸電線微波輸電
	磁能	超導線圈	
	電磁波（微波）		
輻射能	太陽光、雷射光束		光纖維
原子能		鈾、釷等	

材料和製造方法，已獲取長期穩定性、良好的性能和低成本。冷、熱儲能技術的研究目標應該綜合不同用途，採取更有效的辦法，例如提高或降低溫度水平。重點開發新材料，如相變材料。

7.4.2　熱能儲存技術

　　熱能雖然是一種低質量的能源，但從它在所利用的全部能源中占60%這一點來看，儲熱的意義是很重大的。假設在低溫下T_1為 α 相的單位質量的儲能物質經加熱到高溫T_2時變成 β 相。如設 c_α, c_β 分別為 α、β 相的比熱容，H_t為相變潛熱，T_t為相變的溫度，T為溫度，則相變過程中儲存起來的全熱能 Q 可由公式（7-4）求得：

$$Q = \int_{T_2}^{T_1} c_\alpha \mathrm{d}T + H_t + \int_{T_1}^{T_2} c_\beta \mathrm{d}T \tag{7-4}$$

　　因此，質量為 m 的物質，其儲能量則為 Q 的 m 倍。作為一個理想的儲能物

質，它應具有下列特性：①價格便宜；②儲能密度大；③資源豐富，可以大量獲得；④無毒，危險性小；⑤腐蝕性小；⑥化學性能穩定。

　　如果$T_2 > T_1$時，如設T_1為基準溫度（常溫），則為儲熱；如設T_2為基準溫度，則為儲冷；另外，和H_t無關的儲熱，稱之為顯熱儲熱；除此以外的，稱之為潛熱儲熱。對儲熱來說，選用比熱容大的物質也是增加儲熱量的一個方法。表7-5是比熱容較大的水和固體等的顯熱儲熱材料舉例。表7-6列出了主要液體顯熱儲熱材料的使用溫度範圍。在這些儲熱材料中，岩石類和水一樣價格便宜，並可以在高溫下使用。液態金屬、鑄鐵等同其他物質相比，溫度傳導率高，熱的輸入、輸出隨動性好，但在液態金屬的處理上還有著一定的困難。

　　採用水和碎石儲熱材料的太陽能房屋是顯熱利用系統的一個具體例子。由於這些材料價廉、安全，因此在顯熱儲熱系統中得到廣泛應用。

表7-5　顯熱儲熱材料的實例

物　質	密度 ρ /(kg/m³)	比熱容 c /[J/(kg·K)]	單位元體積的熱容量c_P /[J/(m³·K)]	熱導率 /[W/(m·K)]	熱溫度傳導 /(m²/S)
水	$1.00×10^3$	$4.2×10^3$	$4.6×10^6$	0.58	1.4
鑄鐵	$7.60×10^3$	$0.46×10^3$	$3.5×10^6$	46.8	1.34
Fe_2O_3	$5.20×10^3$	$0.76×10^3$	$4.0×10^6$	2.9	7.4
花崗岩	$2.70×10^3$	$0.80×10^3$	$2.2×10^6$	2.7	1.27
大理石	$2.70×10^3$	$0.88×10^3$	$2.4×10^6$	2.3	9.7
水泥	$2.47×10^3$	$0.92×10^3$	$2.3×10^6$	2.4	1.07
Al_2O_3	$4.00×10^3$	$0.84×10^3$	$3.4×10^6$	2.5	7.5
磚	$1.70×10^3$	$0.84×10^3$	$1.4×10^6$	0.63	4.0

表7-6　液體顯熱儲熱材料的使用溫度範圍

媒體	類型	溫度範圍 /℃	比熱容 /[J/(kg·K)]	備註
CalorirHT43	油	$-9～310$	2500	需要無氧氣氛，高溫時有和非溶解聚
Therminol55	油	$-18～316$	2500	體聚合的可能，Therminol55地大於288℃
Therminol66	油	$-9～343$		時，由於過度揮發會使質量減少
Hitec	熔融岩	$205～540$	1560	550℃以上長時間的穩定性尚不清楚，
Draw salt	熔融岩	$260～550$	1560	450℃以上需要SUS容器，需要惰性氣氛
Na	液體金屬	$125～760$	1300	需要SUS等容器
Na-K系	液體金屬	$49～760$	1050	密閉系統
				與水、氧等有激烈反應

所謂潛熱一般是在物質相變時才有，例如冰融化時的熔解熱等。這種相變一般有以下四種情況：①固體物質的晶體結構發生變化，例如六方晶格的鋯，在871℃的溫度下，晶格變成體心立方，此時相當於吸收了53kJ/kg的熱量，為了利用這種潛熱，人們研究了表7-7所示的儲熱材料；②固、液相間的相變（即熔解、凝固），這是指冰的融化，水的結冰。具體的應用實例有冰庫等，利用這種潛熱的有$BeCl_2$、NaF、$NaCl$、$LioH$、$LiNO_3$、KCl、B_2O_3、Al_2Cl_6、$FeCl_3$、$NaOH$、H_3PO_4、KNO_3，而共熔混合鹽儲熱物質有$KCl \cdot KNO_3$、$NaCl \cdot NaNO_3$、$CaCl_2 \cdot LiNO_3$、$BaCl_2 \cdot KCl \cdot LiCl$、$KF \cdot NaF \cdot KNO_3$、$NaCl \cdot NaNO_3$、$NaSO_4$、$KBr \cdot KCl \cdot LiBr \cdot LiCl$；③液、氣相的相變（即氣化、冷凝），相當於所述蒸汽儲熱器等場合的水的蒸發和蒸汽的冷凝；④固相直接變成氣相（即昇華）、萘和碘等若干物質具有這種現象。這時的昇華熱量大體等於熔解熱和汽化熱的和。據試驗，固體碘在室溫下，以0.31mmHg的壓力昇華時吸收的熱量為245kJ/kg。

表7-7　利用晶體結構變化時潛熱的儲熱材料實例

儲熱物質	分子式	比熱容 / [kJ/(kg · K)]	轉移點 / ℃	潛熱 / (kJ/kg)
氯化鈣	$CaCl_2 \cdot 6H_2O$	2.3（33℃）	30.2	175
磷酸氫二鈉	$Na_2HPO_4 \cdot 12H_2O$	1.94（50℃）	34.6	279
硝酸鈣	$Ca(NO_3)_2 \cdot 10H_2O$	—	42.5	142
硫酸鈉	$Na_2SO_4 \cdot 10H_2O$	—	32.4	239
硫代硫酸鈉	$Na_2S_2O_3 \cdot 5H_2O$	1.45（21℃）	48.0	94

如上所述，相變有幾種不同形式。但相變時潛熱也並非都可以用來儲熱。對潛熱儲熱來說，最好的辦法是利用熔解熱。儘管相變時體積會有所變化，而且變化量也會因物而異，但和原物體相比最多差20%。因此，在選擇這種儲熱材料，特別是選擇鹽類時應考慮以下各點：①該物質的熔點是否在規定的加熱、冷卻溫度範圍之內；②熔點變化大否；③相變時體積變化小否。

7.4.3　相變儲能材料

⑴概念與分類

　　相變儲能材料是指在其物相變化過程中，可以與外界環境進行能量交換（從外界環境吸收熱量或者向外界環境放出熱量），從而達到控制環境溫度和能量利用目的的材料。具體說來，PCM從液態向固態轉變時，要經歷物理狀態的變化，過程中向環境吸熱，反之則向環境放熱。在物理狀態發生變化的時候可儲存或釋放的能量稱為相變熱，一般來說，發生相變的溫度是很窄的。PCM在熔化或凝固過程中雖然溫度不變，但吸收或釋放的潛熱卻非常大。目前已知的天然和合成的PCM超過500種，這些材料的相變溫度和儲熱能力各不相同。PCM據相變形式可以分為固－固相變、固－液相變儲能材料；按照相變溫度範圍可以分為高、中、低儲能材料；按成分又可分為無機物和有機物（包括高分子）儲能材料（圖7-6）。通常PCM是由多成分構成，包括主儲熱劑、相變點調整劑、防過冷劑、防相分離劑、相變促進劑等。

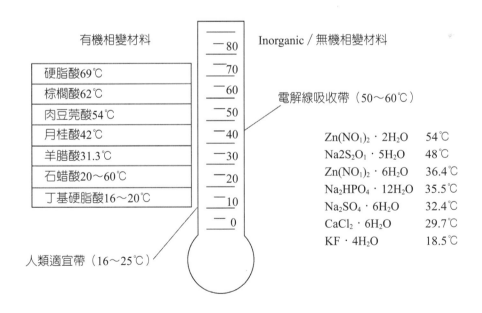

圖7-6　有應用價值的相變物質

(2)複合相變儲熱材料

　　複合相變儲熱材料既能有效克服單一的無機物或有機物相變儲熱材料存在的傳熱性能差以及不穩定的缺點，又可以改善相變材料的應用效果以拓展其應用範圍。因此，研製複合相變儲熱材料已成為儲熱材料領域的熱門研究課題。複合相變材料的應用涉及：①在建築中的應用，即自動調溫建築牆體的自動調溫材料、相變蓄熱電加熱地板、內牆調溫壁紙、建築物內空氣和水加熱系統（即PCM與太陽能、其他再生能源或使用夜晚低電價的熱泵）、相變儲能建築圍護結構；②電力調峰；③太空船儀器恒溫及動力供應；④紡織品調溫；⑤農業果蔬大棚溫度調節；⑥改善發動機性能等。

　　不論開發出何種PCM，都必須滿足如下幾個方面的要求：一是熱性能要求：有合適的相變溫度，較大的相變潛熱，合適的導熱性能（一般宜大）。二是化學性能要求：在相變過程中不應發生熔析現象，以免導致相變介質化學成分的變化；相變的可逆性要好，過冷度應儘量小，性能穩定；無毒、無腐蝕、無污染；使用安全，不易燃、易爆或氧化變質；較快的結晶速度和晶體生長速度。三是物理性能要求：低蒸氣壓，體積膨脹率要小，密度較大。四是經濟性能要求：原料易購，價格便宜。

　　複合相變儲熱材料的製備方法主要有：①膠囊化技術；②利用毛細管作用將相變材料吸附到多孔基質中；③與高分子材料的複合製備PCM；④無機／有機奈米複合PCM的濕化學法。值得關注的是，伴隨奈米科技的發展，奈米材料的新技術結合到PCM材料研究產生的複合奈米儲能材料在儲能材料方面成了新的生長點。

7.5　其他新能源材料

7.5.1　太陽能電池材料

　　太陽能電池的研究是最近興起的重點，其關鍵材料的研究是影響下一步應用的瓶頸。太陽能與風能、生物質能並稱世界三大可再生潔淨能源。目前多晶矽電池在實驗室中轉換效率達到了17%，引起了各方面的關注。砷化鎵太陽能電

池的轉換效率已經達到20%～28%，採用多層結構還可以進一步提高轉換效率。

太陽能是各種可再生能源中最重要的基本能源，生物質能、風能、海洋能、水能等都來自太陽能，廣義地說，太陽能包含以上各種可再生能源。太陽能作為可再生能源的一種，是指太陽能的直接轉化和利用。通過轉換裝置把太陽輻射能轉換成熱能利用的屬於太陽能熱利用技術，通過轉換裝置把太陽輻射能轉換成電能利用的屬於太陽能光發電技術，光電轉換裝置通常是利用半導體器件的光電效應原理進行光電轉換的，因此又稱太陽能光電技術。光生伏特效應簡稱為光電效應，指光照使不均勻半導體或半導體與金屬組合的不同部位之間產生電位差的現象。產生這種電位差的機制很多，主要的一種是由於阻擋層的存在。太陽能電池是利用光電轉換原理，使太陽的輻射光通過半導體物質轉變為電能的一種器件，這種光電轉換過程通常叫做「光電效應」，因此太陽能電池又稱為「光電電池」，用於太陽能電池的半導體材料是一種介於導體和絕緣體之間的特殊物質，和任何物質的原子一樣，半導體的原子也是由帶正電的原子核和帶負電的電子組成，半導體矽原子的外層有4個電子，按固定軌道圍繞原子核轉動。當受到外來能量的作用時，這些電子就會脫離軌道而成為自由電子，並在原來的位置上留下一個「空穴」，在純淨的矽晶體中，自由電子和空穴的數目是相等的。如果在矽晶體中摻入硼、鎵等元素，由於這些元素能夠俘獲電子，它就成了空穴型半導體，通常用符號P表示；如果摻入能夠釋放電子的磷、砷等元素，它就成了電子型半導體，以符號N代表。若把這兩種半導體結合，交界面便形成一個P-N結。太陽能電池的奧妙就在這個「結」上，P-N結就像一堵牆，阻礙著電子和空穴的移動。當太陽能電池受到陽光照射時，電子接受光能，向N型區移動，使N型區帶負電，同時空穴向P型區移動，使P型區帶正電。這樣，在P-N結兩端便產生了電動勢，也就是通常所說的電壓。這種現象就是所說的「光電效應」。如果這時分別在P型層和N型層焊上金屬導線，接通負載後外電路便有電流通過，形成的一個個電池元件，把它們串聯、並聯起來，就能產生一定的電壓和電流，輸出功率。製造太陽能電池的半導體材料已知的有十幾種，因此太陽能電池的種類也很多。目前，技術最成熟並具有商業價值的太陽能電池是矽太陽能電池。

太陽能電池以材料區分有晶矽電池、非晶矽薄膜電池、銅鋼硒（CIS）電池、磷化鎘（CdTe）電池、砷化鎵電池等，以晶矽電池為主導，由於矽是地

球上儲量第二大元素，作為半導體材料，人們對它研究得最多、技術最成熟，而且晶矽性能穩定、無毒，因此成為太陽能電池研究開發、生產和應用中的主體材料。以晶體矽材料製備的太陽能電池主要包括：單晶矽太陽能電池、鑄造多晶矽太陽能電池、非晶矽太陽能電池和薄膜晶體矽電池。單晶矽電池具有電池轉換效率高，穩定性好，但是成本較高；非晶矽太陽能電池則具有生產效率高，成本低廉，但是轉換效率較低，而且效率衰減得比較厲害；鑄造多晶矽太陽能電池則具有穩定得轉換的效率，而且性能價格比最高；薄膜晶體矽太陽能電池則現在還只能處在研發階段。從固態物理學上講，矽材料並不是最理想的光電材料，這主要是因為矽是間接能帶半導體材料，其光吸收係數較低，所以研究其他光電材料成為一種趨勢。其中，碲化鎘（CdTe）和銅銦硒（CuInSe$_2$）被認為是兩種非常有前途的光電材料，而且已經取得一定的進展，但是距離大規模生產，還需要做大量的工作。

多晶矽電池材料裡比較合適的襯底材料為一些矽或鋁的化合物，如SiC、Si$_3$N$_4$、SiO$_2$、Si、Al$_2$O$_3$、SiAlON、Al等，製備多晶矽薄膜的技術方法主要有以下幾種：①化學氣相乘積法（CVD法）；②等離子體增強化學氣相沈積法（PECVD法）；③液相外延法（LPE）；④等離子體濺射沈積法。

太陽能電池在太陽能光電製氫、用戶太陽能電源、交通領域、通訊／通信領域、海洋與氣象領域、家庭燈具電源、光電電站、太陽能建等都有重要的前景。

7.5.2　生物質能材料

在生物質能方面，目前美國學者已發現30多種富含油的野草，如乳草、蒲公英等。科學家還發現300多種灌木、400多種花卉富含「石油」。2005年，中國科學家利用轉基因技術，使油菜籽的生物柴油含量由10%提高到40%，展現了開拓能源全新領域的美好前景。

生物質能是新能源領域裡的生力軍，其應用非常廣泛，這裡僅簡述其材料分類，材料的物理化學過程等原理不再專門論述。用途根據來源不同，將適合於能源利用的生物質分為林業資源、農業資源、生活污水和工業有機廢水、城市固體廢棄物、畜禽糞便等五類。

⑴林業資源

　　指森林生長和林業生產過程提供的生物質能源，包括新炭林、在森林撫育和間伐作業中的零散木材、殘留的樹枝、樹葉和木屑等，木材採運和加工過程中的枝丫、鋸末、木屑、板皮和截頭等，林業副產物的廢棄物，如果殼、果核等。

⑵農業資源

　　指農業作物（包括能源植物），能源生產過程中的廢棄物，如農作物秸稈（玉米秸、高粱秸、麥秸、豆秸、稻草等）；農業加工的廢棄物。如農業生產過程中剩餘的稻殼等。能源植物泛指各種提供能源的植物，通常包括草本能源植物、油料作物、製取碳氫化合物植物和水生植物等。

⑶生活污水和工業有機廢水

　　生活污水主要指城鎮居民生活、商業和服務業的各種排水，如冷卻水、洗浴排水、洗衣排水、廚房排水、糞便污水等；工業有機廢水主要是酒精、釀酒、製糖、食品、製藥、造紙及屠宰行業等生產過程中排出的廢水等，富含有機物。

⑷城市固體廢物

　　主要指城鎮居民生活垃圾、商業垃圾、服務業垃圾和少量建築物垃圾等固體廢物，其成分比較複雜，受當地居民的平均生活水準、能源消費結構、城鎮建設、自然條件、傳統習慣及季節氣候變化等因素影響。

⑸畜禽糞便

　　畜禽排泄物的總稱，是其他形態生物質（主要是糧食、農作物秸稈和牧草等）的轉化形式，包括畜禽排出的糞便、尿及其與墊草的混合物。

7.5.3 核能關鍵材料

　　目前核電的形勢大好，很多業界人士認為「核能的春天已經再次到來」。核電工業的發展離不開核材料，任何核電技術的突破都有賴於核材料的首先突破。

　　發展核能的關鍵材料包括：先進核動力材料、先進的核燃料、高性能燃料元件、新型核反應爐材料、鈾濃縮材料等。

　　值得關注的是金屬鋯和金屬鉿，它們是核電工業不可或缺的消耗性金屬材料。稀有金屬王國裡的鋯和鉿，電子結構和理化性質相似，且具有元素對的特徵。鋯和鉿由於提取方法複雜，產量較少，用途特殊，熔點高，屬於稀有難熔金屬一類。但是鋯並不稀少，它在地殼中的含量十分豐富，其儲存量為0.0025%（質量百分比），超過了常用有色金屬如Cu、Zn、Sn、Ni和Pb的儲存量；而鉿的儲存量估計也超過Hg、Nb和U。由於自然界中的鋯與鉿總是共生在一起，沒有單獨的鉿礦物存在，因此，採用特殊的化學—冶金聯合方法以分離鋯和鉿，就成為製取金屬鋯和金屬鉿最關鍵的一步。含鋯和鉿的天然矽酸鹽稱為鋯英石或風信子石（$ZrHfSiO_4$），它們具有從橙色到紅色的多種美麗顏色，常被認為屬於寶石一類。與鋯英砂一樣具有工業開採價值的鋯礦物還有斜鋯礦（ZrO_2）。世界各地的鋯鉿礦物主要賦存於海濱砂礦礦床中，因此，它們多與鈦鐵礦、獨居石、金紅石、磷釔礦等共生。生產金屬鋯和金屬鉿的主要方法是金屬熱還原法，要先將鋯英砂精礦經氯化或鹼熔製成氯化鋯（鉿）或氧氯化鋯，除去鋯砂中的SiO_2，再進行鋯鉿分離，分別製得含鉿小於0.01%和含鋯小於1%的ZrO_2和HfO_2後，再將它們氯化，經鎂還原製得海綿鋯或海綿鉿，再熔鑄成錠以製造需要的型材。核動力是金屬鋯和鉿主要的應用領域，可以說世界鋯鉿工業的發展，特別是早期鋯鉿工業的建立，很大程度上是因為鋯鉿在軍事工業如核動力潛水艇、核動力航空母艦和太空船（梭）用小型核動力反應爐上的應用而發展起來的。目前鋯鉿在民用核能方面也有廣闊的應用領域。由於核電站中鈾燃料消耗及輻照影響，反應爐鋯材每年需更換其中1/3，使得金屬鋯成為一種消耗性材料，日益顯現其戰略地位。

　　另外，鈾及其轉化物（天然軸、低濃鈾的氟化物、氧化物和金屬）、核燃料元件及元件（裝有鈾、鈈等核分裂物質，放在核反應爐內進行核分裂鏈式反應的核心部件）、其他核材料及相關特殊材料（製造核燃料元件包殼、反應爐控制棒、冷卻劑等的特殊材料）、超鈾元素及其提取設備（週期表中原子序數大於92的元素）等關鍵核能材料的研究已經很有系統化。

7.5.4　鎳氫電池材料

　　鎳氫電池是近年來開發的一種新型電池，與常用的鎳鎘電池相比，容量可

以提高一倍，沒有記憶效應，對環境沒有污染。它的核心是儲氫合金材料，目前主要使用的是RE（LaNi₅）系、Mg系和Ti系儲氫材料，目前正朝著方形密封、大容量、高比能的方向發展。

　　鎳氫電池和鎳鎘電池外形上相似，而且鎳氫電池的正極與鎳鎘電池也基本相同，都是以氫氧化鎳為正極，主要區別在於鎳鎘電池負極板採用的是鎘活性物質，而鎳氫電池是以高能儲氫合金為負極，因此鎳氫電池具有更大的能量。同時鎳氫電池在電化學特性方面與鎳鎘電池亦基本相似，故鎳氫電池在使用時可完全替代鎳鎘電池，而不需要對設備進行任何改造。鎳氫電池的主要特性是：①鎳氫電池能量比鎳鎘電池大兩倍；②能達到500次的完全循環充放電；③用專門的充電器充電可在1hr內快速充電；④自放電特性比鎳鎘電池好，充電後可保留更長時間；⑤可達到3倍的連續高效率放電；可應用於：照相機、錄影機、行動電話、無線電話、對講機、筆記型電腦、PDA、各種攜帶型設備電源和電動工具等。鎳氫電池的優缺點是：放電曲線非常平滑，到電力快要消耗完時，電壓才會突然下降。鎳氫是以氫氧化鎳為正極，以高能儲氫合金為負極，高能儲氫合金材料使得鎳氫電池具有更大的能量。同時鎳氫電池在電化學特性與鎳鎘電池亦基本相似，故鎳氫電池在使用時可完全替代鎳鎘電池，而不需要對設備進行任何改造。當然，它也有缺點，主要是充放電較麻煩，自放電現象較重，不利於環保。

　　覆鈷球型氫氧化鎳是用於鎳氫電池的一種新型正極材料，用它製作電池時加入黏結劑後，可直接投入泡沫鎳中，簡化了電池生產程序，不增加成本，而性能顯著改善，可提高性能價格比，是當今世界環境保護和電池材料的發展方向。

　　鎳氫電池幾乎可用於所有的電子產品（如行動電話、答錄機、電腦、照相機、遊戲機等），也以作為動力用於電動汽車及太空梭（船）中。另一方面，用稀土合金作的永磁材料具有極強的永磁特性，可以廣泛應用到從小到手錶、照相機、答錄機、雷射唱盤機、影碟機、錄影機，大到電腦、汽車、發電機、醫療器械、磁浮列車等上面。用這種材料作的電子或電器產品的體積可以大幅度地減小，這就像半導體取代電子管減小體積一樣，在航太和航空開發方面尤其具有價值。

7.5.5 其他新能源材料

①風能資源的利用上，製造大功率風電機組的複合材料葉片是該類新能源材料的關鍵。

②新的熱電轉換材料，如$(SbBi)_3(TeSe)_2$合金、填充式Skutterudites $CoSb_3$型合金（如$CeFe_4Sb_{12}$）等。

③新型超導材料。

④地熱、海洋能等新能源系統利用中的關鍵材料。

⑤電容器材料和熱電轉換材料一直是傳統能源材料的研究範圍。現在隨著新材料技術的發展和新能源涵義的拓展，一些新的熱電轉換材料也可以當作新能源材料來研究。目前熱電材料的研究主要集中在$(SbBi)_3(TeSe)_2$合金、填充式Skutterudites $CoSb_3$型合金（如$CeFe_4Sb_{12}$）、IV族Clathrates體系（如$Sr_4Eu_4Ga_{16}Ge_{30}$）以及Half-Heusler合金（如$TiNiSn_{0.95}Sb_{0.05}$）。此外，多元鈷酸氧化物（如$NaCo_2O_4$）陶瓷最近也被提出作為熱電材料來研究，但目前氧化物的熱電品質因數比熱電合金體系的低。

◎思考題

1. 新能源材料的涵義是什麼？它包括哪些內容？

2. 鋰離子電池的正極和負極材料主要有哪些？

3. 燃料電池有哪些？試用表格的形式列出它們在結構材料上的區別。

4. 儲能材料有哪些？相變儲能材料的遴選原則是什麼？

參考文獻

1. Menzler N H, Lavergnat D, Tietz F, et al., Materials synthesis and characterization of 8YSZ nanomaterials for the fabrication of electrolyte membranes in solid oxide fuel cells. Ceramics International, 2003, 29: 619.

2. Tayeb Aghareed M. Use of some industrial wastes as energy storage media. Energy Conversion and Management, 1996, 37(2): 127～133.

3. Hasnain S M., Review on sustainable thermal energy storage technologies, Part Ⅰ: heat storage materials and techniques. Energy Conversion and Management, 1998, 39(11): 1127～1138.

4. Fath Hassan E S., Technical assessment of solar thermal energy storage technologies. Renewable Energy, 1998, 14(1-4): 35～40.

5. Ait Hammou Zouhair, Lacroix Marcel, A hybrid thermal energy storage system for managing simultaneously solar and electric energy. Energy Conversion and Management, 2006, 47(3): 273～288.

6. Heidari T M, Sderstrom M. Modelling of thermal energy storage in industrial energy systems the method development of MIND. Applied Thermal Engineering, 2002, 22(11): 1195～1205.

7. Wang G X, Sun L, Bradhurst D H, et al., Nanocrystalline NiSi alloy as an anode material for lithium-ion batteries. Journal of Alloys and Compounds, 2000, 306(1-2): 249～252.

8. Nahar N M. Performance and testing of a hot box storage solar cooker. Energy Conversion and Management, 2003, 44(8): 1323～1331.

9. Sadek Olfat M, Mekhamer Wafaa K. Ca-montmorillonite clay as thermal energy storage material. Thermochimica Acta, 2000, 363(1-2): 47～54.

10. CHadjieva M, Stoykov R, Filipova Tz. Composite salt-hydrate concrete system for building energy storage. Renewable Energy, 2000, 19(1-2): 111～115.

11. Iwahori T, Mitsuishi I, Shiraga S, et al. Development of lithium ion and lithium polymer batteries for electric vehicle and home-use load leveling system application. Electrochimica Acta, 2000, 45(8-9): 1509～1512.

12. Prem Kumar T, Manuel Stephan A, Thayananth P. Thermally oxidized graphites as anodes for lithiumion cells. Journal of Power Sources, 2001, 97: 118～121.

13. Ritchie A G. Recent developments and future prospects for lithium rechargeable batteries. Journal of Power Sources, 96(1): 1～4.

14. Kim Jin Suk, Yoon Woo Young, Improvement in lithium cycling efficiency by using lithium powder anode. Electrochimica Acta, 2004, 50(2-3): 529～532.

15. Venkatasetty H V, Novel superacid-based lithium electrolytes for lithium ion and lithium polymer rechargeable batteries. Journal of Power Sources, 2001, 97: 671～673.

16. Kodama Teruo, Sakaebe Hikari, Present status and future prospect for national project on lithium batteries. Journal of Power Sources, 1999, 81(81-82): 144～149.

17. Ritchie A G. Recent developments and likely advances in lithium rechargeable batteries. Journal of Power Sources, 2004, 136(2): 285～289.

18. Stassen I., Hambitzer G., Metallic lithium batteries for high power applications. Journal of Power Sources, 2002, 105(2): 145～150.

19. Venkatarama Reddy B V, Jagadish K S. Embodied energy of common and alternative building materials and technologies. Energy and Buildings. 2003, 35(2): 129～137.

20. Thormark C. The effect of material choice on the total energy need and recycling potential of a building. Building and Environment, 2006, 41(8): 1019～1026.

21. Nowotny J, Sorrell C C, Sheppard L R, et al. Solar-hydrogen: Environmentally safe fuel for the future. International Journal of Hydrogen Energy, 2005, 30(5): 521～544.

22. Hisham El-Dessouky. Effectiveness of a thermal energy storage system using phase-change materials. Energy Convers Manage, 1997, 38(6): 601～617.

23. B Zalba, J M Marin. Review on thermal energy storagewith phase changes: materials, heat transfer analysis and appli2cations. Thermal Applied Engineering, 2003, 23: 251～283.

24. 范寶安、朱慶山、謝朝暉。固體氧化物燃料電池YSZ電解質薄膜的製備方法概述。過程工程學報，2004，4：75。

25. 戴彧、唐黎明。相變儲熱材料研究進展。化學世界，2001，12：662～666。

26. 姜勇、丁恩勇黎、國康。一種新型的相變儲能功能高分子材料。高分子材料科學與工程，2001，17(3)：173～175。

27. 張仁元、劉良德、柯秀芳、李愛菊。一種無機鹽陶／瓷基複合儲熱材料及其製備方法。中國專利：CN 1328107A，2001. 12. 26。

28. M諾伊施茨、R格勞施、N洛茨等。潛熱儲存系統的儲存介質。中國專利：CN1321720A，2002. 11. 14。

29. 張正國、方曉明、陳中華。有機相變物／膨潤土奈米複合相變儲熱建築材料製備方法。中國專利：CN1327024，2001. 12. 19。

30. 陳立泉。中國新能源材料產業化現狀。新能源材料應用技術研究，2005特集，北京：新材料發展中心、新材料產業雜誌社。2005年9月。

31. 張世超。中國能源材料戰略需求與中長期科技發展。新能源材料應用技術研究，2005特集，北京：新材料發展中心、新材料產業雜誌社。2005年9月。

32. 樊栓獅、梁德青、楊向陽等編著。儲能材料與技術。北京：化學工業出版社，2004。

Chapter *8*

其他新能源

8.1 地熱能

地熱能已成為繼煤炭、石油之後重要的替代型能源之一，也是太陽能、風能、生物質能等新能源家族中的重要成員，是一種無污染或極少污染的清潔綠色能源。地熱資源集熱、礦、水為一體，除可以用於地熱發電以外，還可以直接用於供暖、洗浴、醫療保健、休閒療養、養殖、農業養殖、紡織印染、食品加工等方面。此外，地熱資源的開發利用可帶動地熱資源勘查、地熱井施工、地面開發利用工程設計施工、地熱裝備生產、水處理、環境工程及餐飲、旅遊度假等產業的發展，是一個新興的產業，可大量增加社會就業，促進經濟發展，提高人民生活質量。因此，世界上有地熱資源的國家均將其作為優先開發的新能源，培植各具特色的地熱產業，在緩解常規能源供應緊張和改善生態環境等方面發揮了明顯作用。

人類很早以前就開始利用地熱能，但真正認識地熱資源並進行較大規模的開發利用卻始於20世紀中葉。現在許多國家為了提高地熱利用率，而採用梯級開發和綜合利用的辦法，如熱電聯產聯供，熱、電、冷三聯產，先供暖後養殖等。地熱能的利用可分為地熱發電和直接利用兩大類，對於不同溫度的地熱流體可利用的範圍如下：

①200～400℃，直接發電及綜合利用；

②150～200℃，可用於雙循環發電、製冷、工業乾燥、工業熱加工等；

③100～150℃，可用於雙循環發電、供暖、製冷、工業乾燥、脫水加工、回收鹽類、製作罐頭食品等；

④50～100℃，可用於供暖、溫室、家庭用熱水、工業乾燥；

⑤20～50℃，可用於沐浴、水產養殖、飼養牲畜、土壤加溫、脫水加工等。

8.1.1 地熱資源及其特點

中國是一個地熱資源較豐富的國家，特別是中低溫地熱資源（熱儲溫度25～150℃）幾乎遍及全國。全球地熱能「資源基數」為$140 \times 10^6 EJ/a$（$1EJ = 10^{18}J$），中國為$11 \times 10^6 EJ/a$，占全球7.9%。據調查，中國地熱資源呈

現如下特點：

①以低溫地熱資源為主。全國近3000處溫泉和幾千個地熱井出口溫度絕大部分低於90℃，平均溫度約54.8℃。

②集中分布在東部和西南部地區。受環太平洋地熱帶和地中海－阿爾卑斯－喜馬拉雅地熱帶的影響，中國東部地區和西南部地區形成了兩個地熱資源富集區。其中，東部地區以中低溫地熱資源為主，主要分布於松遼平原、黃淮海平原、江漢平原、山東半島和東南沿海地區；高溫地熱資源（熱儲溫度 ≥ 150℃）主要分布在西南部地區藏南、滇西、川西和臺灣省。

③地熱資源分布與經濟區和城市規劃區相匹配。以環渤海經濟區為例，該區的北京、天津、河北和山東等省市地熱儲層多、儲量大、分布廣，是中國最大的地熱資源開發區。

④綜合利用價值高。中國地熱資源以水熱型為主，可直接進行開發利用，適合於發電、供熱、供熱水、洗浴、醫療、溫室、乾燥、養殖等。

8.1.2　地熱的熱利用

中低溫地熱的直接利用在中國非常廣泛，已利用的地熱點有1300多處，地熱採暖面積達800多萬m²，地熱溫室、地熱養殖和溫泉浴療也有了很大的發展。地熱供暖主要集中在中國的北方城市，其基本形式有兩種：直接供暖和間接供暖。直接供暖就是以地熱水為工質供熱，而間接供暖是利用地熱熱水加熱供熱介質再循環供熱。地熱水供暖方式的選擇主要取決於地熱水所含元素成分和溫度，間接供暖的初投資較大（需要中間換熱器），並由於中間熱交換增加了熱損失，這對中低溫地熱來說會大大降低供暖的經濟性，所以一般間接供暖用在地熱水質差而水溫高的情況，限制了其應用場合。

地熱水從地熱井中抽出直接供熱，系統設備簡單，基建、運行費少，但地熱水不斷被廢棄，當大量開採時會使水位由於補給不足而逐年下降，局部形成水漏斗，深井越打越深，還會造成地面沈降的嚴重後果，所以直接使用地熱水有諸多弊端。研究成果顯示，地熱水直接利用系統的水量利用率只有34%，而熱量利用率只有18%，排入水體的地熱水會造成熱污染和其他污染。為了保護水資源和節約能源，保護生態環境，保證經濟可持續發展，解決合理開採利用地熱

水問題刻不容緩。

採用有熱泵和回灌的新系統，綜合利用地熱水的熱能用於供暖和熱水供應，可以有效解決這一問題。合理利用地源熱泵技術，可實現不同溫度程度的地熱資源的高效綜合利用，提高空調供熱的經濟性。

熱泵分為空氣源熱泵（利用空氣作冷熱源的熱泵）和水源熱泵（利用水作冷熱源的熱泵）。地源熱泵是一種利用地下淺層地熱資源把熱從低溫端提到高溫端的設備，是利用水源熱泵的一種形式。它是利用水與地能進行冷熱交換來作為水源熱泵的冷熱源，是一種既可供熱又可製冷的高效節能空調系統。冬季時，地源熱泵把地能中的熱量取出來，供給室內採暖。此時地能為熱源；夏季時，地源熱泵把室內熱量取出來，釋放到地下水、土壤或地表水中。此時地能為冷源。通常，地源熱泵消耗1kW的能量可為用戶帶來4kW以上的熱量或冷量。

地源熱泵具有下面一些特點：

(1)節能效率高

地能或地表淺層地熱資源的溫度一年四季相對穩定，冬季比環境空氣溫度高，夏季比環境空氣溫度低，是很好的熱泵熱源和空調冷源。這種溫度特性使得地源熱泵比傳統空調系統運行效率高出40%，因此達到了節能和節省運行費用的目的。

(2)可再生循環

地源熱泵是利用地球表面淺層地熱資源（通常小於400m深）作為冷熱源而進行能量轉換的供暖空調系統。地表淺層地熱資源可以稱之為地能，是指地表土壤、地下水或河流、湖泊中吸收太陽能、地熱能而蘊藏的低溫位熱能，它不受地域、資源等限制，量大面廣、無處不在。這種儲存於地表淺層近乎無限的可再生能源，使得地能也成為一種清潔的可再生能源。

(3)應用範圍廣泛

地源熱泵系統可用於採暖、空調，還可供生活熱水，一機多用，一套系統可以替換原來的鍋爐加空調的兩套裝置或系統。該系統可應用於旅館、商場、辦公大樓、學校等建築，更適合於別墅住宅的採暖、空調。

8.1.3 地熱發電

世界上最早利用地熱發電的國家是義大利。1812年義大利就開始利用地熱溫泉提取硼砂，並於1904年建成了世界上第一座80kW的小型地熱試驗電站。到目前為止，世界上約有32個國家先後建立了地熱發電站，總容量已超過800萬千瓦，其中美國有281.7萬千瓦；義大利有151.8萬千瓦；日本有89.5萬千瓦；紐西蘭有75.5萬千瓦；中國有3.08萬千瓦。單機容量最大的是美國蓋伊塞地熱站的11號機，為10.60萬千瓦。

隨著全世界對潔淨能源需求的增長，將會更多地使用地熱資源，特別是在許多開發中國家地熱資源尤為豐富。據預測，今後世界上地熱發電將有相當規模的發展，全世界開發中國家理論上從火山系統就可取得8000萬千瓦的地熱發電量，具有很大的發展潛力。

科學家們根據不同類型的地熱資源的特點，經過較長時間的理論和試驗研究，確立了三類多種地熱發電站的熱力系統，現分述如下：

(1)地熱蒸汽發電熱力系統

地熱井中的蒸汽經過分離器除去地熱蒸汽中的雜質（$10\mu m$及以上）後直接引入普通汽輪機做功發電，系統原理見圖8-1。適用於高溫（160℃以上）地熱田的發電，系統簡單，熱效率為10%～15%，廠用電率12%左右。

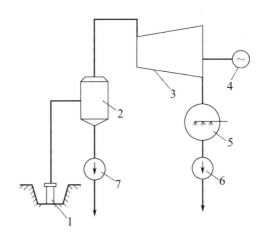

圖8-1　地熱蒸汽發電原則性熱力系統

1－地熱蒸汽井；2－分離器；3－汽輪機；4－發電機；
5－混合式凝汽器；6－排水泵；7－排污泵

⑵擴容法地熱水發電熱力系統

　　根據水的沸點和壓力之間的關係，把地熱水送到一個密閉的容器中降壓擴容，使溫度不太高的地熱水因氣壓降低而沸騰，變成蒸汽。由於地熱水降壓蒸發的速度很快，是一種閃急蒸發過程，同時地熱水蒸發產生蒸汽時它的體積要迅速擴大，所以這個容器叫做「擴容器」或「閃蒸器」，用這種方法產生蒸汽來發電就叫擴容法地熱水發電。這是利用地熱田熱水發電的主要方式之一，該方式分單級擴容法系統和雙級（或多級）擴容法系統。系統原理：擴容法是將地熱井口來的中溫地熱汽水混合物，先送到擴容器中進行降壓擴容（又稱閃蒸）使其產生部分蒸汽，再引到常規汽輪機做功發電。擴容後的地熱水回灌地下或作其他方面用途。適用於中溫（90～160℃）地熱田發電。

①單級擴容法系統。單級擴容法系統簡單，投資低，但熱效率較低（一般比雙級擴容法系統低20%左右），廠用電率較高。單級擴容法地熱發電熱力系統原理見圖8-2。

②雙級擴容法系統。雙級擴容法系統熱效率較高，廠用電率較低。但系統複雜，投資較高。雙級擴容法地熱水發電熱力系統見圖8-3。

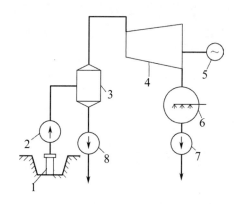

圖8-2　單級擴容法地熱發電熱力系統

1－地熱井；2－熱水泵；3－一級擴容器；4－汽輪機；
5－發電機；6－混合式凝汽器；7－排水泵；8－排污泵

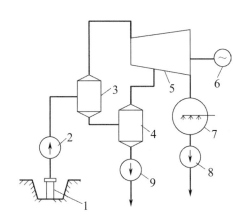

圖8-3　雙級擴容法地熱水發電熱力系統

1－地熱井；2－熱水泵；3－一級擴容器；4－二級擴容器；
5－汽輪機；6－發電機；7－混合式凝汽器；8－排水泵；9－排污泵

⑶中間介質法地熱水發電熱力系統

　　又叫熱交換法地熱發電，這種發電方式不是直接利用地下熱水所產生的蒸汽進入汽輪機做功，而是通過熱交換器利用地下熱水來加熱某種低沸點介質，使之變為氣體去推動汽輪機發電，這是利用地熱水發電的另一種主要方式。該方式分單級中間介質法系統和雙級（或多級）中間介質法系統。

　　系統原理：在蒸發器中的地熱水先將低沸點介質（如氟里昂（Freon）、異戊烷、異丁烷、正丁烷、氯丁烷）加熱使之蒸發為氣體，然後引到普通汽輪機做功發電。排氣經冷凝後重新送到蒸發器中，反覆循環使用。有的教科書又將此系統稱為雙流體地熱發電系統。適用於充分利用低溫（50～100℃）地熱田發電。

　①單級中間介質法系統。單級中間介質法系統簡單，投資少，但熱效率低
　　（比雙級低20%左右），對蒸發器及整個管路系統嚴密性要求較高（不能發
　　生較大的洩漏），還要經常補充少量中間介質。一旦發生洩漏，對人體及
　　環境將會產生危害和污染。單級中間介質法地熱水發電原則性熱力系統見
　　圖8-4。

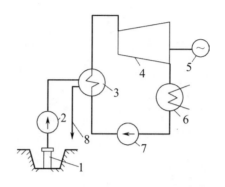

圖8-4　單級中間介質法地熱水發電熱力系統

1－熱井水；2－熱水泵；3－蒸發器；4－汽輪機；
5－發電機；6－表面式凝汽器；7－迴圈泵；8－排水管

②雙級（或多級）中間介質法系統。雙級（或多級）中間介質法熱力系統熱效率高，但系統複雜，投資高，對蒸發器及整個管路系統嚴密性要求較高，也存在防洩漏和經常需補充中間介質的問題。雙級中間介質法地熱水發電熱力系統見圖8-5。

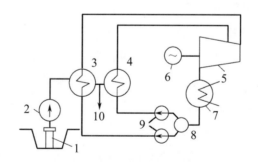

圖8-5　雙級中間介質地熱水發電熱力系統

1－熱水井；2－熱水泵；3－一級蒸發器；4－二級蒸發器；5－汽輪機；
6－發電機；7－表面式凝汽器；8－儲液罐；9－迴圈泵；10－地熱水排水管

8.2 海洋能

　　海洋能係指海水本身含有的動能、勢能和熱能。海洋能包括海洋潮汐能、海洋波浪能、海洋溫差能、海流能、海水鹽度差能和海洋生物能等可再生的自然能源。根據聯合國教科文組織的估計資料，全世界理論上可再生的海洋能總量為766億千瓦，技術允許利用功率為64億千瓦，其中潮汐能為10億千瓦，海洋波浪能為10億千瓦，海流能（潮流）為3億千瓦，海洋熱能為20億千瓦，海洋鹽度差能為30億千瓦。

　　開發利用海洋能即是把海洋中的自然能量直接或間接地加以利用，將海洋能轉換成其他形式的能。海洋中的自然能源主要為潮汐能、波浪能、海流能（潮流能）、海水溫差能和海水鹽差能。究其成因，潮汐能和潮流能來自於太陽和月亮對地球的引力變化，其他基本上源於太陽輻射。目前有應用前景的是潮汐能、波浪能和潮流能。

　　潮汐能是指海水潮漲和潮落形成的水的勢能，其利用原理和水力發電相似。但潮汐能的能量密度很低，相當於微水頭發電的水準。世界上潮差的較大值約為13～15m。一般說來，平均潮差在3m以上就有實際應用價值。只有潮汐能量大且適合於潮汐電站建造的地方，潮汐能才具有開發價值，因此其實際可利用數遠小於此數。

　　波浪能是指海洋表面波浪所具有的動能和勢能，是海洋能源中能量最不穩定的一種能源。波浪能最豐富的地區，其功率密度達100kW/m以上。

　　潮流能指海水流動的動能，主要是指海底水道和海峽中較為穩定的流動。一般來說，最大流速在2m/s以上的水道，其潮流能均有實際開發的價值。中國沿海潮流能的年平均功率理論值約為1.4×10^7kW。其中遼寧、山東、浙江、福建和臺灣沿海的潮流能較為豐富，不少水道的能量密度為15～30kW/m²，具有良好的開發價值。

8.2.1 潮汐能及其開發利用

⑴潮汐能形成原理

　　由於受到太陽和月亮的引力作用，而使海水流動並每天上漲2次。這種上漲當接近陸地時，可能會因共振而加強。共振的程度視海岸情況而定。月球的引力大約是太陽引力的2倍，因為距離較近。伴隨著地球的自轉，海面的水位大約每天2次週期性地上下變動，這就是「潮汐」現象。海水水位具有按照類似於正弦的規律隨時間反覆變化的性質，水位達到最高狀態，稱為「漲潮」；水位落到最低狀態，稱為「退潮」；漲潮與退潮兩者水位之差稱為「潮差」。海洋潮汐的漲落變化形成了一種可供人們利用的海洋能量。

⑵潮汐能利用歷史和現狀

　　人類對潮汐能的利用已經有很長的歷史。早在900多年前，中國泉州就利用它來搬運石塊以便在洛陽江上架橋。在15～18世紀，法、英等國曾在大西洋沿岸利用它來推動水輪機。20世紀出現了潮汐磨坊。那時還沒有雙向水輪機，只能利用一個方向（退潮時）的能量，因為較易控制。

　　現代潮汐能的利用，主要是潮汐發電。世界最早的潮汐發電裝置由法國於1913年在諾德斯特蘭德島上建造。1966年，法國又建造了世界最大的240MW朗斯潮汐電站，商業運營長達40年。加拿大於1979年在芬地灣的阿娜波利斯河口建造潮汐電站，採用環形全貫流式機組，單機容量20MW，現在規劃建造5000MW的潮汐電站。中國1980年建造了3200kW的江廈電站，後來又建造了8個潮汐電站。此外，俄羅斯、英國、韓國、日本、印度、澳大利亞、義大利等國也都在積極開發建造中。

⑶潮汐發電特點

　　作為海洋能發電的一種方式，潮汐發電發展最早、規模最大、技術也最成熟。潮汐發電特點如下：

①潮汐能是一種蘊藏量極大、取之不盡、用之不竭、不需開採和運輸、不影響生態平衡、潔淨無污染的可再生能源。潮汐電站的建設還具有附加條件少、施工週期短的優點。

②潮汐是一種相對穩定的可靠能源，不受氣候、水文等自然因素的影響，不存在豐水年、枯水年和豐水期、枯水期。但是由於存在半月變化，潮差可

相差2倍，因此潮汐電站的保證出力及裝機利用小時較低。

③潮汐每天有兩個高潮和兩個低潮，變化週期較穩定，潮位預報精度較高，可按潮汐預報制定運行計畫，安排日出力曲線，與大電網並網運行，克服其出力間歇性問題。隨著現代電腦控制技術的進步，要做到這一點並不困難。

④潮汐發電是一次能源開發和二次能源轉換相結合，不受一次能源價格的影響，發電成本低。隨著技術的進步，其運行費用還將進一步降低。

⑤潮汐電站的建設，其綜合利用效益極高，不存在淹沒農田、遷移人口等複雜問題，而且可以促淤圍海造田，發展水產養殖、海洋化工，旅遊及綜合利用。

⑷潮汐發電技術原理和類型

　　潮汐發電的工作原理與一般的水力發電的原理相同，它是利用潮水的漲落產生的水位差所具有的勢能來發電，也就是把海水漲落潮的能量變為機械能，再把機械能轉變為電能的過程。具體地說，就是在有條件的海灣或感潮河口建築堤壩、閘門和廠房，將海灣（或河口）與外海隔開，圍成水庫，並在壩中或壩旁安裝水輪發電機組，對水閘適當地進行啟閉調節，使水庫內水位的變化滯後於海面的變化，水庫水位與外海潮位就會形成一定的潮差（即工作水頭），從而可驅動水輪發電機組發電。從能量的角度來看，就是利用海水的勢能和動能，通過水輪發電機組轉化為電能的過程。潮汐能的能量與潮量及潮差成正比，或者說與潮差的平方及水庫的面積成正比。潮汐能的能量密度較低，相當於微水頭發電的程度。

　　由於潮水的流向與河水的流向不同，它是不斷變換方向的，因此潮汐電站按照運行方式及設備要求的不同，而出現了不同的型式，大體上可以分為以下3類：

①單庫單向式電站。只修建一座堤壩和一個水庫，漲潮時開啟閘門，使海水充滿水庫，平潮時關閉閘門，待落潮後庫水位與外海潮位形成一定的潮差時發電；或者利用漲潮時水流由外海流向水庫時發電，落潮後再開閘洩洪。這種發電方式的優點是設備結構簡單，缺點是不能連續發電（僅在落潮或漲潮時發電）。

②單庫雙向式電站。僅修建一個水庫，但是由於採用了一定的水工布置形

式，利用兩套單向閥門控制兩條引水管，在漲潮或落潮時，海水分別從不同的引水管道進入水輪機；或者採用雙向水輪發電機組，因此電站既可在漲潮時發電，也能在落潮時發電，只是在水庫內外水位基本相同的平潮時才不能發電。中國於1980年建成投產的浙江江廈潮汐試驗電站就屬於這種型式。

③多庫聯程式電站。在有條件的海灣或河口，修建兩個或多個水力相連的水庫，其中一個作為高水庫，僅在高潮位時與外海相通；其餘為低水庫，僅在低潮位時與外海相通。水庫之間始終保持一定的水頭，水輪發電機組位於兩個水庫之間的隔壩內，可保證其能連續不斷地發電。這種發電方式，其優點是能夠連續不斷地發電，缺點是投資大，工作水頭低。中國初步議論中的長江口北支流潮汐電站就屬於這種型式。

(5)潮汐發電面臨的技術挑戰

①潮汐電站建在海灣河口，水深壩長，建築物結構複雜，施工、地基處理難度大，土建投資高，一般占總造價的45%。傳統的建設方法，大多採用重力結構的當地材料壩或鋼筋混凝土壩，工程量大，造價高。採用現代化浮運沈箱技術進行施工，可節省大量投資。

②潮汐電站中，水輪發電機組約占電站總造價的50%，同時機組的製造安裝也是電站建設工期的主要控制因素。由於潮汐落差不大，可利用的水頭小，因此潮汐電站採用低水頭、大流量的水輪發電機組。由於發電時儲水庫的水位及海洋的水位都是變化的（海水由儲水庫流出，水位下降；因潮汐變化，海洋水位也變化），在潮漲潮落過程中水流方向相反，水流速度也有變化，因此潮汐電站是在變工況下工作的，水輪發電機組的設計要考慮變工況、低水頭、大流量及防海水腐蝕等因素，比常規水電站複雜，效率也低於常規水電站。大、中型電站由於機組臺數較多，控制技術要求高。目前，全貫流式水輪發電機組由於其外形小、質量輕、效率高，在世界各國已得到廣泛應用。

③由於海水、海生物對金屬結構物和海工建築物有腐蝕、沾污作用，因此電站需作特殊的防腐、防污處理。

④潮汐電站的選址較為複雜，既要考慮潮差、海灣地形及海底地質，又要考慮當地的海港建設、海洋生態環境保護。電站的海洋環境問題主要包括兩

個方面：一是電站對海洋環境的影響，如對水溫、水流、鹽度分層、海濱產生的影響，這些變化會影響到附近地區浮游生物的生長及魚類生活等；二是海洋環境對電站的影響，主要是泥沙沖淤問題，既與當地海水中的含沙量有關，還與當地的地形、波流等有關，關係較為複雜。

8.2.2 波浪能及其開發利用

⑴波浪能形成原理

波浪，泛指海浪，是海面水質點在風或重力的作用下高低起伏、有規律運動的表現。在海洋中存在著各種不同形式的波動，從風產生的表面波，到由月亮和太陽的萬有引力產生的潮波，此外，還有表面看不見的且下降急劇的密度梯度層造成的內波，以及我們難得一見的海嘯、風暴潮等長波。波力輸送由近及遠，永不停息，是一種機械傳播，其能量與波高的平方成正比。在波高2m、週期6s的海浪裡，每公尺長度中波浪可產生24kW的能量。

⑵波浪能研發現狀

波浪能發電是繼潮汐發電之後，發展最快的一種海洋能源利用手段。據不完全統計，目前已有28個國家（地區）研究波浪能的開發，建設大小波力電站（裝置、機組或船體）上千座（臺），總裝機容量超過80萬千瓦，其建站數和發電功率分別以每年2.5%和10%的速度上升。

根據發電裝置的工作位置，波浪發電裝置可分為漂浮式和固定式兩種。

漂浮式裝置以日本的「海明」號和「巨鯨」號、英國的「海蛇」號為代表。日本1974年開始進行船型波力發電裝置「海明」號的研究，隨後基於相似的發電原理，開發了「巨鯨」號波浪發電船，該船長50m，寬30m，型深12m，吃水8m，排水量4380t，空船排水量1290t，安裝了一臺50kW和兩臺30kW的發電機組，錨泊於Gokasho海灣之外1.5km處。1998年9月開始持續2年的海中實況試驗，最大總發電效率為12%。英國海蛇號（Pelamis）波力發電裝置，由英國海洋動力傳遞公司（Ocean Power Delivery Ltd）研製。海蛇號是漂浮式的，由若干個圓柱形鋼殼結構單元鉸接而成，將波浪能轉換成液壓能進而轉換成電能的波能裝置。海蛇號具有蓄能環節，因而可以提供與火力發電相當穩定度的電力。

　　固定式波浪發電裝置以固定振盪水柱式為最多，其中日本4個，中國3個，挪威2個，英國3個，印度1個，葡萄牙1個，這些都是示範性的，有的完成在海中實況下發電實驗後成為遺址了，有的還在進行海上實驗。此外，日本和中國各有一個擺板式的，挪威有一個收縮水道庫式的波浪發電站。日本酒田港防波堤波浪發電站建成於1989年，由日本港灣技術研究所研建，在防波堤中間一段20m長的堤上做實驗，一臺功率為60kW的發電機組，發出的電通過海底電纜輸到岸上，供遊客參觀。中國的振盪水柱岸式波浪發電站，從1986年開始在珠江口大萬山島研建3kW波浪電站，隨後幾年又在該電站上改造成20kW的電站。出於抗颱風方面的考慮，該電站設計了一個帶有破浪錐的過渡氣室及氣道，將機組提高到海面上約16m高之處，大幅減小了海浪對機組直接打擊的可能性。

(3)波浪能發電原理

　　波浪的運動軌跡呈圓周或橢圓。經向量分解，波浪能由波的動能和波的位能兩大部分疊加而成。現代發電裝置的發電機制無外乎三種基本轉換環節，通過2次能量轉化最終實現終端利用。目前，波力轉換電效率最高可達70%。

　①首輪轉換。首輪轉換是一次能量轉化的發源環節，以便將波浪能轉換成裝置機械能。其利用形式有活動型（款式有鴨式、筏式、蚌式、浮子式）、振盪水柱（款式有鯨式、浮標式、岸坡式）、水流型（款式有收縮水槽、推扳式、環礁式）、壓力型（款式有柔性袋）四種，均採取裝置中浮置式波能轉換器（受能體）或固定式波能轉換器（固定體）與海浪水體相接觸，引發波力直接輸送。其中鴨式活動型採用油壓傳動繞軸搖擺，轉換效率（波力－機械量）達90%。而使用最廣的是振盪水柱型，採用空氣做介質，利用吸氣和排氣進行空氣壓縮運動，使發電機旋轉做功。水流型和壓力型可將海水作為直接載體，經設置室或流道將波水以位能形式蓄能。活動型和水性振盪型大多靠柔性材料製成空腔，經波浪振盪運動傳動。

　　世界波浪發電趨勢是：前期蒐集波能浮置式起始，深入發展後，仍以岸坡固定式集束波能獲得更大發電功率，並設法用收縮水道的辦法，提高集波能力。現代大型波力發電站首輪轉換多靠堅固的水工建築物，如集波堤、集波岩洞來實現。為了最大限度地利用波浪能，首輪轉換裝置的結構必須綜合考慮波面、波頻、波長、波速和波高。其設計以利於與海浪頻率

共振，達到高效采能，使小裝置贏得大能量。

必須提及，由於海上波高浪湧，首輪轉換構件必須牢固和耐腐，特別是浮體錨泊，還要求有波面自動對中系統。

②中間轉換。中間轉換是將首輪轉換與最終轉換連接溝通，促使渡力機械能經特殊裝置處理達到穩向、穩速和加速、能量傳輸，推動發電機組。

中間轉換的種類有機械式、水動式、氣動式三種，分別經機械部件、液壓裝置和空氣單體加強能量輸送。目前較先進的是氣壓式，它借用波水做活塞，構築空腔產生限流高密氣流，使渦輪高速旋轉，功率可控性很強。

③最終轉換。最終轉換多為機械能轉化為電能，全面實現波浪發電。這種轉換基本上採用常規發電技術，但用作波浪發電的發電機，必須適應變化幅度較大的情形。一般，小功率的波浪發電採用整流輸入蓄電池的方式，較大功率的波力發電與陸地電網並聯調負。

⑷波浪發電的機型

早在20世紀70年代，就誕生了世界上第一臺波浪發電裝置。目前已經出現了各種各樣的波浪發電裝置，大致列舉如下：

①航標波力發電裝置

航標波力發電裝置在全球發展迅速，產品有波力發電浮標燈和波力發電岸標燈塔兩種。波力發電浮標燈是利用燈標的浮桶作為首輪轉換的吸能裝置，固定體就是中心管內的水柱，當燈標浮桶隨波飄動、上下升降時，中心管內的空氣受壓，時鬆時緊。氣流推動氣輪機旋轉，再帶動發電機生電，並通過蓄電池聚能與浮桶上部航標燈相連，光電開關全自動控制。波力發電岸標燈塔結構比波力發電浮標燈簡單，發電功率更大。

②波力發電船

波力發電船是一種利用海上波浪發電的大型裝備船，並通過海底電纜將發出的電力送上岸堤。船體底部設有22個空氣室，作為吸能固定體的「空腔」，每個氣室占水面積25m²。室內的水柱受船外波浪作用而升降，壓縮或抽吸室內空氣，帶動氣輪機發電。

③岸式波力發電站

岸式波力發電站可避免海底電纜和減輕錨泊設施的弊端，種類很多。

在天然岸基選用鋼筋混凝土構築氣室，採用空腔氣動方式帶動氣輪機及發電機（裝於氣室頂部），波濤起伏促使空氣室儲氣變流不斷生電。另一伸利用島上水庫溢流堰開設收斂道，使波浪聚集道口，升高水位差而發電。也可採用振盪水柱岸式氣動器，帶動氣動機來生電。

8.2.3　海流能及其開發利用

海流能是海水流動所具有的動能。海流是海水朝著一個方向經常不斷地流動的現象。海流有表層流，表層流以下有上層流、中層流、深層流和底層流。海流流徑長短不一，可達數百公里，乃至上萬公里。流量也不一，海流的一般流速是0.5～1海浬／小時，流速高的可達3～4海浬／小時。著名的黑潮寬度達80～100km，厚度達300～400m，流量可超過世界所有河流總量的20倍。海流發電與一般能源發電相比較有以下特點：

①能量密度低，但總蘊藏量大，可以再生。潮流的流速最大值在中國約為40m/s，相當水力發電的水頭僅0.5m，故能量轉換裝置的尺度要大。

②能量隨時間、空間變化，但有規律可循，可以提前預報。潮流能是因地而異的，有的地方流速大，有的地方流速小，同一地點表、中、底層的流速也不相同。由於潮流流速流向變化使潮流發電輸出功率存在不穩性、不連續。但潮流的地理分布變化可以通過海洋調查研究掌握其規律，目前國內外海洋科學研究已能對潮流流速做出準確的預報。

③開發環境嚴酷、投資大、單位裝機造價高，但不污染環境、不用農田、不需遷移人口。由於在海洋環境中建造的潮流發電裝置要抵禦狂風、巨浪、暴潮的襲擊，裝置設備要經受海水腐蝕、海生物附著破壞，加之潮流能量密度低，所以要求潮流發電裝置設備龐大、材料強度高、防腐性能好，由於設計施工技術複雜，故一次性投資大，單位裝機造價高。潮流發電裝置建在海底或繫泊於海水中或海面，即不占農田又不需建壩，不需遷移人口，也不會影響交通航道。

美國和日本對海流發電研究較多，他們分別於20世紀70年代初和70年代末開始研究佛羅里達海流和黑潮海流的開發利用。美國UEK公司研製的水流發電裝置在1986年進行過海上試驗。日本自1981年著手潮流發電研究，於1983年在

愛媛縣今治市來島海峽設置1臺小型流發電裝置進行研究。

中國舟山70kW潮流實驗電站採用直葉片擺線式雙轉子潮流水輪機。研究工作從1982年開始，經過60W、100W、1kW三個樣機研製以及10kW潮流能實驗電站方案設計之後，終於在2000年建成70kW潮流實驗電站，並在舟山群島的岱山港水道進行海上發電試驗。隨後由於受颱風襲擊、錨泊系統及機構發生故障，試驗一度被迫中斷，直到2002年恢復發電試驗。

加拿大在1980年就提出用垂直葉片的水輪機來獲取潮流能，並在河流中進行過試驗，隨後英國IT公司和義大利那不勒斯大學及阿基米德公司設想的潮流發電機都採用類似的垂直葉片的水輪機，適應潮流正反向流的變化。

目前，世界海流潮流能逐步向實用化發展，目的是向海島或海面上的設施如浮標等供電。各國海潮流發電的研究提出的開發方式主要有：①與河川水力發電類似的管道型海底固定式螺旋槳水輪機；②與傳統水平軸風力機類似的錨系式螺旋槳水輪機；③與垂直軸風力機類似的立軸螺旋槳水輪機；④與風速計類似的薩渦紐斯轉子；⑤漂流傘式；⑥與磁流體發電類似的海流電磁發電。

潮流能資源開發利用要解決一系列複雜的技術問題，除了能量轉換裝置本身的特殊性技術外，還有海洋能資源開發共同面臨的技術問題，包括：

①要調查研究擬開發站點海域的潮流狀況及潮汐、風況、波浪、地形、地質等自然環境條件，通過計算分析確定裝置的形式、規模、結構、強度等設計參數；
②大力發展裝置在海底或漂浮、潛浮在海水中的繫泊錨錠技術，以及各種部件的防海水腐蝕、防海生物附著的技術；
③電力向岸邊輸送、蓄電、轉換、其他形式儲能的技術。

8.2.4 海洋溫差能及其開發利用

海洋溫差能是海水吸收和儲存的太陽輻射能，亦稱為海洋熱能。太陽輻射熱隨緯度的不同而變化，緯度越低，水溫越高；緯度越高，水溫越低。海水溫度隨深度不同也發生變化，錶層因吸收大量的太陽輻射熱，溫度較高，隨著海水深度加大，水溫逐漸降低。南緯20°至北緯20°之間，海水錶層（130m左右深）的溫度通常是25～29℃。紅海的錶層水溫高達35℃，而深達500m層的水溫

則保持在5～7℃之間。

海水溫差發電係指利用海水錶層與深層之間的溫差能發電，海水錶層和底層之間形成的20℃溫度差可使低沸點的媒介通過蒸發及冷凝的熱力過程（如用氨作媒介），從而推動氣輪機發電。按循環方式溫差發電可分為開式循環系統、閉式循環系統、混合循環系統和外壓循環系統。按發電站的位置，溫差發電可分為海岸式海水溫差發電站、海洋式海水溫差發電站、冰洋發電站。

由於該類能源隨時可取，並且還具有海水淡化、水產養殖等綜合效益，被國際社會公認為是最具有開發潛力的海水資源，已受到有關國家的高度重視，部分技術已達到了商業化程度，美國和日本已建成了幾座該類能源的發電廠，而荷蘭、瑞典、英國、法國、加拿大和臺灣都已有開發該類發電廠的計畫。

⑴海洋溫差能發電的研發歷史和現狀

早在1881年，法國物理學家德爾松瓦（Jacques d Arsonval）提出利用海洋錶層溫水和深層冷水的溫差使熱機作功，過程如同利用一種工作介質（二氧化硫液體）在溫泉中汽化而在冷河水中凝結。1926年，德爾松瓦的學生法國科學家克勞德在法國科學院進行一次公開海洋溫差發電實驗：在兩隻燒杯分別裝入28℃的溫水和冰屑，抽去系統內的空氣，使溫水沸騰，水蒸氣吹動渦輪發電機而為冰屑凝結。發的電點亮三個小燈泡。當時克勞德向記者發表他的計算結果稱：如果1s用1000m³的溫水，能夠發10萬千瓦的電力。

1930年，在古巴曼坦薩斯灣海岸建成一座開式循環發電裝置，出力22千瓦，但是，該裝置發出的電力還小於為維持其運轉所消耗的功率。

1964年，美國安德森重提類似當年德爾松瓦閉式循環的概念。閉式循環，使用在高壓下比水沸點低、密度大的媒介，並且提出蒸發器和冷凝器沈入媒介壓力相同的水壓的海中，發電站是半潛式的。這樣可以使整個裝置體積變小，而且避免風暴破壞。安德森的專利在技術上為海洋溫差發電開闢新途徑。

20世紀70年代以來，美、日和西歐、北歐諸國，對海洋熱能利用進行了大量工作，由基礎研究、可行性研究、各式電站的設計直到部件和整機的試驗室試驗和海上試驗。研製幾乎集中在閉式循環發電系統上。

1979年，美國在夏威夷建成了世界上第一個閉式循環的「微型海洋溫差能」發電船是當今開發利用海水溫差發電技術的典型代表。該裝置由駁船改

裝，錨泊在夏威夷附近海面，採用氨為工作介質，設定功率為50kW，除裝置自耗電外，淨輸出功率達18.5kW。系統採用的冷水管長663m，冷水管外徑約60cm，利用深層海水與表面海水約21～23℃的溫差發電。於當年8月進行了連續3個500h發電試驗。

　　1981年，日本在瑙魯共和國把海水提取到陸上，建成了世界上第一座100kW的岸式海洋溫差能發電站，淨輸出功率為14.9kW。1990年日本又在康兒島建成了1000kW的海洋溫差能發電站，並計畫在隅群島和富士灣建設10萬千瓦級大型實用海洋溫差能發電裝置。

　　目前，人們已經實現了大型電站建設的技術可行性，但阻礙其發展的關鍵在於，低溫差20～27℃時系統的轉換效率僅有6.8%～9%，加上發出電的大部分用於抽水，冷水管的直徑又大又長，工程難度大，研究工作處於停頓狀態，每千瓦投資成本約1萬美元，近期不會有人投資建實用的電站。若能利用沿海電廠的高溫廢水，提高溫差，或者將來與開發深海礦藏或天然氣水合物結合，並在海上建化工廠等綜合考慮還是可能的。

⑵海洋溫差能發電原理和系統

　　海洋溫差發電根據所用媒介及流程的不同，一般可分為開式循環系統、閉式循環系統和混合循環系統。圖8-6、圖8-7、圖8-8為這3種循環系統圖，圖中可以看出，除發電外，還能將排出的海水進行綜合利用，圖8-6、圖8-8中可以產生淡水。

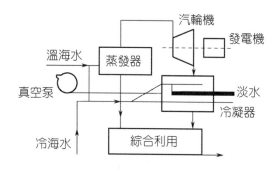

圖8-6　開式循環系統

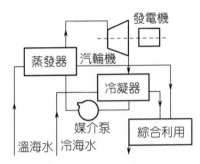

圖8-7　閉式循環系統

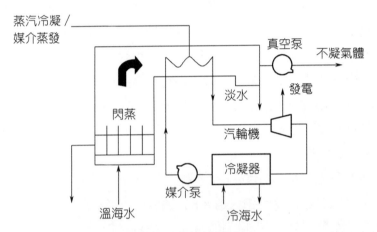

圖8-8　混合循環系統

①開式循環系統。開式循環系統以表層的溫海水作為工作媒介。真空泵將系統內抽到一定真空，溫水泵把溫海水抽入蒸發器，由於系統內已保持有一定的真空度，所以溫海水就在蒸發器內沸騰蒸發，變為蒸汽，蒸汽經管道噴出推動蒸汽輪機運轉，帶動發電機發電。蒸汽通過汽輪機後，又被冷水泵抽上來的深海冷水所冷卻而凝結成淡化水。由於只有不到0.5%的溫海水變為蒸汽，因此必須泵送大量的溫海水，以便產生出足夠的蒸汽來推動巨大的低壓汽輪機，這就使得開式循環系統的淨發電能力受到了限制。

②閉式循環系統。閉式循環系統以一些低沸點的物質（如丙烷、異丁烷、氟利昂、氨等）作為工作媒介。系統工作時，錶層溫海水通過熱交換器把熱量傳遞給低沸點的工作媒介，例如氨水，氨水從溫海水吸收足夠的熱量後

開始沸騰，變為氨氣，氨氣經過管道推動氣輪發電機，深層冷海水在冷凝器中使氨氣冷凝、液化，用氨泵把液態氨重新壓進蒸發器，以供循環使用。閉式循環系統能使發電量達到工業規模，但其缺點是蒸發器和冷凝器採用表面式換熱器，導致這一部分不僅體積龐大，而且耗資昂貴。此外，閉式循環系統不能產生淡水。

③混合循環系統。混合循環系統也是以低沸點的物質作為工作介質。用溫海水閃蒸出來的低壓蒸汽來加熱低沸點媒介，這樣做的好處在於既能產生新鮮的淡水，又可減少蒸發器的體積，節省材料，便於維護，從而使其成為溫差發電的新方向。

8.2.5　海洋鹽度差能及其開發利用

因流入海洋的河水與海水之間形成含鹽濃度之差，在它們接觸面上產生一種物理化學能。此能量通常通過半透膜以滲透壓的形式表現出來。在水溫20℃，海水鹽度為35時，通過半透膜在淡水和鹽水之間可形成24.8個大氣壓的滲透壓，相當於水頭256.2m。鹽差能量的大小取決於江河入海徑流量。從理論上講，如果這個壓力差能利用起來，從河流流入海中的每立方英尺的淡水可發0.65kWh的電。

據科學家分析，全世界海洋鹽差能的理論估算值為10^{10}kW量級，中國的鹽差能估計為10×10^8kW，主要集中在各大江河的出海處。同時，中國青海省等地還有不少內陸鹽湖可以利用。

美國人於1939年最早提出利用海水和河水靠滲透壓或電位差發電的設想。1954年建造並試驗了一套根據電位差原理運行的裝置，最大輸出功率為15毫瓦。1973年發表了第一份利用滲透壓差發電的報告。1975年以色列人建造並試驗了一套滲透壓法的裝置，證明其利用可行性。目前，日本、美國、以色列、瑞典等國均有人進行研究，總而言之，鹽度差能發電目前處於初期原理和實驗階段。

海洋鹽差能發電的能量轉換方式主要為下述兩種：

(1)滲透壓式鹽差能發電系統

它的原理是，當兩種不同鹽度的海水被一層只能通過水分而不能通過鹽

分的半透膜相分割的時候，兩邊的海水就會產生一種滲透壓，促使水從濃度低的一側通過這層透膜向濃度高的一側滲透，使濃度高的一側水位升高，直到膜兩側的含鹽濃度相等為止。美國俄勒岡大學的科學家已研製出了利用該類落差進行發電的系統。

(2)蒸汽壓式鹽差能發電系統

在同樣的溫度下，淡水比海水蒸發快。因此，海水一邊的蒸汽壓力要比淡水一邊低得多。於是，在空室內，水蒸氣會很快從淡水上方流向海水上方。只要裝上渦輪，就可以利用該鹽差能進行發電，美國、日本等國的科學家為開發這種發電系統已投入了大量的精力。

8.3 可燃冰

8.3.1 可燃冰資源及其特點

可燃冰的全稱為天然氣水合物，又稱天然氣乾冰、氣體水合物、固體瓦斯等，作為一種新型烴類資源，它是由天然氣和水分子在高壓與低溫條件下合成的一種固態結晶物質，透明無色，成分以甲烷為主，占99%，主要來源於生物成氣、熱成氣和非生物成氣3種。生物成氣主要來源於由微生物在缺氧環境中分解有機物產生的；熱成氣的方式與石油的形成相似，深層有機質發生熱解作用，其長鏈有機化合物斷裂，分解形成天然氣；非生物成氣係指地球內部迄今仍保存的地球原始烴類氣體或地殼內部經無機化學過程產生的烴類氣體。從化學結構來看，可燃冰是由水分子搭成像籠子一樣的多面體格架，以甲烷為主的氣體被包含在籠子格架中。從物理性質來看，可燃冰的密度接近並稍低於冰的密度，剪切係數、電介常數和傳熱導率都低於冰。在標準溫壓條件下，1m³可燃冰可以釋放出大約160～180標準立方公尺的天然氣，其能源密度是煤和黑色頁岩的10倍、天然氣的2～5倍。

燃冰的主要成分是甲烷和水分子（$CH_4 \cdot H_2O$），其形成原因與海底石油、天然氣的形成過程相仿，而且密切相關。埋藏於海底地層深處的大量有機物質在缺氧環境中，厭氧性細菌把有機物質分解，最後形成石油和天然氣（石油

氣）。其中許多天然氣又被包進水分子中，在海底的低溫（一般要求溫度低於 $0\sim10°C$）與壓力（大於10MPa）下，形成了可燃冰。這是因為天然氣有個特殊性能，它和水可以在 $2\sim5°C$ 內結晶，這個結晶就是可燃冰。

　　根據資料記載，1810年人類就在實驗室裡首次發現可燃冰，到了20世紀60年代，人們在自然界中發現了可燃冰資源，但它多存在於高緯度地區的凍土地帶，如俄羅斯的西伯利亞地區。據專家估計，全球可燃冰中的總能量大約相當於地球上所有化石燃料（包括煤、石油和天然氣）總能量的 $2\sim3$ 倍。科學家們的調查發現，可燃冰賦存在低溫高壓的沈積岩層中，主要出現於水深大於300m的海底沈積物中和寒冷的高山及高緯度地區的永凍層內。據科學家們估計，20.7%的陸地和90%的海底具有生成可燃冰的條件。現有調查結果顯示，世界可燃冰的礦藏面積可以達到海洋面積的30%以上。科學家們保守估算，世界上可燃冰所含天然氣的總資源量，其熱當量相當於全球已知煤、石油和天然氣總熱當量的2倍。目前，全球至少已經在116個地區發現了可燃冰，其中海洋中已發現的有78處。科學家們估計，地球海底天然可燃冰的儲藏量約為 $5\times10^{18}m^3$，相當於目前世界年能源消費量的200倍。全球的天然氣水合物儲量可供人類使用1000年。美國地質調查局官員曾表示，其發現的可燃冰資源可以使用600年以上。1995年，美國在布萊克海嶺鑽探了4口井，據估算，僅此一處的可燃冰資源量就可供美國使用100年。2000年1月下旬，日本在靜岡縣御前崎近海發現可燃冰，據推測可開採的甲烷體積為7.4萬億立方公尺，可供日本使用140年。

8.3.2　國際上可燃冰的勘探和開發動態

　　20世紀70年代以來，可燃冰作為石油天然氣的替代能源，受到了世界一些已開發國家和部分開發中國家的重視，陸續展開了專門的調查與研究。有的國家制定了10年或15年的長期勘察開發規劃。

　　美國於20世紀60年代末70年代初首次在墨西哥灣和布萊克海臺實施可燃冰調查。1981年，美國制訂了可燃冰10年研究計畫。1998年，美國又把可燃冰作為國家發展的戰略能源列入長程計畫。目前，美國能源部已經被授權組織有關政府部門、國家實驗室、國家自然科學基金、石油天然氣公司和大學對可燃冰進行研究。美國能源部已公開表示，要在2015年前實現甲烷水合物開發的商業

化。

　　日本於1992年開始重視海洋可燃冰，1995年投入150億日元制訂了5年期甲烷水合物研究及開發推進初步計畫。日本通產省從2001年度開始著手開發海底可燃冰，開發計畫分兩階段進行，前5年對開採海域的蘊藏量和分布情況進行調查，從第3年開始就打井以備調查用，之後5年進行試驗性採掘工作，2010年以後實現商業化生產。目前，已基本完成周邊海域的可燃冰調查與評價，圈定了12塊礦集區，並計畫在2010年進行試生產。

　　印度是未開發國家，但近幾年也十分重視可燃冰的潛在價值並於1995年制訂了5年期「全國氣體水合物研究計畫」，由國家投資5600萬美元對其周邊的可燃冰進行前期調查研究。

　　可燃冰基礎研究的累積和理論上的突破，以及開發實踐中氣水合物藏的發現，很快在全球引發起大規模研究、探測和勘探氣水合物藏的熱潮。1968年開始實施的以美國為首、多國參與的深測探鑽計畫（DSDP）於70年代初即將天然氣水化物的普查探測納入計畫的重要目標。作為本計畫的延續，一個更大規模的多國合作的大洋鑽探計畫（OSDP）於1985年正式實施。

　　20世紀90年代中期，以深海鑽探計畫和大洋鑽探計畫為標誌，美國、俄國、荷蘭、德國、加拿大、日本等諸多國家探測可燃冰的目標和範圍已覆蓋了世界上幾乎所有大洋陸緣的重要潛在遠景地區以及高緯度極地永凍土地帶和南極大陸及其陸緣區；在墨西哥海灣、Orco海盆、白令海、北海、地中海、黑海、裏海、阿拉伯海等海域也布有測線並進行了海底鑽採樣品工作。在俄羅斯北部極地區含油氣省、北美普拉得霍灣油田和阿拉斯加，以及加拿大三角洲大陸凍土帶地區展開了富有成效的地震勘探和鑽井取芯工作。

　　上述大規模的國際合作專案的實施，以及各國業已展開的可燃冰基礎和普查勘探工作，使人們有可能大視角、多方位地從全球範圍審視可燃冰在自然界的存在，並有望在可燃冰的形成條件、組成、結構類型、賦存狀態、展開規律和地質特徵等基礎研究領域，以及評估資源遠景和確定首要勘查目標等諸多方面取得令世人矚目的進展。

8.3.3　中國的相關活動和資源量估計

中國對可燃冰的調查與研究始於20世紀90年代。1997年，中國在完成「西太平洋氣體水合物找礦前景與方法」課題中，認定西太平洋邊緣海域，包括中國南海和東海海域，具有蘊藏這種礦藏的地質條件。1999年10月，廣州地質調查中心在南海西沙海槽展開了可燃冰的前期調查，並取得可喜的成果。主要採集到高解析度多道地震測線5343公里，至少在130公里地震剖面上識別出可燃冰礦藏的顯示標誌BSR，礦層厚度為80～300m。這一發現拉開了中國海洋可燃冰調查研究的序幕，填補了這一領域調查研究的空白。

據中國地質調查局的前期調查，僅西沙海槽初步圈出可燃冰分布面積5242平方公里，水合物中天然氣資源量估算達4.1萬億立方公尺。按成礦條件推測，整個南海的可燃冰的資源量相當於700億噸石油。

從理論上，中國科學家也已積極開始研究。中國凍土專家通過對青藏高原多年研究後認為，青藏高原羌塘盆地多年凍土區具備形成可燃冰的溫度和壓力條件，可能蘊藏著大量可燃冰。青藏高原是地球中緯度最年輕、最高大的高原凍土區，石炭、二疊和第三第四系沈積深厚，河湖海相沈積中有機質含量高。第四系伴隨高原強烈隆升，遭受廣泛的冰川－冰緣的作用，冰蓋壓力使下浮沈積物中可燃冰穩定性增強，尤其是羌塘盆地和甜水海盆地，完全有可能具備可燃冰穩定存在的條件。海洋地質學家們根據可燃冰存在的必備條件，在東海找出了可燃冰存在的溫度和壓力範圍，並根據地溫梯度，結合東海的地質條件，勾畫出了可燃冰的分布區域，計算出它的穩定帶厚度，對資源量作了初步評估，得出了「蘊藏量很可觀」的結論。

8.3.4　可燃冰的開採技術現狀

目前，全世界開發和利用可燃冰資源的技術還不成熟，僅處於試驗階段，大量開採還需要一段時間。

目前有3種開採可燃冰的方案，均處於研發和驗證階段。第一個是熱解法，利用「可燃冰」在加溫時分解的特性，使其由固態分解出甲烷蒸氣。這個方法的難點是不好蒐集，因為海底的多孔介質不是集中在一片，也不是一大塊岩

石,如何布設管道進行高效地蒐集是需解決的問題。第二是降解法,有人提出將核廢料埋入地底,利用核輻射效應使其分解。但是此法也面臨著布置管道並高效蒐集的問題。第三是置換法,研究證實,將二氧化碳液化,注入1500m以下的海洋中(不一定非要到海底),就會生成二氧化碳水合物,它的比重比海水大,會沈到海底。如果將二氧化碳注入到海底的甲烷水合物儲層,就會將甲烷水合物中的甲烷分子「擠出」,從而將其置換出來。這三種開採方案都有其技術合理性,但都面臨巨大的挑戰和困難。

可燃冰以固體狀態存在於海底,往往混雜於泥沙中,其開發技術十分複雜,如果鑽採技術措施不當,水合物大量分解,勢必影響沈積物的強度,有可能誘發海底滑坡等地質災害,開發它會帶來比開採海底石油更大的危險。海底天然氣大量洩漏,極大地影響全球的溫室效應,引起全球變暖,將對人類生存環境造成永久的影響。天然氣水合物一般埋藏在500多公尺深的海底沈積物中和寒冷的高緯度地區(特別是永凍層地區),在低溫高壓下呈固態。但一接近地表,甲烷就會氣化並擴散。因此,必須研製有效的採掘技術和裝備,在商業生產中,將從採掘的天然氣水合物中提取甲烷,通過管道輸送到陸地,供發電、工業及生活用。

可喜的是,中國在這方面的研究已經有一定進展。2005年,中科院廣州能源所成功研製出了具有國際領先水準的可燃冰(天然氣水合物)開採實驗類比系統。該系統的研製成功,將為中國可燃冰開採技術的研究提供先進手段。可燃冰開採實驗類比系統主要由供液模組、穩壓供氣模組、生成及流動類比模組、環境類比模組、計量模組、圖像記錄模組以及資料獲取與處理模組組成。經對該實驗類比系統的測試結果顯示,該系統能有效類比海底可燃冰的生成及分解過程,可對現有的開採技術進行系統的類比評價。

隨著全國能源特別是石油日趨緊缺及需求的快速增長,這將不可避免地引起國際競爭的加劇,對中國的能源儲備和能源結構在政治、經濟、安全等層面產生重大戰略影響,因此,中國必須加快對天然氣水合物開發利用研究的步伐,以適應社會經濟的可永續發展。

◎思考題

1. 地熱發電站的熱力系統大致有哪幾種？請對其各自的工作範圍和系統特性進行描述。

2. 相比於單級系統，多級中間介質法低熱發電系統具有哪些優點和缺點？

3. 潮汐電站可分為哪幾類？試分別簡述。

4. 波浪能發電系統中，水流的能量通過哪幾個步驟轉化為電力？

5. 閉式海洋溫差能發電系統可否同時產生淡水？簡述理由。

6. 針對多種海洋能發電技術，分析其各自的發展前景。

參考文獻

1. 張傑。低熱能的利用。農村電工，2004，10：43。

2. 徐軍祥。我國地熱資源與可持續開發利用。中國人口。資源與環境，2005，15(2)：139～141。

3. 馬榮生、孫志高。低熱資源及其在熱泵供熱中的應用。節能與環保，2003，25～27。

4. 陳興華、葉學鋒、高寧。使用熱泵的地熱水供熱系統。能源研究與利用，2003，3：25～27。

5. 周大吉。地熱發電簡述。電力勘測設計，2003，3：1～6。

6. 陳建國。海洋潮汐電站發電機組設計原則。上海大中型電機，2005，3：15～18。

7. 廖澤前。世界潮汐發電水平動向。廣西電力建設科技資訊，2003，2：17～21。

8. 武全萍、王桂娟。世界海洋發電狀況探析。浙江電力，2002，5：65～67。

9. 高祥帆、游亞戈。海洋能源利用進展。遼寧科技參考，2004，2：25～28。

10. 王傳崑。潮流發電。華東水電技術，1998，2：59～60。

11. 余志。海洋能源的種類。太陽能，1999，4：25。

12. 黃順禮。安徽電力科技資訊，2004，5：39～40。

13. 劉洪濤。能源巨子—可燃冰。地球，2005，5：13～14。

14. 唐黎標。「可燃冰」及其開採方案。可再生能源，2005，1：19。

Chapter *9*

新能源發展政策

9.1 新能源在中國發展障礙

　　儘管新能源由於其清潔、可再生等優點而被公認為未來能源系統的主要支撐，但是由於新能源技術仍處於發展的初期，其規模化的應用尚存在許多障礙。尤其是在中國，儘管新能源和可再生能源具有巨大的資源潛力，部分技術實現了商業化，產業也有一定的發展，但與國外發達國家相比，無論在技術、規模、水準還是在發展速度上仍然存在較大的差距。應該充分認識新能源和可再生能源發展中存在的問題，並及時進行發展政策和發展機制方面的創新，以扭轉目前可再生能源產業發展所處的被動局面。

9.1.1 成本障礙

　　多數新能源和可再生能源技術發電成本過高和市場容量相對狹小，構成了中國可再生能源發展中難以克服的癥結。目前，除了小水電外，新能源和可再生能源發電成本遠遠高於常規能源發電成本已是不爭的事實。例如，並網風力發電的初始投資成本為8000元／kW，單位發電成本為0.33元／kWh，上網電價（含VAT）為0.52元／kWh。光電發電（100Wp）的開發成本更高達40000元／kW，單位發電成本高達2.38元／kWh。而煤電（以30萬千瓦為例，無脫硫設備），單位投資成本為5000元／kW，單位發電成本為0.21元／kWh，上網電價（含VAT）為0.33元／kWh，遠遠低於風電和光電發電。發電成本之所以大大高於常規發電的主要原因是：常規電力發展對人類健康的危害、農業產量的降低等方面的「外部成本」轉移給了社會，使常規電力成本低於實際水準，沒有在其電力消費價格中反映出來。其影響除了使新能源價格大幅高於常規電力外，還造成可再生能源電力上網存在障礙，清潔能源競爭力不足和技術的研發和產業發展受到抑制。

　　另外，儘管包括太陽能熱水器在內的少數幾種技術已獲得一定的消費利用、秸稈氣化等部分可再生能源市場外，多數可再生能源產業發展緩慢，仍然沒有從根本上改變市場容量相對狹小的現狀、存在需求不足、市場對相關技術和產業拉動力不夠的現象。其後果是：新能源技術迅速發展所帶來的質量改進

和成本降低的優勢沒有得到充分體現；不能迅速形成強大製造業作為產業發展的支撐。

顯然，由於成本過高，最終會抑制新能源和可再生能源市場容量的擴大。反之，市場狹小又會給新能源和可再生能源的成本降低造成障礙，形成惡性循環，使新能源和可再生能源產業的發展陷入舉步維艱的境地，給政府、銀行及企業對投資新能源和可再生能源發展前景的信心產生影響，使得觀望多於行動，不願增加投入。

專欄9-1　風電價格分析

根據美國風能協會分析，在過去的20年裡，風能電價已經下降了80%。在20世紀80年代早期，當第一颱風機並網，風電高達30美分／千瓦時。現在最新的風電場風電的價格僅為4美分／千瓦時，這一價格可與許多常規能源技術相競爭。

不同國家的風電成本不同，因為不同的風能資源和不同的建設條件，包括不同的激勵政策，但是趨勢是風能越來越便宜。成本下降有許多原因，如隨著技術的改進，風機越來越便宜並且高效。風機的單機容量越來越大，這減少了基礎設施的費用，同樣的裝機容量需要更少數目的機組。隨著貸款機構增強對技術的信心，融資成本也降低了；隨著開發商經驗越來越豐富，專案開發的成本也降低了。風機可靠性的改進減少了運行維護的平均成本。

另外，開發大的風電專案能減少專案的總投資，從而減少度電成本以實現成本效益。風電場的規模大小影響著它的成本，如大規模開發可吸引風機製造商和其他供應商提供折扣，使場址的基礎設施的費用均攤到更多風機上以減少單位成本，能有效地利用維護人員。根據美國風能協會資料，在一個極好場址（平均風速為8.9m/s）的大風場（50MW及以上）的電價可以做到3美分／千瓦時或以下；而在一個中等場址（平均風速為7.1m/s）的小風場（3MW）的電價可能高達8美分／千瓦時。

目前，中國風電專案的規模相對較小。1995～2000年間，平均專案規模小於1萬千瓦，電價範圍為0.6～0.7元／千瓦時（不含增值稅）。正如前述，開發大規模的風電專案能減少單位元容量的成本，從而減少電價，因此，我們的分析將僅考慮大專案。為了確定如何取得0.40元／千瓦時的風電目標電

價，我們的分析包括如下兩部分：

●分析現有政策框架下的風電電價；

●確定取得0.40元／千瓦時的風電電價的一個方案。

選擇一個風電場作為我們分析的基礎。該場址風能資源好，並且有廣闊的可用空地。假定152臺V47-660kW風電機組將安裝在該場址，那麼：

$$專案容量＝100320kW$$

基於當地人們測量的風能資料，首先，能夠容易地計算152臺V47-660kW風電機組的理論年發電量，然後折減由尾流、紊流、可用率和電力傳輸、低空氣密度、低溫等造成的損失，我們估計：

$$實際年發電量＝285596MWh$$

按照中國的有關法規和經驗，估計總投資如下：

$$總投資＝950,000,000元人民幣$$

這包括風電機組、進口關稅、聯網和輸電工程、通訊、必要的土建工程、土地徵用、前期費用、管理監理費用、保險、準備費、外匯風險和建設期利息等。

假定資本金占總投資的20%，其餘部分使用國際貸款，15年還貸期，年利息8.0%。建設期為1年，生產期20年，因此，計算期為21年。根據中國法規，該專案僅徵實際占用土地。通貨膨脹率按0%計算。

目前中國稅率為：增值稅率為17%；進口關稅為6%；所得稅率為33%。按照國際經驗，運行維護費用取0.05元／千瓦時，其中包括備品備件、易耗品、工資福利等。

基於上述條件，使用中國財務分析模型進行我們的專案分析，結果如下：

$$電價＝0.529元／千瓦時（不含增值稅）$$
$$電價＝0.619元／千瓦時（含增值稅）$$
$$資本金的內部收益率（IRR）＝18.0\%（20年）$$

上述電價比目標電價高許多。為了減少這一電價，我們進行如下分析以了解不同參數對電價的影響，如總投資、發電量和稅率等。請注意，在下面分析中，如無特殊說明，「電價」即指風電場銷售電能的上網電價，不含增值稅。當計算電價時，IRR保持恒定，為18%，特殊說明除外。另外，在每次

分析時,我們僅改變一個參數,其他保持不變。

(1)關稅對電價的影響:當進口關稅減少1%,電價僅下降0.003元/千瓦時,然而,取消進口關稅時,與進口關稅為6%相比,電價顯著減少至0.464元/千瓦時(12.3%),因為當進口關稅為0%時,進口增值稅也為0%,同時,總投資減少至821,762,000元人民幣。因此,免徵進口關稅是使電價顯著減少的必要條件。

進口關稅	6%	4%	2%	0%
電價/(元/千瓦時)	0.529	0.523	0.516	0.464

(2)所得稅對電價的影響:如果所得稅率由33%減少至0%,電價僅減少0.034元/千瓦時。按照中國的目前政策,經濟開發區的企業可享受所得稅的優惠政策,如免二減三、免五減五,根據我們的分析,風電專案從這些優惠政策中收益不大。

所得稅	電價/(元/千瓦時)
免二減三	0.528
免五減五	0.518
0%	0.495
15%	0.508
33%	0.529

(3)貸款利息對電價的影響:當貸款利息增加1%,電價平均增加0.02元/千瓦時,即3.8%,因此,貸款利息對電價的影響很大。

貸款利息/%	0	2	4	6	8	10
電價/(元/千瓦時)	0.37	0.408	0.447	0.487	0.529	0.572

(4)貸款還貸期對電價的影響:當還貸期由10年增至15年,電價減少0.055元/千瓦時,然而當由15年增至20年,電價則減少0.03元/千瓦時,因此獲得

長期貸款是非常重要的。

貸款還貸期／年	8	10	12	15	20
電價／（元／千瓦時）	0.616	0.584	0.558	0.529	0.499

(5)總投資變化對電價的影響：如果總投資減少5%，電價相應減少4.5%。按照丹麥做法，當地電力部門和政府應支付風電場外的上網和設備運輸所需的輸電線路和道路的費用。如果中國也採用類似的規定，那麼總投資將減少6.5%，即電價減少0.031元／千瓦時。

總投資／%	−15	−10	−5	0	+5	+10	+15
電價／（元／千瓦時）	0.457	0.481	0.505	0.529	0.553	0.577	0.601

(6)風機價格對電價的影響：如果風機價格減少5%，電價減少0.017元／千瓦時。如果將來在中國穩定的風電市場的支援下，Vestas公司在中國建立完整的風機製造工廠，包括葉片廠，那時Vestas風機的價格將顯著下降，從而對電價產生一個明顯的影響。

風機價格／%	−20	−15	−10	−5	0	+5	+10
電價／（元／千瓦時）	0.462	0.479	0.495	0.512	0.529	0.546	0.562

(7)發電量對電價的影響：如果本專案的發電量增加5%，電價將平均減少4.6%，因此風能資源是影響風電電價的關鍵因素（風電的目標電價−0.4元／千瓦時）。

發電量增加／%	−15	−10	−5	0	+5	+10	+15
電價／（元／千瓦時）	0.613	0.582	0.554	0.529	0.506	0.485	0.466

從上述的分析可以看出，在現有的政策框架下，幾乎不可能達到目標電價，因此，我們提出如下建議：

假定：

- 對進口風機免徵關稅；

- 對風電免徵增值稅；

- 資本金占總投資的20%，其餘部分使用國內無追索貸款，15年還貸期，年利息6.21%；

- 當地電力部門支付風場外的輸電線路的費用；

- 當地政府支付運輸設備所需的風場外的道路建設費用。

使用上述假設，我們重新分析本專案的經濟性。

專案容量＝100,320kW

實際年發電量＝285,596MWh

總投資＝約750,000,000元

所得稅率＝33%

運行維護費用＝0.05元／千瓦時

銷售電價＝0.4元／千瓦時

資本金內部收益率＝18.22%（20年）

　　基於上述假設，風電電價將由0.529元／千瓦時明顯降至0.4元／千瓦時，IRR保持18%不變。因此，如果上述假定條件能夠形成中國優惠政策的框架，那麼使風電專案的電價降至0.4元／千瓦時是可行的，並且對投資商具有吸引力。

資料來源：http://www.xjwind.com.cn/

9.1.2 技術障礙

　　中國新能源和可再生能源技術的總體水準不高，且大多數處於初級階段，與一些已開發國家相比，大部分可再生能源產品的生產廠家生產規模小、過於分散，群集化程度低，方法落後，產品質量不穩定。因此，可再生能源產業迫切需要採取有效措施提高技術發展水準。由於技術上存在障礙，使可再生能源發電設備的本地化製造比例較低，這是造成長期以來可再生能源開發的工程造價居高不下，有時不能及時提供所需備件的主要原因。其結果使中國可再生能

源電價水準大幅高於一般能源的電價水準。

以風電發展為例，目前中國尚不具備自行開發製造600kW以上大型風電機組的能力。其中在槳葉、控制系統和總裝等關鍵性技術方面與國外技術相比差距很大。近年來，中國連續在幾個5年科技攻關計畫中都安排了大中型風電機組的研製任務，但由於投入少和科研體制上存在的一些問題，致使有些研究專案沒有完全達到預期目標。與此同時，中國還花了大量資金購買國外的風電機組，試圖通過與國外的合作來促進中國風電機組的研製能力，但外國公司往往只提供塔架、基礎件等一般性的製造技術，不肯轉讓關鍵技術，致使中國整體風機製造技術水準仍遠遠落後於國際先進水準。

9.1.3 產業障礙

相對薄弱的製造業使可再生能源設備製造的本地化和商業化進程嚴重受阻，這也是中國可再生能源成本過高和市場發育滯後的重要因素之一。另外，薄弱的製造業還會使技術產業化存在障礙，造成「有技術無產業」現象。

國外經驗證明，強大的製造業是可再生能源產業發展的重要基礎。無論是德國、荷蘭、丹麥還是美國，其國內的可再生能源產業的迅速發展，除了有相關的政策和法律以外，一個重要的方面就是這些國家擁有雄厚的技術實力和強大的製造業為支撐。衡量製造業增長的一個重要指標是投資的持續增長。美國國內風機製造業1990～2000年生產性投資年遞增均在15%以上，保證了2000年美國風力發電能力達到2500MW。在歐洲，過去5年，風機市場規模年均增長率為8.8%，與其重視製造業發展密不可分。在未來幾年，歐洲風能領域將增加投資30億美元，使風機市場規模達到80～100億美元。而中國大部分新能源與可再生能源產品的生產廠家由於長期投入不足，結果是：無專業化的製造廠，生產規模小、過於分散、群集化程度低、方法落後、產品質量不穩定、經濟效益低和本地化製造比例較低，從而難以降低工程造價和及時提供備件。可以說，如果中國不迅速建立強大的製造業作為整個可再生能源產業發展的支撐，則目前關鍵技術與主要設備依靠進口的局面，短期內不可能得到根本扭轉，中國的可再生能源產業則可能成為永遠也長不大的「老小孩」。

9.1.4 融資障礙

新能源和可再生能源發展面臨融資障礙的原因主要有以下幾點：

①中國各級政府對新能源與可再生能源的投入太少。迄今為止，中國新能源與可再生能源建設專案還沒有規範地納入各級財政預算和計畫，沒有為可再生能源建設專案建立如常規能源建設專案同等待遇的固定資金渠道。

②業主單位缺少融資能力。從中國情況來看，由於可再生能源市場前景不明朗，因此國內銀行不願貸款，更不願提供超過15年的長期貸款。從國際資本市場上來看，儘管國際貸款期限較長（一般可長達20年），但目前國際金融組織（世界銀行、亞洲開發銀行等）已經取消了原來對中國的軟貸款，而且由於利用國際金融組織貸款談判過程長，管理程式繁瑣等造成貸款的隱性成本較高。更值得重視的是，世銀的管理政策越來越趨於政治化，如對腐敗、民間參與、政府管理、移民、環境等問題的關注，使專案工作複雜化，一般業主難以接受。由於融資障礙造成的資金來源不足限制了新能源與可再生能源的發展，使中國新能源與可再生能源行業一直達不到經濟規模，應有的規模效益得不到體現，影響了各方面對新能源與可再生能源行業的信心。同時，不少關鍵性設備不得不進口，如大中型風力發電機幾乎全部依賴進口，導致發展緩慢，產業化、商品化程度低。

9.1.5 政策障礙

缺少具體的辦法或者說缺少相應的運行機制來達到政策目標，嚴重降低了政策的效果，即所謂「有政策無效果」問題。

中國曾提出了一些鼓勵可再生能源發展的政策，如稅收優惠政策、財政貼息政策、研究開發政策等，但政策執行效果並不理想。由此，有人認為國家對可再生能源政策支援力度不夠，呼籲提出更多的優惠政策。我們認為，以往可再生能源政策的執行效果不好，主要應歸因於所制定的政策缺少相應的機制，特別是缺乏以市場為導向的運行機制，這才是問題之所在。例如，由於缺少目的機制，使政府機構難以制訂長期穩定的發展計畫，從而制約了專案開發商的投資信心。由於缺乏競爭機制使目前可再生能源價格的降低缺少壓力，開發商

與電網之間難以就電力的供應達成協定。由於缺少融資機制，導致該行業投資渠道單一，政府成了投資主體，財政投入難以滿足行業發展對投資的渴望。

進入20世紀90年代以後，一些歐美國家先後制定了包括配額制（RPS）、強制購買（Feed-in law）、綠色證書系統（GCS）和特許經營（Concession）等在內的一系列新的政策機制，使這些國家的可再生能源產業在較短的時間內得到了迅速發展。到2002年底，丹麥、荷蘭、西班牙和德國風力發電裝機接近20GW，同時其設備銷售已經占全世界銷售總量的80%以上。瑞典和奧地利生物質能的利用分別達到了中國能源消費量的20%和15%。

因此，必須建立包括目的機制、競爭機制、融資機制、補償機制、交易機制、管理服務機制等在內的一系列運行機制。

9.1.6　體制障礙

長期以來，中國新能源與可再生能源的工作分散在多個部門。農業部、水利部、原電力部、原林業部等都設有專門的司（局）或處室負責一部分工作。特別是原國家經貿委與原國家計委職能交叉，多頭管理，資金分散，重複建設，嚴重削弱了國家的宏觀調控力度。政出多門，各級管理部門協調性差，造成管理混亂。另外，在發展可再生能源發展中所採取的一系列方法非常複雜，許多不同的機構都被包含在內。這些程式為專案的開發設置了過多的障礙，限制了開發商和投資人進入市場。

9.2　國外促進新能源發展的政策措施

9.2.1　國外新能源技術發展的政策經驗

20世紀70年代以來，出於石油價格暴漲及其資源的有限性和大量消費能源導致對環境的破壞，一些已開發國家重新加強了對於新能源和可再生能源技術發展的重視和支援。到目前為止，全球已有5種可再生能源技術達到商業化或接近商品化水準，他們是：水電、光電電池、風力發電、生物質轉換技術和地熱

發電。截至2005年年底，世界可再生能源發電裝機達到180GW，其中風力發電59GW，小水電80GW，生物質發電40GW，地熱發電10GW，光電發電5GW，生物液體燃料（如乙醇）則達到330億升，柴油達到220萬噸。世界能源供應中，傳統生物質能大約占9.0%，大水電占5.7%，新的可再生能源達到2.0%以上。預計2020年新能源和可再生能源供應量將達到4000（基礎方案）～4857Mtce（重視環境方案），約占世界一次能源總供應量的21.1%～30.3%。他們的基本經驗如下：

(1)明確的目標

政府通過制定規劃和計畫，明確新能源和可再生能源的發展目標和要求，達到促進和推動新能源和可再生能源的發展。1973年美國制定了政府級陽光發電計畫，1980年又正式將光電發電列入公共電力規劃，累計投資達8億多美元。丹麥提出2000年風力發電量要達到全國總電量的10%。奧地利生物質能開發量要占到全部一次能源需求量的20%。日本政府制定的《新日光計畫》（1994～2030年），要求到2010年可再生能源供應量和常規能源的節能量要占能源供應總量的10%，2030年達到34%。

(2)巨大的投入

1973年以前，OECD只有少數國家政府資助光電電池等可再生能源技術的基礎研究。此後，各國政府對可再生能源研究開發的撥款增加。美國布希總統上臺之初，便著手制定新的國家能源政策，於2005年8月8日簽署了《2005年國家能源政策法》，未來5年內為可再生能源專案提供超過30億美元的資金；重新批准可再生能源生產激勵計畫，為太陽能、地熱能、生物能的開發提供資助；引導聯邦政府使用可再生能源，到2013年可再生能源要占全部能源的7.5%以上；制定新的《可再生能源安全法案》，為住宅採用多樣化可再生能源系統提供資金支援。德國政府從長遠出發，制定了促進可再生能源開發的《未來投資計畫》，截至2004年中期已投入研究經費17.4億歐元。德國政府每年投入6000多萬歐元，用於開發可再生能源。德國可再生能源發電量所占比例正在逐年遞增。2004年，可再生能源發電量首次突破全國電力供應量的10%。

(3)優惠的政策

政府從財政和金融方面採取措施，是促進可再生能源技術商業化、提高

市場滲透率和經濟競爭力的重要政策手段。特別是在商業化初級階段，由於新技術的價格承受力與政府推廣目標之間存在差距，政府的支援往往是市場發育的關鍵因素。主要採取的措施有：

①稅收優惠，對可再生能源設備投資和用戶購買產品給予稅額減免或稅額扣減優惠；

②政府補助，政府在新能源技術研發、宣傳、示範，或者對於利用新能源的用戶給予直接補貼；

③低息貸款和信貸擔保；

④建立風險投資基金，大多數可再生能源屬於資本密集技術，投資風險較大，需要政府支援，一個有效的解決辦法，是對高風險的可再生能源專案按創新技術專案對待；各國據其稅制採取不同的做法；在美國，風險投資基金促使風電場迅速發展，一些公司還建立了為期10年的住宅太陽能專用基金；

⑤加速折舊，加拿大允許大多數可再生能源設備投資在3年內折舊完畢；美國規定風力發電設備可在5年完全折舊；德國允許私人購置的可再生能源設備的折舊期為10年。

⑷其他措施

包括展開資源調查和評價，制定嚴格的設備和技術的規範和標準，提供資訊服務，明確主管部門職責等。

9.2.2　國外的主要政策工具

政策工具大體可分為直接和間接政策工具。直接工具作用於新能源領域，間接工具主要是為新能源發展去除障礙，並促進形成新能源發展框架。直接政策工具主要是通過直接影響新能源部門和市場來促進新能源的發展，大體可以分為經濟激勵政策和非經濟激勵政策。經濟激勵政策向市場參與者提供經濟激勵來加強他們在新能源市場的作用。非經濟激勵政策則是通過與主要利益相關者簽訂協定或通過行為規範來影響市場。協定或行為規範中會應用懲罰來保證政策實施效果。

另一種分類方法是按照工具在價值鏈中作用的階段來劃分。從政府對新能

源發展的政策上來看，價值鏈可以被簡單地分為研發、投資、電力生產和電力消費4個階段。表9-1提供了政策工具的一種（理論上的）劃分。

表9-1　按照政策類型和在發展鏈上所處的位置對新能源政策的分類

	經濟激勵政策 （補貼、貸款、專用撥款、財政措施）	非經濟激勵政策
研發	⇒固定政府研發補貼 ⇒示範專案、發展、測試設備的專用撥款 ⇒零（或低）利率貸款	
投資	⇒固定政府投資貸款 ⇒投資補貼的投標體系 ⇒使用風能的轉化補貼 ⇒生產或替代舊的可再生能源設備 ⇒零（或低）利率貸款 ⇒風力資源投資的稅收優惠 ⇒風力資源投資貸款的稅收優惠	⇒生產商和政府談判協議
生產	⇒長期保護性電價 ⇒以盈利運行為基礎的保護性電價投標系統 ⇒風能生產收入的稅收優惠	⇒生產配額制
消費	⇒消費風能的稅收優惠	⇒消費配額制

張正敏。可再生能源發展戰略與政策研究。《中國國家綜合能源戰略和政策研究》專案報告之八，http://www.gvbchina.org.cn/xiangmu/xiazaiwenzhang/guojianengyuan.doc.

下面介紹幾種國外最主要的政策措施：

(1)長期保護性電價

長期保護性電價（Feed-in-Tariff）政策為新能源和可再生能源開發商提供擔保的上網電價以及電力公司的購電合約。上網電價由政府部門或電力監管機構確定。價格程度和購電合約期限都應具有足夠的吸引力，以保證將社會資金吸引到可再生能源部門。

利用長期保護性電價鼓勵新能源發電的發展應展現公平和效率兩個原則。不同地區的風力資源很可能會有所不同，為了展現公平競爭，政府確定的不同地區的保護性電價水準也應有所不同。另外，考慮到發電成本一般會隨產業規模的增大而降低（技術的學習效應），因此上網電價也應定期修改，以提高產業的效率。

　　保護性電價政策的吸引力在於它消除了新能源發電通常所面臨的不確定性和風險。政策設計簡明，管理成本低。政策適合多種可再生能源發電技術共同參與，因此容易與國家規劃目標結合。

　　保護性電價的缺陷是，因上網電價是固定的，很難保證開發成本最低，通常不能靈活並迅速地對可再生能源成本降低作出反應，在實施固定價格的市場中，成本降低是不透明的。如果對上網電價進行經常性修訂來反映可再生能源供應中預測到的成本下降，則會增加管理成本，同時這種不確定性會危及專案融資。另外，上網電價一旦確定之後，從政治角度考慮將很難再降低電價程度。

　　從應用實踐看，保護性電價政策是一種有效地刺激新能源發展的措施。目前歐洲有14個國家採用了這一政策。20世紀90年代以來，德國、丹麥、西班牙等國風電迅速增長，主要歸功於保護性電價政策措施的實施。

專欄9-2　德國的保護性電價政策

　　購電法作為一種刺激可再生能源發展的有效措施，在歐洲一些國家得到普遍採用，並且取得了很好的效果。實施購電法（保護性電價）的國家，可再生能源的平均增長率高出其他國家。購電法能保證可再生能源電力以較高的價格出售，發電商的收益穩定，降低了投資者的風險。

　　1991年德國實行了《電力供應法》，1990～2000年，德國風電保護價為居民電力零售價的90%。1993年用電戶平均支付的電價為10歐分／kWh，風電廠經營商1995年上網電價是9歐分／kW·h。2000年4月，德國通過的《可再生能源法》，制定了一張差別價格表，其價格依照指定風力發電地點的實際產量而定，其定價更加複雜。《可再生能源法》也改進了過去法令中因電力自由化而產生的問題（將發電與輸電分開等）。目前《可再生能源法》強制要求電廠經營者負擔將風電輸送到電網之間的線路所需的成本。儘管最近電力公司經常指責購電法，並由此在過去幾年已做了多次修訂，但德國仍成功地開發了世界上規模最大的風電市場。德國也是世界上第二大光電發電國家，截止2003年9月，其裝機容量為350MW。

　　德國還開發了規模可觀的風電和太陽能製造基地，目前有9375個風力發電機組，年發電115億kW·h，占全德國用電需求的2.5%。在2006年風力發電量

還會增加1倍。

上述經驗告訴我們，成功的並網政策能夠消除可再生能源投資風險。這些政策包括：❶長期合約和保證顧客及生產商的合理收益價格；❷允許多種類型的可再生能源發電商參與，降低管理成本，促進市場的靈活性；❸與其他政策進行整合，列入長期規劃中（如稅收優惠等），為可再生能源產業的繁榮發展，創造穩定的外部和內部環境。

購電法消除了發展可再生能源電力通常所面臨的不確定性和風險，但是本身也存在缺陷：不能保證可再生能源以最小的成本生產和銷售，也不能保證市場有序地競爭和鼓勵高效與創新。為了能夠既準確地反應可再生能源的發電成本，調動發電廠商及投資商的生產和投資積極性，減少運營商和最終用電戶的負擔，德國的保護性上網電價每年都有變化，見下表。

1991～2000年德國可再生能源電力上網電價

可再生能源電力種類	上網電價／（歐分／kW·h）			
	1991	1994	1997	2000
風能、太陽能	8.49	8.66	8.77	8.23
生物質能（＜5MW）、水電和垃圾填埋氣發電（＜500kW）	7.08	7.21	7.80	7.32
垃圾填埋氣發電（＞500kW）	6.13	6.25	6.33	6.95

2002年德國《可再生能源法》規定的上網電價

種類	裝機容量／MW				年降低率（%）（2002年執行）
	0～0.5	0.5～5	5～20	＞20	
風能	6.2～9.1	6.2～9.1	6.2	9.1	1.5
生物質能	10.2	9.2	8.7	—	1.0
光電	50.6				5.0
地熱	8.9				
水電	7.7				
填埋氣	7.7				
煤層氣	7.7	6.6	6.6	6.6	
廢水氣	7.7	6.6			

資料來源：孫振清、張希良等，對可再生能源發電實行長期保護性電價制度的問題，可再生能源，2005.1。

⑵配額制政策

不同於長期保護性電價政策，可再生能源配額制（Renewable Portiolio System, RPS）是以數量為基礎的政策。該政策規定，在指定日期之前，總電力供應量中可再生能源應達到一個目標數量。可再生能源配額制還規定了達標的責任人，通常是電力零售供應商，即要求所有電力零售供應商購買一定數量的可再生能源電力，並明確制定了未達標的懲罰措施。就目前實施的情形看，可再生能源配額制傾向於對價格不做設定而由市場來決定。通常引入可交易的綠色證書機制來審計和監督RPS政策的實施。可再生能源配額制可以有許多設計差別，也可以與其他政策（例如招標拍賣或系統效益收費等）結合實施。

可再生能源配額制越來越成為扶持可再生能源發展的流行模式，儘管在這些國家的可再生能源配額制還處於剛起步階段，但是早期證據已證明，可再生能源配額制的設計是至關重要的。成功的可再生能源配額制包含一些主要因素，比如持久且隨時間推移逐步提高的可再生能源目標，強勁有效且能保證執行的處罰措施等。

配額制政策的優勢在於它是一種框架性政策，容易融合其他政策措施，並有多種設計方案，利於保持政策的持續性。配額制目標保證可再生能源市場逐步擴大；綠色證書交易機制中的競爭和交易則促進發電成本不斷降低，交易市場提供了更寬廣的配額完成方式，也提供了資源和資金協調分配的途徑。

配額制的弱勢在於它屬於新型政策，缺少經驗累積，也缺乏綠色證書交易市場的運行經驗。綠色證書交易的市場競爭使低成本可再生能源技術受益，卻限制了高成本技術的發展。配額制的實施必須有市場基礎，要建立監督機構，對綠色證書市場進行全面的監督和管理。目前美國已有15個州實施了配額制，這是美國風能和其他可再生能源得以發展的主要原因。歐洲也有5個國家實施了配額制政策。儘管在歐洲實施配額制的效果不如保護性電價（如表9-2所示），但世界主流能源經濟與政策學者認為，配額制是有發展和應用前景的可再生能源政策。

表9-2 保護性電價與配額制在部分歐洲國家實施效果比較

	國家	電價程度/ （歐分/kW·h）	2003年底裝機容量/MW	2003年就業人數
施行保護性電價國家	德國	6.8～8.8	14609	46000
	西班牙	6.8	6202	20000
施行配額制的國家	英國	9.8	649	3000
	義大利	13	904	2500

專欄9-3 美國的可再生能源配額制

RPS的正式概念最初是由美國風能協會在加利福尼亞公共設施委員會的電力結構重組專案中提出來的。RPS以各種形式被引進到了8個進行市場電力結構重組的州。美國至今仍沒有通過一個國家級的RPS，但大量的聯邦議案與強制性的RPS有關，包括柯林頓政府提出的綜合電力競爭條例。每一個RPS或RPS提議的目標都不盡相同。RPS普遍得到了可再生能源工業和公眾的支援。電力管理專員國家協會在修改立法時發布了一個支援可再生能源供給的提案，其中包括RPS。1998年由柯林頓政府提出的綜合電力競爭條例將制定一個國家通用的RPS，要求到2010年7.5%的電力由可再生能源資源供應。為提高RPS政策的靈性性和效益，條例設立了可進行交易和存入銀行的可再生能源信用證，以備將來使用，信用證的價值將被定為1.5美分/kW·h。

美國能源資訊管理委員會（EIA）最近完成了柯林頓政府提議對國家CO_2排放的潛在影響的分析。根據EIA的分析，到2010年實施的RPS可使碳的排放量減少1900萬t左右，比沒有實施RPS政策的基礎方案減少排放$CO_2$1.1%。

美國已有9個州通過了包括RPS條款的電力結構重組立法。內容各異的方案設計體現了各州特有的可再生能源資源等條件。

資料來源：陳和平、李京京、周篁，可再生能源發電配額制政策的國際實施經驗，http: //www. crein. org. cn/

(3)公共效益基金

公共效益基金（Public Benefit Fund, PBF）是新能源發展的一種融資機制。通常，設立PBF的動機是為了幫助那些不能完全通過市場競爭方式達到其目的的特定公共政策提供啟動資金，具體的實施領域可能包括環境保護、貧

困家庭救助等，這裡僅指用於支援風能和其他可再生能源發展的專項基金。

公共效益基金的資金通常不由國家財政支援，而是採用系統效益收費（SBC），即電費加價的方式或其他方式來籌集。它的存在理由可以簡述如下：在許多領域（如能源領域），某些產品或服務A（如可再生能源）具有正的外部性和較高的價格，而另外一些產品或服務B（如傳統化石能源）卻具有負的外部性和較低的價格。那麼在該領域內則可以向B（或所有A的受益者）徵收系統效益收費來建立相應基金，從而補貼A的生產。合理運用這種手段可以有效地彌補市場在處理這些外部性上的缺陷，使得產品或服務的價格能夠比較真實地反映其經濟成本和社會成本，從而實現公平性的原則，同時也促進了整個行業朝著真實成本更低的方向改進。

設立公共效益基金支援風能和其他可再生能源的發展，已成為一種非常通行的政策。美國、澳大利亞、奧地利、巴西、丹麥、法國、德國、義大利、印度、日本、新西蘭、韓國、瑞典、西班牙、荷蘭、英國、愛爾蘭、挪威等20個國家先後建立了公共效益基金。美國已有14個州建立了公共效益基金體制。

⑷特許權招標

招投標政策是指政府採用招投標程式選擇可再生能源發電專案的開發商。能提供最低上網電價的開發商得標，得標開發商負責專案的投資、建設、營運和維護，政府與得標開發商簽訂電力購買協定，保證在規定期間內以競標電價收購全部電量。

該政策的優勢表現在招投標政策採用競爭方式選擇專案開發商，對降低新能源發電成本有很好的刺激作用。招投標政策利用了具有法律效益的合約約束，保障可再生能源電力上網，這種保障有助於降低投資者風險並有助於專案獲得融資。該政策與可再生能源發展規劃結合，能加強政策的作用。

政策的弱勢表現在招標的前期工作準備時間長，而且政府每年都要制定發展規模、組織招標、簽訂電力購買協定等，管理負擔重，管理成本較高。另外，因招投標產生的價格大戰，容易引起企業過分降低投標報價，導致企業因專案經濟性差而放棄專案建設，出現惡性競標現象。而且，招投標政策鼓勵那些在技術上有優勢的開發商和設備供應商首先占領市場，如果招投標也對國外企業開放，則不利於促進本地化生產。

　　該政策能順利實施的條件是有多家成熟的開發商和供應商形成相互競爭的局面，並有管理和監督招標的主管部門。

　　招標政策中最廣泛引用的是英國非化石燃料公約（NFFO）。在英國的非化石燃料公約中也採用公共效益基金（礦物燃料稅）作為融資機制來支付可再生能源發電的增量成本。通過非化石燃料公約，英國政府在1990～1999年間，接連5次以競標的方式定購可再生能源電力。這些購電訂單的目的是實現1500MW的新增可再生能源電力裝機容量，大致相當於英國總電力供應的3%。非化石燃料公約要求12家重組後的地區電力公司，從所選擇的非化石燃料公約專案處購買所有的電力。在第一輪採購訂單執行完畢之後，英國把政策修改為在特定技術類型內根據競爭原則簽訂合約。這樣一來，風電專案只能與其他風電專案進行競爭，但不能與生物質能專案競爭。然後把合約給予每度電價最低的專案。區分不同類型的可再生能源就可以在政策允許的範圍內實現資源多樣化。貿易和工業部（DTI）監督招標程式，並決定在每個非化石燃料公約訂單中各種技術的構成比例。

⑸綠色電力證書制度

　　綠色電力證書是國家根據綠色電力生產商實際入網電力的多少而向其頒發的證明書。購入綠色能源證書是供電商、消費者完成其年度配額的手段。綠色電力的價格是由基本價和能源證書價格兩部分決定的。基本價是指普通電價格。換句話說，供電商在供電時及消費者在消費電時是分不清哪個是綠色電，哪個是普通電的。綠色電力的特殊價值只是體現在綠色證書上，只有綠色證書在市場上被售出，供電商回收了成本，綠色能源的真正價值才體現出來。

專欄9-4　美國的綠色電力公眾參與專案

　　美國各州的電力公司展開了許多綠色電力公眾參與的專案，這些專案可分為三類：第一類可稱之為綠色電價，即供電公司為綠色電力單獨制定一個綠色電價，消費者根據各自的用電量自由選擇購買一個合適的綠色電力比例；第二類為固定費用制，即參與綠色電力專案的用戶每月向提供綠色電力的公司繳納固定費用；第三類是對綠色電力的捐贈，用戶可自由選擇其捐獻數額。

　　1. 綠色電價

　　綠色電價是密西根州的一個擁有8000用戶的電力公司計畫開發的一個65萬美元的風電專案，並為風電制定一個綠色價格，以避免提高整體的電價。他們常規電力的價格是6.8美分／千瓦時，綠色電力的價格則要高出1.58美分／千瓦時。因為這個綠色電力公眾參與專案是個特例，不同於其他公眾參與專案用戶可以自由選擇購買綠色電力的比例，它要求每位參加綠色電力專案的用戶選擇100%的綠色電力，所以根據每月用戶的平均用電量推算，一個參與此專案的電力消費者每月需多支付7.58美元。

　　此專案得到了密歇根公共服務委員會5萬美元的資助，也申請了1.5美分／千瓦時的聯邦公用風電專案的補貼。因此也降低了綠色電力與常規電力的價格差。

　　在開始實施這個專案時，這個電力公司首先安裝了500kW的風機。預計要實現綠色電力用戶購買總量達到風機所發電的總量，大概需要200名綠色電力的用戶才可覆蓋風電的增加成本。市場開發的第一步是發布新聞、廣告以及直接給當地環保團體發信。三個月後，他們收到了100個回執，大約是原定目標的一半。第二步，他們開始給所有的商業用戶和居民用戶發信，其中也包含一份申請信。這一次，他們收到了263個回執，超出計畫3.4%。因這個專案提供的綠色電力有限，計畫外的這部分用戶被列在等候名單中。

　　當簽約用戶足夠時，就開始進行選址、購買風機等事項。風機的購買是通過招標的方式進行，最後VESTAS公司的600kW風機得標，而且成本比預期的要低。1995年秋天，建設場址，1996年4月完成風機安裝。直到風機開始發電，綠色電力用戶才開始支付綠色電力的價格，前期成本由電力公司承擔。

為了保證這種支付的穩定性,居民用戶的簽約期是3年,即在3年合約期內,用戶承諾購買綠色電力。商業用戶是4年。如果一個用戶在合約期滿時,不再續約購買綠色電力,則電力公司必須另外發展一個用戶。商業用戶的合約期之所以定的較長,是因為失去一個商業用戶對電力公司的影響比失去一個小的居民用戶要大得多。儘管如此,仍有18家商業用戶簽訂了此協定。

協定遵循了簡潔明瞭的原則,用戶只需在申請信中寫道:我願意簽訂此協定。

綠色價格專案能成功,有以下幾個原因:其一,它很容易理解,用戶知道他們買的不只風電,還有清潔空氣;其二,他們的價格不受電力公司燃料成本上浮的調整的影響;其三,一個非生產性因素也對專案起到了一定的促進作用。一個小的地方電力公司離用戶較近,增加了專案的可信度;而且這個專案就是當地的,也是可見的,增加了產品的確切性;而且也使得基於社區的市場開發比較容易展開;地區的自豪感也可鼓勵用戶簽約。

2.實行固定費制的綠色電力公眾參與專案

1993年,Sacramento Municipal電力公司與願意支援光電技術的客戶之間達成協定。參與光電專案的居民用戶同意每月為其電費賬單多支付6美元以支援光電發展,並且保持10年。參加專案的用戶還同意提供其屋頂用以安裝光電發電系統。

第一批光電用戶的選擇涉及如下步驟:

❶客戶提交一份申請表,或者通過電話調查的方式確定一批志願者;

❷申請表通過電話篩選;

❸參觀並評估符合條件的志願者的家;

❹從合適的申請者中選擇最終的參與者。

該公司展開了兩項市場調查。最初是電話調查了大約1000名用戶,他們都曾表示過興趣,最終確定300名用戶,占29%,既符合條件也表示同意參加專案。25%的用戶雖然符合條件但不願意參加專案,46%的用戶不符合條件。第二種調查方式是通過媒體向公眾進行宣傳。約有幾千名用戶主動與該公司取得聯繫表示很有興趣參與專案。600多名用戶通過了電話篩選並同意每月支付6美元的費用。

很明顯，它的成功在於建立了可再生能源與客户之間的緊密聯繫，而且其費率相對穩定。

3.捐贈型專案

科羅拉多公共服務公司是美國最早向客户提供機會自由選擇支援可再生能源的電力公司之一，1993年10月該公司就開始了這一專案。電力公司的用户可向一可再生能源基金捐款，所捐款項可獲得免稅，並且款項只能用於一專門的可再生能源專案。專案按如下的方式進行的：

❶客户可以一次性捐贈較大數額；

❷客户也可以隨其電費賬單每月捐贈一定數額；

❸客户也可以選擇混合方式。

當基金達到一定量，就可以選擇可開發的可再生能源專案。基金是用於展開示範專案，而非研究與開發，大多的專案都會同時配套一定的資金。

資料來源：http://www. chinarein. com/ndlk/ndgl/web/2004/docs/2004-05/2004-05-25. htm

專欄9-5　中華人民共和國可再生能源法

第1章　總　則

第1條　為了促進可再生能源的開發利用，增加能源供應，改善能源結構，保障能源安全，保護環境，實現經濟社會的可持續發展，制定本法。

第2條　本法所稱可再生能源，是指風能、太陽能、水能、生物質能、地熱能、海洋能等非化石能源。

水力發電對本法的適用，由國務院能源主管部門規定，報國務院批准。

通過低效率爐灶直接燃燒方式利用秸稈、薪柴、糞便等，不適用本法。

第3條　本法適用於中華人民共和國領域和管轄的其他海域。

第4條　國家將可再生能源的開發利用列為能源發展的優先領域，通過制定可再生能源開發利用總量目標和採取相應措施，推動可再生能源市場的建立和發展。

國家鼓勵各種所有制經濟主體參與可再生能源的開發利用，依法保護可再生能源開發利用者的合法權益。

第5條　國務院能源主管部門對全國可再生能源的開發利用實施統一管理。國務院有關部門在各自的職責範圍內負責有關的可再生能源開發利用管理工作。

縣級以上地方人民政府管理能源工作的部門負責本行政區域內可再生能源開發利用的管理工作。縣級以上地方人民政府有關部門在各自的職責範圍內負責有關的可再生能源開發利用管理工作。

第2章　資源調查與發展規劃

第6條　國務院能源主管部門負責組織和協調全國可再生能源資源的調查，並會同國務院有關部門組織制定資源調查的技術規範。

國務院有關部門在各自的職責範圍內負責相關可再生能源資源的調查，調查結果報國務院能源主管部門匯總。

可再生能源資源的調查結果應當公布，但是，國家規定需要保密的內容除外。

第7條　國務院能源主管部門根據全國能源需求與可再生能源資源實際狀況，制定全國可再生能源開發利用中長期總量目標，報國務院批准後執行，

並予公布。

　　國務院能源主管部門根據前款規定的總量目標和省、自治區、直轄市經濟發展與可再生能源資源實際狀況，會同省、自治區、直轄市人民政府確定各行政區域可再生能源開發利用中長期目標，並予公布。

　　第8條　國務院能源主管部門根據全國可再生能源開發利用中長期總量目標，會同國務院有關部門，編製全國可再生能源開發利用規劃，報國務院批准後實施。省、自治區、直轄市人民政府管理能源工作的部門根據本行政區域可再生能源開發利用中長期目標，會同本級人民政府有關部門編製本行政區域可再生能源開發利用規劃，報本級人民政府批准後實施。

　　經批准的規劃應當公布，但是，國家規定需要保密的內容除外。

　　經批准的規劃需要修改的，須經原批准機關批准。

　　第9條　編製可再生能源開發利用規劃，應當徵求有關單位、專家和公眾的意見，進行科學論證。

第3章　產業指導與技術支援

　　第10條　國務院能源主管部門根據全國可再生能源開發利用規劃，制定、公布可再生能源產業發展指導目錄。

　　第11條　國務院標準化行政主管部門應當制定、公布國家可再生能源電力的並網技術標準和其他需要在全國範圍內統一技術要求的有關可再生能源技術和產品的國家標準。

　　對前款規定的國家標準中未作規定的技術要求，國務院有關部門可以制定相關的行業標準，並報國務院標準化行政主管部門備案。

　　第12條　國家將可再生能源開發利用的科學技術研究和產業化發展列為科技發展與高技術產業發展的優先領域，納入國家科技發展規劃和高技術產業發展規劃，並安排資金支援可再生能源開發利用的科學技術研究、應用示範和產業化發展，促進可再生能源開發利用的技術進步，降低可再生能源產品的生產成本，提高產品質量。

　　國務院教育行政部門應當將可再生能源知識和技術納入普通教育、職業教育課程。

第4章　推廣與應用

第13條　國家鼓勵和支援可再生能源並網發電。

建設可再生能源並網發電專案，應當依照法律和國務院的規定取得行政許可或者報送備案。

建設應當取得行政許可的可再生能源並網發電專案，有多人申請同一專案許可的，應當依法通過招標確定被許可人。

第14條　電網企業應當與依法取得行政許可或者報送備案的可再生能源發電企業簽訂並網協定，全額收購其電網覆蓋範圍內可再生能源並網發電專案的上網電量，並為可再生能源發電提供上網服務。

第15條　國家扶持在電網未覆蓋的地區建設可再生能源獨立電力系統，為當地生產和生活提供電力服務。

第16條　國家鼓勵清潔、高效地開發利用生物質燃料，鼓勵發展能源作物。

利用生物質資源生產的燃氣和熱力，符合城市燃氣管網、熱力管網的入網技術標準的，經營燃氣管網、熱力管網的企業應當接收其入網。

國家鼓勵生產和利用生物液體燃料。石油銷售企業應當按照國務院能源主管部門或者省級人民政府的規定，將符合國家標準的生物液體燃料納入其燃料銷售體系。

第17條　國家鼓勵單位和個人安裝和使用太陽能熱水系統、太陽能供熱採暖和製冷系統、太陽能光電發電系統等太陽能利用系統。

國務院建設行政主管部門會同國務院有關部門制定太陽能利用系統與建築結合的技術經濟政策和技術規範。

房地產開發企業應當根據前款規定的技術規範，在建築物的設計和施工中，為太陽能利用提供必備條件。

對已建成的建築物，住戶可以在不影響其質量與安全的前提下安裝符合技術規範和產品標準的太陽能利用系統；但是，當事人另有約定的除外。

第18條　國家鼓勵和支援農村地區的可再生能源開發利用。

縣級以上地方人民政府管理能源工作的部門會同有關部門，根據當地經濟社會發展、生態保護和衛生綜合治理需要等實際情況，制定農村地區可再

生能源發展規劃，因地制宜地推廣應用沼氣等生物質資源轉化、戶用太陽能、小型風能、小型水能等技術。

　　縣級以上人民政府應當對農村地區的可再生能源利用專案提供財政支援。

第5章　價格管理與費用分攤

　　第19條　可再生能源發電專案的上網電價，由國務院價格主管部門根據不同類型可再生能源發電的特點和不同地區的情況，按照有利於促進可再生能源開發利用和經濟合理的原則確定，並根據可再生能源開發利用技術的發展適時調整。上網電價應當公布。依照本法第13條第3款規定實行招標的可再生能源發電專案的上網電價，按照中標確定的價格執行；但是，不得高於依照前款規定確定的同類可再生能源發電專案的上網電價水平。

　　第20條　電網企業依照本法第19條規定確定的上網電價收購可再生能源電量所發生的費用，高於按照常規能源發電平均上網電價計算所發生費用之間的差額，附加在銷售電價中分攤。具體辦法由國務院價格主管部門制定。

　　第21條　電網企業為收購可再生能源電量而支付的合理的接網費用以及其他合理的相關費用，可以計入電網企業輸電成本，並從銷售電價中回收。

　　第22條　國家投資或者補貼建設的公共可再生能源獨立電力系統的銷售電價，執行同一地區分類銷售電價，其合理的運行和管理費用超出銷售電價的部分，依照本法第20條規定的辦法分攤。

　　第23條　進入城市管網的可再生能源熱力和燃氣的價格，按照有利於促進可再生能源開發利用和經濟合理的原則，根據價格管理許可權確定。

第6章　經濟激勵與監督措施

　　第24條　國家財政設立可再生能源發展專項資金，用於支援以下活動：

(一)可再生能源開發利用的科學技術研究、標準制定和示範工程；

(二)農村、牧區生活用能的可再生能源利用專案；

(三)偏遠地區和海島可再生能源獨立電力系統建設；

(四)可再生能源的資源勘查、評價和相關資訊系統建設；

(五)促進可再生能源開發利用設備的本地化生產。

　　第25條　對列入國家可再生能源產業發展指導目錄、符合信貸條件的可

再生能源開發利用專案，金融機構可以提供有財政貼息的優惠貸款。

第26條　國家對列入可再生能源產業發展指導目錄的專案給予稅收優惠。具體辦法由國務院規定。

第27條　電力企業應當真實、完整地記載和保存可再生能源發電的有關資料，並接受電力監管機構的檢查和監督。

電力監管機構進行檢查時，應當依照規定的程序進行，並為被檢查單位保守商業秘密和其他秘密。

第7章　法律責任

第28條　國務院能源主管部門和縣級以上地方人民政府管理能源工作的部門和其他有關部門在可再生能源開發利用監督管理工作中，違反本法規定，有下列行為之一的，由本級人民政府或者上級人民政府有關部門責令改正，對負有責任的主管人員和其他直接責任人員依法給予行政處分；構成犯罪的，依法追究刑事責任：

㈠不依法作出行政許可決定的；

㈡發現違法行為不予查處的；

㈢有不依法履行監督管理職責的其他行為的。

第29條　違反本法第14條規定，電網企業未全額收購可再生能源電量，造成可再生能源發電企業經濟損失的，應當承擔賠償責任，並由國家電力監管機構責令限期改正；拒不改正的，處以可再生能源發電企業經濟損失額一倍以下的罰款。

第30條　違反本法第16條第2款規定，經營燃氣管網、熱力管網的企業不准許符合入網技術標準的燃氣、熱力入網，造成燃氣、熱力生產企業經濟損失的，應當承擔賠償責任，並由省級人民政府管理能源工作的部門責令限期改正；拒不改正的，處以燃氣、熱力生產企業經濟損失額一倍以下的罰款。

第31條　違反本法第16條第3款規定，石油銷售企業未按照規定將符合國家標準的生物液體燃料納入其燃料銷售體系，造成生物液體燃料生產企業經濟損失的，應當承擔賠償責任，並由國務院能源主管部門或者省級人民政府管理能源工作的部門責令限期改正；拒不改正的，處以生物液體燃料生產企業經濟損失額一倍以下的罰款。

第8章　附　則

第32條　本法中下列用語的涵義：

㈠生物質能，是指利用自然界的植物、糞便以及城鄉有機廢物轉化成的能源。

㈡可再生能源獨立電力系統，是指不與電網連接的單獨運行的可再生能源電力系統。

㈢能源作物，是指經專門種植，用以提供能源原料的草本和木本植物。

㈣生物液體燃料，是指利用生物質資源生產的甲醇、乙醇生物柴油等液體燃料。

第33條　本法自2006年1月1日起施行。

專欄9-6　可再生能源發電價格和費用分攤管理試行辦法

第1章　總　則

第1條　為促進可再生能源發電產業的發展，依據《中華人民共和國可再生能源法》和《價格臨界法》，特制定本辦法。

第2條　本辦法的適用範圍為：風力發電、生物質發電（包括農林廢棄物直接燃燒和氣化發電、垃圾焚燒和垃圾填埋氣發電、沼氣發電）、太陽能發電、海洋能發電和地熱能發電。水力發電價格暫按現行規定執行。

第3條　中華人民共和國境內的可再生能源發電專案，2006年及以後獲得政府主管部門批准或核准建設的，執行本辦法；2005年12月31日前獲得政府主管部門批准或核准建設的，仍執行現行有關規定。

第4條　可再生能源發電價格和費用分攤標準本著促進發展、提高效率、規範管理、公平負擔的原則制定。

第5條　可再生能源發電價格實行政府定價和政府指導價兩種形式。政府指導價即通過招標確定的中標價格。可再生能源發電價格高於當地脫硫燃煤機組標竿上網電價的差額部分，在全國省級及以上電網銷售電量中分攤。

第2章　電價制定

第6條　風力發電專案的上網電價實行政府指導價，電價標準由國務院價格主管部門按照招標形成的價格確定。

第7條　生物質發電專案上網電價實行政府定價的，由國務院價格主管部門分地區制定標竿電價，電價標準由各省（自治區、直轄市）2005年脫硫燃煤機組標竿上網電價加補貼電價組成。補貼電價標準為每千瓦時0.25元。發電專案自投產之日起，15年內享受補貼電價；運行滿15年後，取消補貼電價。自2010年起，每年新批准和核准建設的發電專案的補貼電價比上一年新批准和核准建設專案的補貼電價遞減2%。發電消耗熱量中常規能源超過20%的混燃發電專案，視同常規能源發電專案，執行當地燃煤電廠的標竿電價，不享受補貼電價。

第8條　通過招標確定投資人的生物質發電專案，上網電價實行政府指導價，即按中標確定的價格執行，但不得高於所在地區的標竿電價。

第9條　太陽能發電、海洋能發電和地熱能發電專案上網電價實行政府

定價，其電價標準由國務院價格主管部門按照合理成本加合理利潤的原則制定。

第10條　公共可再生能源獨立電力系統，對用戶的銷售電價執行當地省級電網的分類銷售電價。

第11條　鼓勵電力用戶自願購買可再生能源電量，電價按可再生能源發電價格加上電網平均輸配電價執行。

第3章　費用支付和分攤

第12條　可再生能源發電專案上網電價高於當地脫硫燃煤機組標竿上網電價的部分、國家投資或補貼建設的公共可再生能源獨立電力系統運行維護費用高於當地省級電網平均銷售電價的部分，以及可再生能源發電專案接網費用等，通過向電力用戶徵收電價附加的方式解決。

第13條　可再生能源電價附加向省級及以上電網企業服務範圍內的電力用戶（包括省網公司的躉售物件、自備電廠用戶、向發電廠直接購電的大用戶）收取。地縣自供電網、西藏地區以及從事農業生產的電力用戶暫時免收。

第14條　可再生能源電價附加由國務院價格主管部門核定，按電力用戶實際使用的電量計收，全國實行統一標準。

第15條　可再生能源電價附加計算公式為：可再生能源電價附加＝可再生能源電價附加總額／全國加價銷售電量可再生能源電價附加總額＝Σ〔（可再生能源發電價格－當地省級電網脫硫燃煤機組標竿電價）×電網購可再生能源電量＋（公共可再生能源獨立電力系統運行維護費用－當地省級電網平均銷售電價×公共可再生能源獨立電力系統售電量）＋可再生能源發電專案接網費用以及其他合理費用〕。

其中：

(1)全國加價銷售電量＝規劃期內全國省級及以上電網企業售電總量－農業生產用電量－西藏電網售電量。

(2)電網購可再生能源電量＝規劃的可再生能源發電量－廠用電量。

(3)公共可再生能源獨立電力系統運行維護費用＝公共可再生能源獨立電力系統經營成本（1＋增值稅率）。

(4)可再生能源發電專案接網費用以及其他合理費用，是指專為可再生能源發電專案接入電網系統而發生的工程投資和運行維護費用，以政府有關部門批准的設計文件為依據。在國家未明確輸配電成本前，暫將接入費用納入可再生能源電價附加中計算。

第16條　按照省級電網企業加價銷售電量占全國電網加價銷售電量的比例，確定各省級電網企業應分攤的可再生能源電價附加額。計算公式為：各省級電網企業應分攤的電價附加額＝全國可再生能源電價附加總額×省級電網企業服務範圍內的加價售電量／全國加價銷售電量。

第17條　可再生能源電價附加計入電網企業銷售電價，由電網企業收取，單獨記賬、專款專用。所涉及的稅收優惠政策，按國務院規定的具體辦法執行。

第18條　可再生能源電價附加由國務院價格主管部門根據可再生能源發展的實際情況適時調整，調整週期不少於一年。

第19條　各省級電網企業實際支付的補貼電費以及發生的可再生能源發電專案接網費用，與其應分攤的可再生電價附加額的差額，在全國範圍內實行統一調配。具體管理辦法由國家電力監管部門根據本辦法制定，報國務院價格主管部門核批。

第4章　附　則

第20條　可再生能源發電企業和電網企業必須真實、完整地記載和保存可再生能源發電上網交易電量、價格和金額等有關資料，並接受價格主管部門、電力監管機構及審計部門的檢查和監督。

第21條　不執行本辦法的有關規定，對企業和國家利益造成損失的，由國務院價格主管部門、電力監管機構及審計部門進行審查，並追究主要責任人的責任。

第22條　本辦法自2006年1月1日起執行。

第23條　本辦法由國家發展和改革委員會負責解釋。

◎思考題

1.新能源發展的主要障礙有哪些？

2.國外發展新能源有哪些政策措施，其特點是什麼？

參考文獻

1. 張希良主編。風能開發利用。北京：化學工業出版社，2005。

2. 中華人民共和國可再生能源法。北京：法律出版社，2005。

國家圖書館出版品預行編目資料

新能源概論／王革華主編. ——初版.——臺
北市：五南, 2008.03
　面；　公分
ISBN 978-957-11-5139-7（平裝）
1.能源技術　2.能源政策
400.15　　　　　　　　　　97002811

5E50

新能源概論

作　　者 — 王革華　主編／艾德生　副主編

校　　訂 — 馬振基

發 行 人 — 楊榮川

總 編 輯 — 王翠華

編　　輯 — 王者香

文字編輯 — 李敏華

封面設計 — 簡愷立

出 版 者 — 五南圖書出版股份有限公司

地　　址：106台北市大安區和平東路二段339號4樓

電　　話：(02)2705-5066　　傳　　真：(02)2706-6100

網　　址：http://www.wunan.com.tw

電子郵件：wunan@wunan.com.tw

劃撥帳號：01068953

戶　　名：五南圖書出版股份有限公司

台中市駐區辦公室/台中市中區中山路6號

電　　話：(04)2223-0891　　傳　　真：(04)2223-3549

高雄市駐區辦公室/高雄市新興區中山一路290號

電　　話：(07)2358-702　　傳　　真：(07)2350-236

法律顧問　林勝安律師事務所　林勝安律師

出版日期　2008年3月初版一刷
　　　　　2014年4月初版三刷

定　　價　新臺幣450元